中国海洋大学一流大学建设专项经费资助
教育部人文社会科学重点研究基地中国海洋大学海洋发展研究院资助

# 海洋治理与中国的行动（2022）

OCEAN GOVERNANCE AND ACTION OF CHINA (2022)

金永明 / 主编
李大陆 / 执行主编

# 《海洋治理与中国的行动》编委会

# 代　序*

金永明**

2019年4月23日中国国家主席习近平提出构建“海洋命运共同体”重要理念，4年多以来，“海洋命运共同体”已成为各界关注和研究的重点。为使“海洋命运共同体”倡议蕴含的精神和原则更好地发展，需要考察“海洋命运共同体”倡议的价值、目标和路径，并展望其未来愿景。

**一、“海洋命运共同体”倡议的渊源和意义**

构建“海洋命运共同体”，不仅符合历史的发展，尤其符合海洋发展的实际、符合海洋的特质和作用，而且对于海洋的可持续发展具有重大的价值和意义。同时，“海洋命运共同体”不仅是“和谐海洋”的延续，也是“人类命运共同体”理念在海洋领域的运用和发展。从这个意义上说，“海洋命运共同体”倡议具有世界和时代的价值和意义，必须合力推进“海洋命运共同体”建设，并实现“海洋命运共同体”的美好愿景和核心价值目标。

**二、“海洋命运共同体”的核心价值目标**

构建“海洋命运共同体”的核心价值目标是统一认识、安定环境和利益共享。统一认识，是构建“海洋命运共同体”的基础，即要让国际社会认识构建“海洋命运共同体”的必要性和坚定性。安定环境，是构建“海洋命运共同体”的保障，即通过多种努力包括沟通和协调，依法合理解决与海洋有关的争议问题，以安定海洋的环境。利益共享是构建“海洋命运

---

* 本文以《海洋命运共同体的三大核心价值目标》为题，原刊于《上观新闻》2021年5月28日，收入本书时做了修改。

** 金永明，中国海洋大学国际事务与公共管理学院教授、博士生导师；中国海洋大学海洋发展研究院高级研究员。

共同体”的目的，即通过各种层面和各个领域的“海洋命运共同体”建设，以扩大合作的共同利益和范围，并持续共享海洋空间和资源利益，为人类服务，实现“人海共生”目标。

**三、“海洋命运共同体”核心价值目标的实现路径**

如何实现“海洋命运共同体”核心价值目标？

第一，应进一步阐释“海洋命运共同体”内涵，以提升共识。由于“海洋命运共同体”来源于“人类命运共同体”与“和谐海洋”，所以，后两者蕴含的原则和精神也应运用于“海洋命运共同体”的构建中。如果借用“五位一体”的分析框架，则“海洋命运共同体”的目标愿景为：在政治上的目标，是不称霸及和平发展；在安全上的目标，是中国决不会以牺牲别国的利益为代价发展自己，也决不放弃自己的正当权益，任何人不要幻想让中国吞下损害自身利益的苦果，中国奉行防御性的国防政策，中国发展不对任何国家构成威胁；在经济上的目标，是运用新发展理念（创新、协调、绿色、开放和共享）发展和壮大海洋经济，共享海洋空间和资源利益，实现合作共赢目标；在文化上的目标，是通过弘扬中国特色社会主义核心价值观，建构开放、包容、互鉴的海洋文化；在生态上的目标，是通过保护海洋环境构建可持续发展的海洋生态系统，实现绿色和可持续发展目标。这些内容和目标，是阐释“海洋命运共同体”倡议并提升共识的核心指标。换言之，以中国践行“海洋命运共同体”的成效推动其普遍化进程。

第二，应依法合理地解决各类海洋争议问题，以安定环境。随着各国开发利用海洋的力度增加，海洋的价值日益凸显，但各方因理据不一、权益交叉，所以各种海洋争议问题不断显现，为此，需要遵循依法治海的原则解决这些海洋争议问题。依法治海的内涵主要包括依法主张权利、依法维护权利、依法使用权利和依法解决权利争议。在此，核心是“法”的要义。此处的法，是指国际社会普遍接受的国际法原则、规则和制度，特别是条约和国际习惯。如果对其内容存在争议，则需要在相关方之间进行沟通和协调，在取得共识和理解后才能适用。换言之，通过和平的方法解决海洋争议问题，以取得公平的结果，才能持续地安定海洋环境，确保海洋安全有序。

第三，应用多种模式合作构建“海洋命运共同体”，以共享利益。从海洋的特性和本质看，“海洋命运共同体”依据不同的标准可分为以下类型：（1）按海洋区域或空间范围分类，可分为地中海、南海、东海命运共同体和极地（南极、北极）命运共同体等；（2）按海洋功能分类，可分为海洋生物资源、海洋环境保护、海洋科学研究、海洋技术或海洋装备共同体等；（3）按海洋专业领域分类，可分为海洋政治、海洋安全、海洋经济、海洋文化和海洋生态共同体等。从哪些方面、哪些领域予以重点推进，则需要根据实际情况包括政经关系、难易程度、重要价值、能力建设等，分阶段有步骤地合作推进，以确保共享海洋空间和资源利益。

**四、“海洋命运共同体”倡议之愿景展望**

总之，构建“海洋命运共同体”的目标愿景是美好的，但构建进程是曲折的，所以，需要在统一认识、安定环境和共享利益上协调和平衡，尤其应采取多方多维合作的方式，解决发展过程中出现的多种问题和挑战，并采取诸如海洋功能性试点、技术性试点以及代表性区域或范围性的试点等方式，是我们实现“海洋命运共同体”目标的重要路径之一，必须持续推进和有力实施，以使其发展和固化为海洋治理的重要原则和制度。

# 目　录

## 第一部分　全球海洋治理理论



## 第二部分　海洋治理前沿问题



## 第三部分　国际与区域海洋治理

## 第四部分　海洋治理的中国经验



## 第五部分　涉海翻译与传播



## 第六部分　海洋空间规划与综合管理

# 第一部分 全球海洋治理理论

## 中国与《联合国海洋法公约》40年：历程、影响与未来展望[*]

杨泽伟[**]

**摘　要：** 中国与《联合国海洋法公约》40 年的互动历程可以分为三个阶段。《联合国海洋法公约》虽然促进了中国对全球海洋治理的参与，推动了中国涉海法律制度的完善，但是使中国与海上相邻或相向国家间的海域划界争端更加复杂，中国海洋权益的拓展受到更多限制。中国角色和地位日益凸显决定了中国与《联合国海洋法公约》的未来关系将更加密切，中国

---

* 本文系作者主持的中国海洋发展基金会、中国海洋发展研究中心 2021 年度海洋发展研究领域科研项目“深度参与全球海洋治理中国行动方案研究”（项目编号：CODF-AOC202101）阶段性研究成果之一，原载于《当代法学》2022 年第 4 期，收入本书时，做了修改。

** 杨泽伟，法学博士，教育部长江学者特聘教授，国家高端智库武汉大学国际法研究所博士生导师，武汉大学国际法治研究院团队首席专家。

“加快建设海洋强国”战略的实施也需要对一些与《联合国海洋法公约》有关的国内海洋法律政策作出调整。

**关键词：** 《联合国海洋法公约》　第三次联合国海洋法会议　海洋治理　国际海洋法律秩序

1982 年 12 月 10 日，《联合国海洋法公约》（以下简称《公约》）在牙买加蒙特哥湾开放签署，中国成为首批签署《公约》的国家。[①] 2022 年是中国签署《公约》40 周年，回顾中国与《公约》的发展历程，探讨《公约》对中国的深远影响，总结中国与《公约》互动中的经验教训，展望中国与《公约》的未来发展，无疑对中国加快建设海洋强国具有重要的现实意义。

## 一　中国与《公约》40年历程的回顾

中国与《公约》40 年的互动历程，可以分为以下三个阶段。

### （一）中国与第三次联合国海洋法会议（1973—1982年）

1971 年 10 月，中华人民共和国恢复了在联合国的合法席位。1971 年 12 月 21 日，第 26 届联大通过了第 2881（XXVI）号决议，接纳中国参加“和平利用国家管辖范围以外的海床洋底委员会”（the Committee on the Peaceful Uses of the Sea-Bed and the Ocean Floor beyond the Limits of Present National Jurisdiction，以下简称“海底委员会”）的会议。[②] 1972 年 3 月，中国代表

① 中国全国人民代表大会常务委员会于 1996 年 5 月 15 日通过了《关于批准〈联合国海洋法公约〉的决定》，该公约于 1996 年 7 月 7 日对中国生效。

② See “Reservation Exclusively for Peaceful Purposes of the Sea-Bed and the Ocean Floor, and the Subsoil thereof, Underlying the High Seas beyond the Limits of Present National Jurisdiction and Use of Their Resources in the Interests of Mankind, and Convening of A Conference on the Law of the Sea,” A/RES/2881 (XXVI), https://documents-dds-ny.un.org/doc/RESOLUTION/GEN/NR0/328/97/IMG/NR032897.pdf?OpenElement.

在海底委员会全体会议上发言阐明中国政府关于海洋权问题的原则立场。[1] 1973 年 7 月，中国代表团向海底委员会提交了一份“关于国家管辖范围内海域的工作文件”，阐述了中国关于海洋法问题的基本主张。[2] 1973 年 12 月，第三次联合国海洋法会议在纽约联合国总部召开。1974 年 7 月，在第三次联合国海洋法会议第二期会议实质性协商的一般性辩论中，中国代表阐释了中国政府在海洋法几个重大问题上的一贯态度和主张，如新的海洋法律制度必须符合广大发展中国家的利益等。[3] 1980 年 8 月，第三次联合国海洋法会议第九期会议最后完成了《海洋法公约草案》。1982 年 4 月，中国代表在表决《公约》时投了赞成票。总之，中国代表团自始至终参加了第三次联合国海洋法会议历期会议，积极参加对海洋法各实质事项的审议，并就领海、专属经济区、大陆架、公海、国际海底区域、海洋环境保护、海洋科学研究以及争端解决等诸多方面提出了正当合法主张，为制定《公约》作出了自己的贡献。[4]

### （二）批准《公约》前中国的有关实践（1982—1996年）

按照《第三次联合国海洋法会议最后文件》决议一“关于国际海底管理局和国际海洋法法庭筹备委员会的建立”，1983 年 3 月国际海底管理局和国际海洋法法庭筹备委员会（以下简称“筹委会”）正式设立。中国作为成员，一直派代表参加筹委会的会议。1991 年 3 月 5 日，中国大洋矿产资源研究开发协会经筹委会批准登记为先驱投资者。中国还参加了联合国秘书

① 参见《安致远代表在海底委员会全体会议上发言阐明我国政府关于海洋权问题的原则立场（1972 年 3 月 3 日）》，载北京大学法律系国际法教研室编《海洋法资料汇编》，人民出版社，1974，第 13~18 页。

② 参见《中国代表团提出的“关于国家管辖范围内海域的工作文件”（1973 年 7 月 14 日）》，载北京大学法律系国际法教研室编《海洋法资料汇编》，人民出版社，1974，第 73~76 页。

③ 参见陈德恭《现代国际海洋法》，海洋出版社，2009，第 522 页。

④ 参见董世忠《我国在第三次联合国海洋法会议上的原则立场》，载赵理海主编《当代海洋法的理论与实践》，法律出版社，1987，第 1~38 页；赵理海：《海洋法的新发展》，北京大学出版社，1984，第 216 页。

长主持的《关于执行1982年12月10日〈联合国海洋法公约〉第11部分的协定》（Agreement Relating to the Implementation of Part XI of the UN Convention on the Law of the Sea of 10 December 1982，以下简称《执行协定》）的磋商，中国在磋商中的基本做法是："不反对各方对公约海底部分的修改意见，实事求是地阐述我国对所有问题的看法，支持秘书处的有关建议，同意在维护人类共同继承财产的原则下制订有利于促进深海底开发的措施。"① 1994年7月28日，在《执行协定》表决时，中国投了赞成票。② 为了确保跨界鱼类种群和高度洄游鱼类种群的长期养护和可持续利用，1995年8月在联合国的主持下召开了跨界鱼类种群和高度洄游鱼类种群会议，并通过了《执行1982年12月10日〈联合国海洋法公约〉有关养护和管理跨界鱼类种群和高度洄游鱼类种群的规定的协定》（Agreement for the Implementation of the Provisions of the UN Convention on the Law of the Sea of 10 December 1982，Relating to the Conservation and Management of Straddling Fish Stocks and Highly Migratory Fish Stocks，以下简称《鱼类种群协定》）。中国也参加了《鱼类种群协定》的协商，并投票赞成该协定，还于1996年11月6日签署了该协定。

### （三）批准《公约》后中国的有关实践（1996年至今）

1994年11月，《公约》正式生效。1996年5月，中国批准了《公约》。中国高度重视《公约》的地位和作用。"长期以来，中国秉持善意履行《公约》，建设性参与相关规则制定，持续通过提供资金、人员和后勤协助等方式支持《公约》各机构工作，支持发展中国家能力建设和海洋事业发展。"③

中国与国际海底管理局（以下简称"海管局"）保持着良好的合作关

① 虞源澄：《联合国秘书长关于海底问题磋商评述》，载中国国际法学会主编《中国国际法年刊（1992）》，中国对外翻译出版公司，1993，第364页。

② 1996年6月7日，中国政府批准了《执行协定》。

③ 《中国代表团团长、常驻联合国副代表吴海涛大使在〈联合国海洋法公约〉第29次缔约国会议"纪念〈公约〉生效25周年"议题下的发言》（2019年6月17日），载柳华文主编《中国国际法年刊（2019）》，法律出版社，2020，第552页。

系。作为勘探合同方和海管局理事会成员，中国一向重视海管局的工作。1996 年，中国成为海管局第一届理事会 B 组成员。2004 年 5 月，中国成功当选为理事会 A 组成员，并一直延续到现在。中国还积极参加了海管局《“区域”内多金属结核探矿和勘探规章》、《“区域”内多金属硫化物探矿和勘探规章》和《“区域”内富钴铁锰结壳探矿和勘探规章》的制定。例如，中国代表在参加《“区域”内多金属结核探矿和勘探规章》审议中明确提出，该规章应鼓励有条件的国家或实体，特别是发展中国家进入国际海底区域活动。又如，2011 年在海管局第 17 届会议期间，中国代表团关于富钴结壳勘探区、开采区面积的建议被海管局采纳，解决了富钴结壳资源面积问题，从而使富钴结壳探矿和勘探规章最终得以通过。[①] 2012 年，海管局在第 18 届会议上提出了《关于拟订“区域”内多金属结核开发规章的工作计划》(Work Plan for the Formulation of Regulations for the Exploitation of Polymetallic Nodules in the Area)，并“将此类规章制定工作作为管理局工作方案的优先事项”[②]。中国积极投入海管局有关“开发规章”的制定工作。例如，2019 年中国政府在“开发规章”草案评论意见中指出，“开发规章”草案虽然对企业部门申请开发工作计划以及与其他承包者的联合安排等作出了规定，但内容过于简略，操作性不强，因而应进一步澄清“健全的商业原则”的含义和标准、尽快制定成立联合企业的标准和程序等。[③] 2020 年 10 月 20 日，中国政府还就海管局三份标准和指南草案提交了评论意见。[④]

此外，2015 年 6 月联合国大会通过了第 69/292 号决议，决定启动“国家管辖范围以外海域生物多样性养护和可持续利用问题国际协定”谈判，

---

① 参见贾宇、密晨曦《新中国 70 年海洋事业的发展》，《太平洋学报》2020 年第 2 期。

② International Seabed Authority, “Work Plan for the Formulation of Regulations for the Exploitation of Polymetallic Nodules in the Area,” ISBA/18/C/4 1-10 (2012).

③《中华人民共和国政府〈关于“区域”内矿产资源开发规章草案〉的评论意见》，中国常驻国际海底管理局代表处官网，http://isa.china-mission.80v.cn/chu/zgygjhdglj/fyywj_131846。

④ 参见李学文《“区域”内矿产资源开发规章 2020 年谈判情况》，载柳华文主编《中国国际法年刊（2020）》，法律出版社，2021，第 530 页。

该国际协定被视为《公约》的第三个执行协定。[①] 中国代表团积极参与谈判工作进程，通过单独发言或参加“77 国集团+中国”发言表达立场，为推动谈判进程贡献中国方案。[②]

## 二 《公约》对中国的影响

《公约》是当代国际社会关系海洋权益和海洋秩序的基本文件，确立了人类利用海洋和管理海洋的基本法律框架，标志着新的海洋国际秩序的建立，被誉为“海洋宪章”（constitution for the oceans）。[③] 因此，中国参与《公约》的缔结、签署和批准的实践，必然导致《公约》对中国产生多方面的影响。

### （一）《公约》对中国的积极影响

在《公约》作为“发展中国家的胜利”得到通过和生效之后，中国政府对其保持了一种积极赞赏的态度。[④] 诚如在纪念《公约》开放签署 30 周年会议上，中国代表指出：“《公约》是第三次联合国海洋法会议历时 9 年取得的重大成果，为现代海洋秩序确立起基本的法律框架，是现代海洋法的主要来源……30 年来，《公约》取得的成就有目共睹……《公约》所确立的基本原则和规则仍显示出强大的生命力。”[⑤]《公约》对中国的积极影响主要

① “国家管辖范围以外海域生物多样性养护和可持续利用问题国际协定”的立法进程之所以如此重要，根本原因在于其可能关系到整个国家管辖范围以外海洋秩序的变革，并涉及很多重要问题，如深海基因资源和公海保护区的问题。

② 参见邱雨桐《国家管辖范围外海域生物多样性养护和可持续利用问题国际协定谈判 2020 年会间工作情况》，载柳华文主编《中国国际法年刊（2020）》，法律出版社，2021，第 523~526 页。

③ T. B. Koh, “A Constitution for the Oceans”, in UN, *The Law of the Sea—Official Text of the United Nations Convention on the Law of the Sea with Annexes and Index*, New York, 1983, p. xxiii.

④ 罗国强：《〈联合国海洋法公约〉的立法特点及其对中国的影响》，《云南社会科学》2014 年第 1 期。

⑤《常驻联合国副代表王民大使关于纪念〈联合国海洋法公约〉开放签署 30 周年的发言》，中国常驻联合国代表团官网，http://vn.china-mission.gov.cn/chu/zgylhg/flyty/hyfsw/201206/t20120609_8356187.htm。

体现在以下两个方面。

1. 促进了中国对全球海洋治理的参与

首先，中国与涉海多边国际机构的合作进一步密切。1977 年，中国加入了联合国教科文组织政府间海洋学委员会。1982 年签署《公约》后，中国主动参加“涉海国际组织、多边机制和重大科学计划，推动国际和地区海洋合作”[①]。例如，中国积极参与联合国粮食及农业组织、国际海事组织等专门机构有关全球海洋治理规则的制定工作。1989 年 10 月，在伦敦召开的国际海事组织第 16 届大会上，选举中国为 A 类理事国，这标志着中国已成为世界上最大的 8 个海运国之一；2017 年 12 月，在国际海事组织理事会第 119 届会议上，中国交通运输部国际合作司副司长张晓杰当选为国际海事组织理事会主席。此外，中国代表吕文正、唐勇还先后当选了联合国大陆架界限委员会委员。

1996 年国际海洋法法庭成立后，中国的赵理海、许光建、高之国和段洁龙先后担任该法庭的法官。值得注意的是，2010 年在国际海洋法法庭海底争端分庭受理的第一个咨询案“国家担保个人和实体在‘区域’内活动的责任和义务问题”（Responsibilities and Obligations of States Sponsoring Persons and Entities with Respect to Activities in the Area，Request for Advisory Opinion Submitted to the Seabed Disputes Chamber）中，中国政府提交了“书面意见”（written statement），阐释了中国的基本立场，如担保国未履行《公约》义务、有损害事实发生并且二者之间存在因果联系的情形下，担保国才承担赔偿责任等。[②] 2013 年，在国际海洋法法庭受理的全庭首例咨询意见案“次区域渔业委员会（就非法、未报告和无管制捕捞活动的有关问题）请求咨询意见”（Request for an Advisory Opinion Submitted by the Sub－

① 徐贺云：《改革开放 40 年中国海洋国际合作的成果和展望》，《边界与海洋研究》2018 年第 6 期。

② “Responsibilities and Obligations of States Sponsoring Persons and Entities with Respect to Activities in the Area，Request for Advisory Opinion Submitted to the Seabed Disputes Chamber，” https：//www.itlos.org/en/main/cases/list-of-cases/case-no-17/；中华人民共和国外交部条约法律司编著《中国国际法实践案例选编》，世界知识出版社，2018，第 67 页。

Regional Fisheries Commission，SRFC，Request for Advisory Opinion Submitted to the Tribunal）中，中国提交的“书面意见”强调法庭的咨询管辖权缺乏充分的法律基础，因而反对法庭的咨询管辖权。[①]

此外，中国大洋矿产资源研究开发协会是国际海底多金属结核资源的“先驱投资者”。2001 年，中国大洋矿产资源研究开发协会与海管局签订了勘探合同，成为勘探开发国际海底区域多金属结核资源的承包者之一，在东北太平洋海底获得了一块面积 7.5 万平方公里的多金属结核矿区的专属勘探权和优先开采权。2017 年 5 月，中国大洋矿产资源研究开发协会和中国五矿集团公司分别与海管局签署了勘探合同延期协议和多金属结核勘探合同。2019 年 7 月，在海管局第 25 届会议上，北京先驱高技术开发公司提交的多金属结核勘探工作计划获得批准。此次获批勘探区位于西太平洋国际海底区域，面积约 7.4 万平方公里。截至 2022 年 1 月，中国实体在国际海底区域获得了 5 块专属勘探矿区。

其次，中国参与全球海洋治理的区域实践更加主动、积极。中国积极构建蓝色伙伴关系并在北太平洋海洋科学组织等区域性国际组织倡导蓝色经济合作。“中国先后承建了 APEC 海洋可持续发展中心、IOC 海洋动力学和气候培训与研究（区域）中心等 8 个国际组织在华国际合作机制，为中国参加相关国际组织合作提供了重要平台。”[②] 此外，2002 年中国与东盟各国签署了《南海各方行为宣言》。2011 年，中国与东盟国家又签署了《落实〈南海各方行为宣言〉指导方针》。目前中国与东盟国家正在起草“南海行为准则”。[③] 值得一提的是，2017 年中国发布了《“一带一路”建设海上合作设想》，旨在与“21 世纪海上丝绸之路”沿线各国开展全方位、多领域

① “Request for an Advisory Opinion submitted by the Sub-Regional Fisheries Commission, SRFC, Request for Advisory Opinion submitted to the Tribunal,” https://www.itlos.org/en/main/cases/list-of-cases/case-no-21/.

② 徐贺云：《改革开放 40 年中国海洋国际合作的成果和展望》，《边界与海洋研究》2018 年第 6 期。

③ 2022 年 3 月 8 日至 9 日，中国与东盟国家以视频方式举行落实《南海各方行为宣言》第 35 次联合工作组会议，并就“南海行为准则”磋商等议题交换了意见。

的海上合作。[①]

最后，中国参与全球海洋治理的双边实践日趋多元。一方面，中国特别重视与周边国家的海洋合作。例如，2000 年 3 月中日两国签订了新的《中日渔业协定》(2000 年 6 月 1 日生效)；2000 年 8 月，中韩两国签署了《中华人民共和国政府和大韩民国政府渔业协定》(2001 年 6 月 30 日生效)；2000 年 12 月，中越两国正式签署了《中华人民共和国和越南社会主义共和国关于两国在北部湾领海、专属经济区和大陆架的划界协定》和《中华人民共和国政府和越南社会主义共和国政府北部湾渔业合作协定》(两协定均在 2004 年 6 月 30 日生效)。2005 年 12 月，中国与朝鲜签署了《中朝政府间关于海上共同开发石油的协定》，作为海域划界前的临时性安排。2008 年 6 月，中日双方达成了《中日东海问题原则共识》。[②] 2015 年，中韩两国正式启动海域划界谈判。2018 年 11 月，中国与菲律宾签署了《中菲政府间关于油气开发合作的谅解备忘录》等。2018 年，中日两国先后签署了《中日防务部门之间的海空联络机制谅解备忘录》和《中华人民共和国政府和日本国政府海上搜寻救助合作协定》等。另一方面，中国注重与大国或地区开展有关全球海洋治理的活动。例如，2010 年中国政府与欧盟委员会签署了《中欧关于在海洋综合管理方面建立高层对话机制的谅解备忘录》，并把 2017 年设立为“中国—欧盟蓝色年”，共同构建“蓝色伙伴关系”。中国还与澳大利亚、新西兰、德国、丹麦、冰岛等国家分别签署了加强极地领域合作的谅解备忘录和联合声明等。[③]

此外，中国还积极探索与发展中国家的合作。例如，中国与牙买加共建了首个海洋环境联合观测站，与南非、坦桑尼亚、塞舌尔、马尔代夫等国家建立了长期的双边海洋合作机制，并与印度、巴基斯坦、斯里兰卡和孟加拉

---

① 《“一带一路”建设海上合作设想》，中国政府网，http：//www.gov.cn/xinwen/2017-07/03/content_5207621.htm。

② 《中日就东海问题达成原则共识》，《人民日报》2008 年 6 月 19 日，第 4 版。

③ 徐贺云：《改革开放 40 年中国海洋国际合作的成果和展望》，《边界与海洋研究》2018 年第 6 期。

国等国家签订了海洋合作谅解备忘录等。

2. 推动了中国涉海法律制度的完善

中国参与《公约》的缔结并签署和批准《公约》，无疑有助于中国涉海法律制度的发展和完善。① 一方面，制定、实施有关涉海的国内法律制度，是履行《公约》义务的客观要求。例如，《公约》第300条明确规定："缔约国应诚意履行根据本公约承担的义务并应以不致构成滥用权利的方式，行使本公约所承认的权利、管辖权和自由。"《维也纳条约法公约》第26条也提出："凡有效之条约对其各当事国有拘束力，必须由各该国善意履行。"另一方面，涉海法律制度的发展和完善，也是中国积极参与全球海洋治理、依法有效地维护海洋权益的必然选择。

因此，20世纪80年代以来，中国制定、颁布了一系列有关领海、专属经济区、大陆架、海峡、港口管理、船舶管理、防止海洋污染和保护水产资源等方面的法令、条例、规定和规则。② 例如，在领海、毗连区、专属经济区和大陆架方面，有1992年《领海及毗连区法》、1996年《中国政府关于领海基线的声明》、1998年《专属经济区和大陆架法》，从而确立了中国的领海、毗连区、专属经济区和大陆架制度；在海港、防止海洋污染和保护海洋环境方面，有2003年《港口法》、1982年《海洋环境保护法》（1999年12月25日修订，2013年12月28日、2016年11月7日和2017年11月4日修正）、1983年《防止船舶污染海域管理条例》③ 和《海洋石油勘探开发环境保护管理条例》、1985年《海洋倾废管理条例》（2011年1月8日和2017年3月1日修订）、1988年《防止拆船污染环境管理条例》（2016年2月6日和2017年3月1日修订）、1990年《防治海岸工程建设项目污染损害海洋环境管理条例》（2007年9月25日、2017年3月1日和2018年3月

① 贾宇、密晨曦：《新中国70年海洋事业的发展》，《太平洋学报》2020年第2期。

② 国家海洋局政策法规办公室编《中华人民共和国海洋法规选编》（第三版），海洋出版社，2001。

③ 2010年3月1日，该条例被废止；同日，《防治船舶污染海洋环境管理条例》正式实施。之后，《防治船舶污染海洋环境管理条例》分别于2013年7月18日、2013年12月7日、2014年7月29日、2016年2月6日、2017年3月1日和2018年3月19日修订。

19日修订）和《防治陆源污染物污染损害海洋环境管理条例》等；在海上交通安全和海洋科学研究方面，有1984年《海上交通安全法》（2016年11月7日修正，2021年4月29日修订）、1990年《海上交通事故调查处理条例》、1993年《海上航行警告和航行通告管理规定》、1993年《船舶和海上设施检验条例》（2019年3月2日修订）、1996年《涉外海洋科学研究管理规定》等；在海洋资源的保护与利用方面，有1982年《对外合作开采海洋石油资源条例》（2001年9月23日、2011年1月8日和2011年9月30日修订）、1986年《渔业法》（2000年10月31日、2004年8月28日、2009年8月27日和2013年12月28日修正）、1987年《渔业法实施细则》（2020年3月27日、2020年11月29日修订）、1989年《水下文物保护管理条例》（2011年1月8日、2022年1月23日修订）、1993年《水生野生动物保护实施条例》、2001年《海域使用管理法》、2009年《海岛保护法》、2016年《深海海底区域资源勘探开发法》《最高人民法院关于审理发生在我国管辖海域相关案件若干问题的规定（一）》和《最高人民法院关于审理发生在我国管辖海域相关案件若干问题的规定（二）》、2021年《海警法》等。

### （二）《公约》对中国的消极影响

虽然《公约》基本反映了当时国际社会在海洋问题上所能达成的共识，但不可否认的是，《公约》中有不少条款是不完善的，甚至是有严重缺陷的。[①]《公约》对中国的消极影响，主要体现在以下两个方面。

1. 中国与海上相邻或相向国家间的海域划界争端更加复杂

《公约》导致中国与邻国大陆架划界分歧严重。中国在批准《公约》时作了如下声明："中华人民共和国将与海岸相向或相邻的国家，通过协商，在国际法基础上，按照公平原则划定各自海洋管辖权界限。"然而，《公约》

---

① See Jonathan I. Charney, "Central East Asian Maritime Boundaries and the Law of the Sea," *American Journal of International Law*, Vol. 89, No. 4, 1995, p. 744.

第 74 条规定："海岸相向或相邻国家间专属经济区的界限，应在国际法院规约第 38 条所指国际法的基础上以协议划定，以便得到公平解决……在达成第 1 款规定的协议以前，有关各国应基于谅解和合作的精神，尽一切努力作出实际性的临时安排，并在此过渡期间内，不危害或阻碍最后协议的达成。这种安排应不妨害最后界限的划定。"《公约》第 83 条也以相似的措辞规定了"海岸相向或相邻国家大陆架界限的划定"问题。从上述条款的规定可以看出，《公约》关于海岸相向或相邻国家间海域划界原则的规定，十分笼统、含糊。[①] 它为各国对《公约》第 74 条和第 83 条的灵活解释留下了很大的空间，也导致了各国在海域划界原则适用上产生了巨大分歧，进而引发了有关国家之间的矛盾和冲突。[②]

2. 中国海洋权益的拓展受到更多限制

首先，中国在公海上享有的传统的捕鱼自由受到更多约束。众所周知，传统海洋法主张公海捕鱼绝对自由。然而，《公约》对公海捕鱼作了限制性的规定，如各国的公海捕鱼自由必须受其参加的条约义务的限制，各国均有义务为各该国国民采取或与其他国家合作采取养护公海生物资源的必要措施等。[③] 另外，根据《公约》第 118 条的规定，有关国家还可以设立区域渔业组织，以养护和管理公海区域内的生物资源。目前具有重要影响的区域渔业管理组织有："南极海洋生物资源养护委员会""大西洋金枪鱼养护国际委员会""印度洋金枪鱼委员会""中西部太平洋渔业委员会""美洲间热带金枪鱼委员会""北太平洋溯河鱼类委员会""养护南方蓝鳍金枪鱼委员会""中白令海峡鳕资源养护与管理安排""东南大西洋渔业组织""西北大西洋渔业管理组织""东北大西洋渔业委员会""地中海综合渔业委员会"等。由于中国不是一些区域渔业组织的成员，中国渔民实际上被排除在这些区域之外。[④]

① 参见杨泽伟《〈联合国海洋法公约〉的主要缺陷及其完善》，《法学评论》2012 年第 5 期。

② See Tullio Scovazzi, "The Evolution of International Law of the Sea: New Issues, New Challenges," *Recueil des Cours* (*Collected Courses of the Hague Academy of International Law*), Vol. 286, 2000, pp. 194-200.

③ 参见《公约》第 116 条。

④ 参见余民才《中国与〈联合国海洋法公约〉》，《现代国际关系》2012 年第 10 期。

此外，《鱼类种群协定》也对传统的公海捕鱼自由原则作了一定修改，强化了捕鱼国在养护和管理跨界鱼类种群和高度洄游鱼类种群方面与沿海国进行合作的义务。特别是《鱼类种群协定》还授权作为渔业管理组织成员的缔约国在公海上有登临和检查《鱼类种群协定》另一缔约国渔船的权利。这一规定突破了公海上船旗国对其属下渔船享有专属管辖权的传统规则，对现代公海渔业秩序的发展影响巨大。[①]

其次，中国难以充分享有专属经济区和大陆架制度赋予沿海国的各种权利。例如，按照《公约》的规定，专属经济区的最大宽度可以达到 200 海里[②]，大陆架的外部界限可以达到 350 海里[③]。因此，在理论上中国可以在黄海、东海分别主张 200 海里专属经济区和 350 海里大陆架。然而，黄海和东海的宽度均不足 400 海里，且分别与朝鲜、韩国和日本相向。这就意味着中国不能真正享有《公约》赋予的最大范围的专属经济区和大陆架。事实上，迄今中国仍然没有公布 200 海里专属经济区外部界限的地理坐标点。2009 年 5 月，中国向联合国秘书长提交了“中华人民共和国关于确定 200 海里以外大陆架外部界限的初步信息”；2012 年 12 月，中国正式提交了[④]。虽然上述“初步信息”和“划界案”都只涉及中国东海部分海域 200 海里以外大陆架的外部界限，但均遭到日本的反对。[⑤]

最后，中国渔民受专属经济区的渔业专属管辖权限制，与其他沿海国的冲突时有发生。《公约》第 62 条规定：“在专属经济区内捕鱼的其他国家的国民应遵守沿海国的法律和规章中所制订的养护措施和其他条款和条件。”因此，中国渔民在其他国家的专属经济区捕鱼时遭到驱赶、扣押、罚款，甚

① See James Harrison, *Making the Law of the Sea: A Study in the Development of International Law*, Cambridge University Press, 2011, pp. 104-106.

② 参见《公约》第 57 条。

③ 参见《公约》第 76 条。

④ “中华人民共和国东海部分海域二百海里以外大陆架外部界限划界案”，https://www.un.org/Depts/los/clcs_new/submissions_files/chn63_12/executive%20summary_CH.pdf。

⑤ See “Permanent Mission of Japan to the United Nations, New York,” https://www.un.org/Depts/los/clcs_new/submissions_files/chn63_12/jpn_re_chn_28_12_2012.pdf.

至人身伤亡的案件屡见不鲜。[①] 据不完全统计，2004~2007 年韩国共扣留了 2037 艘“非法作业”的中国渔船，并逮捕了中国船员 20896 人，仅缴纳的保释金就达到了 213.55 亿韩元（约合 1.19 亿人民币）。[②] 近年来，一些国家不加区别地将所有进入邻国与之有争议海域的外国渔船都称为“未经许可、未报告、无管制问题”渔船，并采取抓扣、炸船等措施进行打击处置，进一步激化了有关的冲突和争端。[③] 此外，中国的航行权也因《公约》的生效受到更多的限制。原因是随着专属经济区制度的确立、沿海国管辖权的扩大，不但公海的范围明显缩小了，而且对各国的航行权施加了更多的限制条件。

## 三　中国与《公约》关系的未来展望

虽然《公约》对中国有消极影响，但是《公约》拥有近 170 个缔约方所体现出来的普遍性和影响力以及中国作为负责任的大国等因素，决定了中国难以作出退出《公约》的决定。因此，进一步调适与《公约》的关系是未来中国的必然选项。

### （一）中国的角色和地位日益凸显决定了中国与《公约》的关系将更加密切

首先，中国承担的国际义务已经接近，甚至超过发达国家。以联合国会员国应缴会费的分摊比例为例，根据 2018 年 12 月联合国大会通过的预算决议，2019~2021 年联合国会员国应缴会费的分摊比例，中国是 12.01%，位居第二，仅次于美国；中国承担的联合国维和行动的费用摊款比例达到了

---

① See Zewei Yang, “The Present and Future of the Sino-South Korean Fisheries Dispute: A Chinese Lawyer's Perspective,” *Journal of East Asia & International Law*, Vol. 5, No. 2, 2012, pp. 479-493.

② 参见熊涛、车斌《中韩渔业纠纷的原因和对策探析》，《齐鲁渔业》2009 年第 7 期。

③ 参见张海文《〈联合国海洋法公约〉若干条款的解释和适用问题》，载柳华文主编《中国国际法年刊（2020）》，法律出版社，2021，第 36 页。

15.2%，位居第二，也仅次于美国。而按照2021年12月24日联大通过的会员国会费分摊方案，从2022年开始分摊额在2%以上的国家有：美国22%，中国15.254%，日本8.033%，德国6.111%，英国4.375%，法国4.318%，意大利3.189%，加拿大2.628%，韩国2.574%，西班牙2.134%，澳大利亚2.111%，巴西2.013%。[①] 可见，中国的贡献已远超日、德、英、法、意等发达国家。其次，中国与发达国家海洋利益的共同因素日益增多。例如，针对海盗、海上恐怖主义活动、海洋微塑料污染的防治、气候变化引起的海平面上升和海洋能源资源的开发等海上非传统安全问题，中国正逐步与发达国家建立相应的应对协调机制。又如，从2008年12月开始，中国海军先后派遣多批次舰艇赴亚丁湾、索马里海域执行护航任务；2015年中国运用军舰在也门亚丁湾进行撤侨行动。这些均表明在海外利益的保护中，中国也日益注重运用国家力量来维护公民的合法权益。最后，中国是国际法治的坚定维护者和建设者。[②] 中国倡导以实现“海洋命运共同体”为宗旨，以构建和谐海洋秩序为目标，主张按照包括《公约》在内的国际法、以谈判协商的方式解决争端。[③] 可见，中国的角色和地位的日益凸显，意味着中国在国际海洋法律秩序变革中将逐渐由“跟跑者”转变为“领跑者”。

### （二）中国“加快建设海洋强国”战略的实施，需要对一些与《公约》有关的国内海洋法律政策作出调整

2012年党的十八大报告明确提出，中国应“坚决维护国家海洋权益，建设海洋强国”[④]。2017年党的十九大报告进一步强调，要“加快建设海洋

① See A/RES/76/238.

② 参见王毅《中国是国际法治的坚定维护者和建设者》，《光明日报》2014年10月24日，第2版。

③ 参见姚莹《“海洋命运共同体”的国际法意涵：理念创新与制度构建》，《当代法学》2019年第5期。

④ 胡锦涛：《坚定不移沿着中国特色社会主义道路前进，为全面建成小康社会而奋斗——在中国共产党第十八次全国代表大会上的报告》，人民出版社，2012，第40页。

强国”[①]。因此，对一些与《公约》有关的国内海洋法律政策作出调整，是中国“加快建设海洋强国”的应有之义。

一方面，修改《领海及毗连区法》，对航行自由采取更加开放、包容的态度。中国《领海及毗连区法》第6条规定：“外国军用船舶进入中华人民共和国领海，须经中华人民共和国政府批准。”中国在批准《公约》时，也附带了类似声明。然而，目前承认军舰在领海的无害通过权已成为国际社会的主流观点。在现今批准《公约》的160多个国家中，26个国家对《公约》中关于军舰无害通过的规定提出声明，只有12个国家在声明中明确要求外国军舰通过本国领海应当事先获得批准或事先通知本国。事实上，联合国秘书长在联大报告中也多次呼吁就军舰无害通过作出限制性声明的缔约国撤销相关声明和主张。因此，进一步修改、完善国内有关航行自由的法律制度[②]，既是主动适应以《公约》为核心的国际海洋法律秩序的客观要求，也是主动构建中国航行自由话语体系的关键步骤。

另一方面，积极参加国际（准）司法活动，进一步密切与国际海洋法法庭等国际司法机构之间的关系。如前所述，中国对国际海洋法法庭海底争端分庭受理的第一个咨询案和全庭首例咨询意见案均提交了“书面意见”，表达了中国的立场，迈出了“谨慎参与国际（准）司法活动”的重要步伐。[③] 事实上，近些年来中国对国际（准）司法机构的态度更加积极，特别是从加入世界贸易组织以后，中国已从世界贸易组织争端解决机制的“门外汉”变成了“优等生”。2019年党的十九届四中全会通过的《中共中央关于坚持和完善中国特色社会主义制度、推进国家治理体系和治理能力现代化若干重大问题的决定》也明确提出：“建立涉外工作法务制度，加强国际

① 习近平：《决胜全面建成小康社会、夺取新时代中国特色社会主义伟大胜利——在中国共产党第十九次全国代表大会上的报告》，人民出版社，2017，第33页。

② See Joshua L. Root, “The Freedom of Navigation Program: Assessing 35 Years of Effort,” *Syracuse Journal of International Law and Commerce*, Vol. 43, Issue 2, 2016, p. 328；〔英〕郭晨熹：《中国可以学习苏联对待海洋法的态度》，转引自《参考消息》2018年4月2日，第14版。

③ 参见贾宇、密晨曦《新中国70年海洋事业的发展》，《太平洋学报》2020年第2期。

法研究和运用。”鉴于中国面临的海洋争端的复杂性，中国政府可以基于引起船舶船员扣押的海洋争端的具体情况，按照《公约》的相关规定，合理地利用国际海洋法法庭的临时措施与船舶和船员迅速释放程序，以更好地保护中国船舶和船员的利益。[①]

### （三）《公约》的模糊性规定使中国应当更加重视《公约》的解释问题

首先，《公约》在历史性权利、岛屿与岩礁制度、专属经济区的军事活动和海盗问题等方面的规定过于原则或模棱两可。[②] 这既是多边条约较为普遍的一个现象，也是《公约》历经九年艰苦谈判，经过不同利益集团之间的斗争和妥协所取得的结果，是一种无奈的选择。[③]

其次，国际社会对《公约》的相关条款和制度规定作出解释和适用的实践，有利于澄清《公约》中的一些模糊规定，也是对《公约》的进一步诠释和发展。[④] 事实上，“《公约》作为时代的产物，一直处于发展过程中”[⑤]。例如，1994 年《执行协定》不但是对《公约》第十一部分做出了根本性的修改，而且实质上构成了对国际海底区域制度的新发展，并成功地弥合了发展中国家与发达国家之间的诸多严重分歧。又如，1995 年《鱼类种群协定》对传统的公海捕鱼自由原则作了一定修改。此外，目前国际社会正在进行的“国家管辖范围以外海域生物多样性养护和可持续利用问题国际协定”的谈判表明，有关新的海洋法规则和制度正在酝酿产生中。

---

① 参见孙立文《海洋争端解决机制与中国政策》，法律出版社，2016，第 422~425 页。

② 参见杨泽伟《〈联合国海洋法公约〉的主要缺陷及其完善》，《法学评论》2012 年第 5 期。

③ See Tullio Scovazzi, “The Evolution of International Law of the Sea: New Issues, New Challenges,” *Recueil des Cours* (*Collected Courses of the Hague Academy of International Law*), Vol. 286, 2000, p. 206.

④ 参见张海文《〈联合国海洋法公约〉若干条款的解释和适用问题》，载柳华文主编《中国国际法年刊（2020）》，法律出版社，2021，第 49 页。

⑤ Tullio Scovazzi, “The Evolution of International Law of the Sea: New Issues, New Challenges,” *Recueil des Cours* (*Collected Courses of the Hague Academy of International Law*), Vol. 286, 2000, p. 123.

最后，近年来诸如国际海洋法法庭等国际司法或准司法机构的越权、扩权现象日益突出。例如，国际海洋法法庭在 2013 年“次区域渔业委员会（就非法、未报告和无管制捕捞活动的有关问题）请求咨询意见”的全庭首例咨询意见案中，自赋全庭咨询管辖权，扩权倾向明显。① 又如，2013 年菲律宾单方面发起的“南海仲裁案”，不但体现了菲律宾对《公约》有关条款的曲解，而且验证了仲裁庭滥用“自裁管辖权”，恶意降低《公约》强制争端解决程序的适用门槛，越权管辖非《公约》调整的事项，从而引发了国际社会对“司法扩张”的担忧。② 综上所述，在中国与《公约》未来的互动中，中国应更加重视《公约》的解释和适用问题，以更好地维护中国的国家权益。

### （四）海洋法发展的新挑战和新议题为中国海洋权益的拓展提供了重要的机遇

一方面，随着国际关系的演变和科技的进步，以《公约》为核心的海洋法仍处在快速发展中，有关海洋法发展的新挑战和新议题不断涌现，如气候变化对海平面上升的影响、有关蓝碳问题的国际合作、国际海底区域“开发规章”的制定、国家管辖范围以外海域生物多样性养护和可持续利用、公海保护区的法律制度构建等。它们既是《公约》未来发展的新动向和新趋势，也为中国海洋权益的进一步拓展提供了难得的机遇。另一方面，中国作为新兴的海洋利用大国③，深度参与国际海洋法律秩序的变革，积极应对海洋法发展的新挑战和新议题，既是“加快建设海洋强国”的需要，也是增强中国在国际海洋秩序变革中的话语权的重要步骤。

---

① See “Request for an Advisory Opinion Submitted by the Sub－Regional Fisheries Commission, SRFC, Request for Advisory Opinion Submitted to the Tribunal,” https：//www.itlos.org/en/main/cases/list-of-cases/case-no-21/.

② 参见中国国际法学会《南海仲裁案裁决之批判》，外文出版社，2018，第 394 页。

③ 目前中国海运船队规模居世界第 3 位，中国大陆港口货物吞吐量、集装箱吞吐量连续 9 年居世界第 1 位，中国在 2010 年一举成为世界第一造船大国，中国在港机制造领域也是首屈一指的，中国在海洋工程装备方面的发展（如“海洋石油 981”钻井平台、“蛟龙号”载人潜水器等）也引起世界瞩目。参见杨培举《海事界的中国之声》，《中国船检》2012 年第 8 期。

# 《联合国海洋法公约》缔结背后的国家利益考察与中国实践*

白佳玉**

**摘　要：**《联合国海洋法公约》的缔结，是国际海洋法规则发展道路上的重要里程碑。在第三次联合国海洋法会议期间，缔约国提交的提案中的主张并非无的放矢，其提案的背后是基于国家利益的考量，其谈判过程中蕴含着对谈判尖锐问题的妥协、平衡与调和。中国为《联合国海洋法公约》的缔结作出了重要贡献，相关提案的背后显示出中国所秉持的"义利兼顾"的正确义利观。当前，《联合国海洋法公约》所维护的利益呈现由国家利益向全人类共同利益演进的趋势。中国在这一时代背景下，坚持基于人类命运共同体的海洋命运共同体理念，努力成为基于国际法的国际海洋秩序的倡导者、建设者、贡献者，在气候变化共同应对、国际海底区域资源开发、公海生物多样性养护等与全人类共同利益联系密切的海洋法问题上提供"中国方案"。

**关键词：**《联合国海洋法公约》　国家利益　全人类共同利益　中国实践

---

* 本文系国家社科基金重大研究专项"新时代海洋强国建设"（项目编号：18VHQ001）的阶段性成果。本文首发于《中国海商法研究》2022年第2期（2022年6月）。感谢南开大学硕士研究生别玺然和中国海洋大学博士研究生朱开磊对该文资料检索和文件整理的突出贡献。

** 白佳玉，南开大学法学院教授、博士生导师。

《联合国海洋法公约》（以下简称《公约》）的通过，是海洋法的重要里程碑。从此，国际社会拥有了一套相对全面的国际海洋法律规则体系。《公约》不仅对领海、专属经济区等国家管辖范围内的海域制度作出了较为全面和系统的规定，也对公海、国际海底区域（以下简称“区域”）等国家管辖范围外的海域制度作出了一定的安排。事实上，《公约》是缔约国在联合国第三次海洋法会议上相互妥协的结果。考虑到《公约》广泛的缔约国数量以及条款涵盖范围的广泛性，其如何让如此众多的缔约国就诸多条款达成一致意见？国家利益在各国提案的背后发挥了怎样的作用？通过对国家利益博弈和妥协的考察，笔者回顾了《公约》谈判期间利益博弈局面的形成，总结了影响《公约》达成妥协的尖锐问题，并分析了中国的参与。针对《公约》在世界百年未有之大变局下解决新问题的不足和挑战，探讨了中国建设基于国际法的国际海洋秩序之角色与路径。

## 一　谈判过程中国家利益博弈局面的形成

国家利益包括生存、发展和荣誉三个方面的主要内容。① 国家海洋利益作为国家利益的重要组成部分，具有国家利益的一切内涵，其外在表现为岛屿主权、海域及其中资源的主权、主权权利与相应的管辖权以及海上交通安全等，这些都与国家生存、发展和荣誉三个方面的主要内容产生联系。事实上，第三次联合国海洋法会议期间，缔约国的提案通常代表着以美、苏、英三国为代表的海洋大国的国家利益诉求以及包括七十七国集团成员及中国在内的发展中国家的国家利益诉求。这些国家利益的交织导致了谈判过程中国家利益博弈局面的形成。

### （一）国家主权、主权权利、管辖范围内问题

#### 1. 领海

与领海制度相关的谈判焦点为领海宽度的问题，这也是第二次联合国海

① 阎学通：《中国国家利益分析》，天津人民出版社，1996，第10页。

洋法会议未能解决的疑难问题之一。其争议焦点在于，一些海洋大国主张窄领海制度以维护更大海域的海洋自由；而一些发展中国家则主张宽领海制度以扩大海域主权范围。[①] 虽然200海里领海宽度的主张可使沿海国获得超过10000平方海里的海洋领土，但过宽的领海在使其获益的同时也可能带来不便，即本国船舶（含军舰）在其他沿海国相应水域航行时，受到其他沿海国基于无害通过制度的航行限制的概率远大于主张不超过12海里的领海宽度下的限制概率。有鉴于此，美、英、日3国主张不超过12海里的领海宽度。[②] 苏联考虑到过宽的领海将使其无法直接进入大西洋，从而减弱军事反应的灵活性，[③] 故而也主张12海里的领海宽度。[④] 据此可知，谈判过程中上述国家基于军事航行自由以及商船航行自由等绝对航行自由的海洋战略利益，[⑤] 从而形成海洋大国有关窄领海宽度的主张。澳大利亚在第三次联合国海洋法会议期间，继续巩固和加强二战后与美国建立的同盟关系，维护海上运输安全。澳大利亚虽然不属于海洋大国行列，但作为美国的盟友，同时又依赖其海军和海运以保护本国的经济和战略利益，故而支持12海里的领海宽度。[⑥]

肯尼亚虽然重视领海收益，但因其同时主张200海里专属经济区制度，故而只支持12海里领海宽度。智利则主张200海里为领海。[⑦] 这一主张可使智利获得更为可观的海洋权益，因为相比较肯尼亚的组合主张而言，此主张将使智利在200海里内海域的主权控制更为彻底。

2. 专属经济区和大陆架

与专属经济区制度相关的谈判焦点为谈判方对于专属经济区内渔业资源

---

① 窄领海主张系指拥有不超过12海里领海宽度的领海主张，宽领海主张系指拥有超过12海里领海宽度的领海主张。

② 参见UN Doc. A/CONF. 62/C. 2/L. 3，3 July 1974。

③ Manjula Shyam, *An Empirical Analysis of The Third UN Conference on the Law of the Sea: a Predictive Model*, Pittsburgh: University of Pittsburgh, 1974, p. 227.

④ 参见UN Doc. A/CONF. 62/C. 2/L. 26，29 July 1974。

⑤ 齐尚才：《扩散进程中的规范演化：1945年以后的航行自由规范》，《国际政治研究》2018年第1期。

⑥ Manjula Shyam, *An Empirical Analysis of The Third UN Conference on the Law of the Sea: a Predictive Model*, Pittsburgh: University of Pittsburgh, 1974, p. 227.

⑦ 参见UN Doc. A/CONF. 62/L. 4，26 July 1974。

的开发问题。其争议焦点在于，以美、苏、英三国为代表的海洋大国既支持沿海国对专属经济区内渔业资源的专属管辖权，也支持沿海国专属经济区内渔业资源的开发优惠权（即在存有剩余渔获量的前提下，内陆国或其他在专属经济区内享有历史性捕鱼权的国家，在不损害鱼类资源繁殖的情况下可捕捞该区域内的渔获物），[①] 而发展中国家则只支持沿海国的专属管辖权。具体而言，美、苏、英等海洋大国由于拥有在自身专属经济区内捕鱼的能力，所以支持沿海国对专属经济区内渔业资源的专属管辖权，并且基于其远洋捕鱼船队的强大实力，这些海洋大国也支持沿海国专属经济区内渔业资源的开发优惠权。这种开发优惠权实质上为海洋大国进入他国沿海海域捕鱼提供了合法性的依据。[②] 而以智利、肯尼亚、牙买加为代表的发展中国家由于远洋捕鱼能力的不足，所以只支持沿海国对专属经济区内渔业资源的专属管辖权。[③]

与大陆架制度相关的谈判焦点为大陆架外部界限的划定标准问题。其争议焦点在于，石油生产国和出口国优先考虑距离领海基线 200 海里标准，而不具有相关区域石油开发优势的国家倾向于选择 200 米等深线/距离领海基线 40 海里标准或者大陆架边缘标准。具体而言，印度尼西亚、[④] 美国[⑤]主张适用距离领海基线 200 海里的大陆架外部界限标准。究其原因，这些国家作为石油生产国和出口国，在 200 海里标准下更容易发展石油生产和出口业务，以满足其石油生产和出售的需要。罗马尼亚等国家主张 200 米等深线/距离领海基线 40 海里标准，则是因为其在相关区域内的石油开采不具有优势。[⑥]

3. 国际航行海峡

与国际航行海峡有关的谈判焦点为使用国在沿岸国领海海峡内的航行权

① 参见 UN Doc. A/CONF. 62/C. 2/L. 47，8 August 1974。

② 参见 UN Doc. A/CONF. 62/C. 2/L. 38，5 August 1974。

③ 参见 UN Doc. A/CONF. 62/C. 2/L. 35，1 August 1974；UN Doc. A/CONF. 62/C. 2/L. 82，26 August 1974。

④ 参见 UN Doc. A/CONF. 62/C. 2/L. 42/Rev. 1，13 August 1974。

⑤ 参见 UN Doc. A/CONF. 62/C. 2/L. 47，8 August 1974。

⑥ Manjula Shyam, *An Empirical Analysis of The Third UN Conference on the Law of the Sea: a Predictive Model*, Pittsburgh: University of Pittsburgh, 1974, p. 117.

问题。争议焦点在于，海洋大国倾向于主张绝对的航行自由，而发展中国家则倾向于排除他国军舰在领海海峡的航行自由。具体而言，美、英、日三国基于海上贸易需求和海军力量部署需求而强调用于国际航行的海峡内的航行自由。[①] 苏联则由于其军事战略部署中重要的用于国际航行的海峡都被对立国家所控制，从而需要通过支持用于国际航行的海峡内的航行自由以满足其军事战略部署的需求。[②] 而对于智利和印度尼西亚而言，考虑到海峡邻接本国领土，外国船舶的自由通行可能对本土安全带来一定的潜在威胁，在发生军事威胁的情况时通常自身难以良好应对，故而支持无害通过制度以期减少因军舰的自由航行而带来的潜在安全问题。[③]

4. 国家管辖范围内海洋环境保护和保全与海洋科学研究管辖权问题

有关国家管辖范围内海洋环境保护和保全管辖权的谈判焦点为专属经济区内的海洋环境保护和保全的管辖权问题。其争议焦点在于发展中国家和部分发达国家倾向于制定国内法律与政策并执行，而海洋大国则倾向于制定国际统一的标准并由船旗国执行。具体而言，作为发展中国家的肯尼亚[④]以及加拿大[⑤]等发达国家强调沿海国在国家管辖范围内有权根据本国的环境政策，采取一切措施保护海洋环境、防治海洋污染。而美国和苏联等海洋大国则认为，应当适用国际统一的防污标准并赋予船旗国以执行权。[⑥]

有关国家管辖范围内海洋科学研究管辖权的谈判焦点为专属经济区内的海洋科学研究管辖权问题。其争议焦点在于广大发展中国家支持沿海国对专属经济区内的海洋科学研究加以一定的管制，而海洋大国则主张专属经济区内海洋科学研究自由。哥伦比亚等发展中国家主张沿海国有专属权利进行和管理科学研究，并且在沿海国主权和管辖区域内的科学研究在未得到该国明

① 参见 UN Doc. A/CONF. 62/C. 2/L. 3, 3 July 1974。

② 参见 UN Doc. A/CONF. 62/C. 2/L. 11, 17 July 1974。

③ 参见 UN Doc. A/CONF. 62/C. 2/L. 49, 9 August 1974。

④ 参见 UN Doc. A/CONF. 62/C. 3/L. 2, 23 July 1974。

⑤ 参见 UN Doc. A/CONF. 62/C. 3/L. 6, 31 July 1974。

⑥ 参见 UN Doc. A/CONF. 62/C. 3/L. 4, 23 July 1974。

示同意下不得进行。[①] 而苏联等海洋大国则反对发展中国家的主张，坚持各国可自由从事与勘探和开发区域内生物和矿物资源无关的科学研究工作。[②]

## （二）权利和管辖权未予明确归属的问题

专属经济区剩余权利问题是权利和管辖权未予明确归属的问题在《公约》拟定的海域制度中的主要体现。《公约》在扩大沿海国的管辖权和缩小公海自由间调整，在确立两种不同管辖海域制度的过程中留下了余地和空间，海洋法中的剩余权利问题由此而来。尤其是在专属经济区这一相对较新的海域制度的有关规定中，沿海国的主权权利和专属管辖权与公海自由及其他国家的权利划分从一开始就不十分确定。[③] 专属经济区既非由沿海国完全控制，也不属于完全具备公共属性的公海，因为权利归属并不明确。对此，《公约》第 59 条给出了解决权利归属不明问题的方法，专门要求有关国家在公平的基础上，参照一切有关情况，虑及所涉利益于有关各方乃至整个国际社会的重要性，处理彼此利益关系，解决纠纷。为促成该条款，第三次联合国海洋法会议期间有关集团和国家提出了多种解决方案。

在 1975 年第三次联合国海洋法会议第三期会议期间，现《公约》第 59 条[④]的文本的前身首次出现在由发展中国家组成的七十七国集团提交的关于专属经济区的草案中。会议上达成的《非正式单一协商案文》第 47 条[⑤]创设了关于专属经济区内权利和管辖权归属冲突的解决方案，基本采纳了七十

---

① 参见 UN Doc. A/CONF. 62/C. 3/L. 13，22 August 1974。

② 陈德恭：《现代国际海洋法》，海洋出版社，2009，第 480 页。

③ 周忠海：《论海洋法中的剩余权利》，《政法论坛》2004 年第 5 期。

④ 《公约》第 59 条（解决关于专属经济区内权利和管辖权的归属的冲突的基础）规定："在本公约未将在专属经济区内的权利或管辖权归属于沿海国或其他国家而沿海国和任何其他一国或数国之间的利益发生冲突的情形下，这种冲突应在公平的基础上参照一切有关情况，考虑到所涉利益分别对有关各方和整个国际社会的重要性，加以解决。"

⑤ 1975 年《非正式单一协商案文》第 47 条第 3 款规定："如果本公约没有将专属经济区内权利或管辖权归属于沿海国或其他国家，并且沿海国与任何其他一国或数国的利益发生冲突，则冲突应在公平的基础上，并根据所有有关情况，考虑到所涉利益分别对有关各方以及整个国际社会的重要性，加以解决。"

七国集团的提议。[①] 此后，这一条款的内容保持了基本的稳定。在 1976 年第三次联合国海洋法会议第四期会议上，新加坡代表认为“若公约明确地将唯一的资源管辖权赋予了沿海国，则该条款（此处的第三款与第三次联合国海洋法会议第三期会议达成的《非正式单一协商案文》第 47 条第 3 款内容一致——引者注）便是不必要的”，然而会议最终没有采纳其意见，会议达成的《订正的单一协商案文》不仅没有删除第 3 款，而且将其作为独立的第 47 条，其简略标题为“解决关于专属经济区内权利和管辖权的归属的冲突的基础”，[②] 这一标题沿用至今。1976 年第三次联合国海洋法会议第五期会议达成的《非正式综合协商案文》将其重新编号为第 59 条，[③] 并未采纳美国提出的修改意见。美国建议在“公平”后增加一个逗号，并将“意即”替换为“和”。这样的话，冲突解决的基本标准将成为“以公平为基础”，即可以描述成“参照一切有关情况……”。其同样提出了一个简略标题，即“关于专属经济区内权利和管辖权冲突的解决”。[④]《非正式综合协商案文》也未采纳内陆国及地理不利国家集团提出的“以一条新规定替换第 47 条，即冲突应依据公约在别处规定的争端的强制解决程序而解决”的建议。[⑤] 在 1978 年的第三次联合国海洋法会议第七期会议上，秘鲁提出“将‘其他国家的管辖权’删除”的建议，乌拉圭则建议删除该条款，会议最终都未予采纳。至此，第 59 条的规定自 1976 年第三次联合国海洋法会议第五期会议之后，内容上再未发生实质变动。[⑥]

---

① 参见 UN Doc. A/CONF. 62/WP. 8/Part Ⅱ，7 May 1975。

② 参见 UN Doc. A/CONF. 62/WP. 8/Rev. 1/Part Ⅱ，6 May 1976。

③ 参见 UN Doc. A/CONF. 62/WP. 10，15 July 1977。

④ 〔斐济〕萨切雅·南丹、沙卜泰·罗森主编《1982 年〈联合国海洋法公约〉评注》（第二卷），焦永科等译，海洋出版社，2014，第 519 页。

⑤ 〔斐济〕萨切雅·南丹、沙卜泰·罗森主编《1982 年〈联合国海洋法公约〉评注》（第二卷），焦永科等译，海洋出版社，2014，第 520 页。

⑥ 〔斐济〕萨切雅·南丹、沙卜泰·罗森主编《1982 年〈联合国海洋法公约〉评注》（第二卷），焦永科等译，海洋出版社，2014，第 519 页。

## （三）国家主权、主权权利、管辖范围外问题

从谈判过程的视角可洞悉，专属经济区剩余权利表现为沿海国就相应海域内的权利向国际社会的一种让步。具体而言，沿海国通常倾向于不断扩张海洋管辖权，但为了配合编制《公约》专属经济区制度并达到上述条款所述的“公平”，沿海国则将部分如前所述的权利向国际社会作出让步。① 这种让步的结果是，原本带有主权色彩的主权权利变为“去主权色彩”的剩余权利。至于国家主权、主权权利以及管辖范围外的有关权利，则更加体现出“去主权色彩”的效果。下文将针对国际海底开发制度以及公海自由的焦点问题予以梳理。

1. 国际海底开发制度

有关国家管辖范围外国际海底开发制度的谈判焦点为国际海底开发方式的问题。其争议焦点在于海洋大国倾向于自由且独立地开发“区域”资源，而广大发展中国家倾向于选择单一开发制。智利等发展中国家根据“区域”及其资源是人类共同继承财产原则，主张应由国际海底管理局代表全人类进行管理，即通过“单一开发制”建立一个强有力的国际机构对“区域”及其资源进行管理并由其勘探开发。② 这是由于发展中国家通常不具备“区域”资源勘探与开发的能力，所以希望通过集体的力量获益。而美国等发达国家则因其雄厚的资金支持与技术能力，主张对“区域”资源的勘探开发应由具有资金、掌握技术的国家、国有企业或私营企业进行，国际海底管理局的主要职能限于发放勘探开发执照。③

2. 公海自由的具体内容

有关国家管辖范围外公海自由的具体内容的谈判焦点为是否应对所有国家在公海的自由进行适当管制。其争议焦点在于发展中国家主张对公海自由有必

---

① 白佳玉：《〈斯匹次卑尔根群岛条约〉公平制度体系下的适用争论及其应对》，《当代法学》2021年第6期。

② 参见 UN Doc. A/CONF. 62/C. 1/L. 7，16 August 1974。

③ 参见 UN Doc. A/CONF. 62/C. 1/L. 6，13 August 1974。

要进行适当管制；而海洋大国则认为公海自由应不受限制。因早期有关发展中国家对公海自由谈判的提案及文件获取较为困难，发展中国家通过一些联合宣言在一定程度上侧面反映了其对该争议焦点的立场。例如，作为发展中国家的加勒比海国家认为，对于公海捕鱼应当用适当的条例加以规定；非洲国家也主张“公海内捕鱼必须加以管理”。而美国等海洋大国则在提案中明确强调“公海自由”，坚持尽量保留1958年《公海公约》的各项规定；法国则表明其从未同意对海洋自由的任何限制……除非通过条约或国际习惯法进行限制。①

## 二　谈判过程中尖锐问题的妥协、平衡与调和解决

海洋大国基于经济、技术与军事优势，通常倾向于维护相对开放的海域制度；而发展中国家则因其在上述方面的相对弱势，通常主张维护自身力所能及的海域利益，维护相对保守的海域制度。这些国家利益的对立导致了一系列尖锐问题的产生。《公约》最终落地前经历了谈判过程中尖锐问题的妥协、协调与调和。

### （一）沿海国领海、专属经济区和大陆架的主权/主权权利/管辖权与非沿海国航行权的妥协

针对宽领海与窄领海这一领海制度的谈判焦点，《公约》的正式案文通过第3条确定了每一国家有权确定其领海的宽度，直至从按照本公约确定的基线量起不超过12海里的界限为止。《公约》并没有排除沿海国在最大限度内规定不同的领海宽度，即沿海国可在12海里的限度内确定自身领海宽度。美、英等海洋大国长期主张3海里的窄领海宽度，乃因其拥有强大的海上力量，便于进入他国海岸活动，实现海上霸权；而发展中国家为了保证本国安全，抵制海上霸权，主张符合其利益的宽领海制度。在第三次联合国海洋法会议上，发展中国家逐渐独立，主张更大海域主权范围的趋势不可逆，

① 参见 UN Doc. A/CONF. 62/C. 2/L. 40 and Add. 1, 5 and 28 August 1974。

12 海里领海宽度成为海洋大国和发展中国家达成妥协的平衡点。[①] 海洋大国为减少其海军和贸易方面的航行自由受到的影响，给予发展中国家主张宽领海制度的一定妥协，相应地，发展中国家也得到主权海域一定范围的扩大。

针对专属经济区制度中海洋大国既支持沿海国对专属经济区内渔业资源的专属管辖权，也支持沿海国专属经济区内渔业资源的开发优惠权，而发展中国家则只支持沿海国的专属管辖权的谈判焦点，《公约》的正式案文支持了广大发展中国家所提议的沿海国对专属经济区内渔业资源的专属管辖权。事实上，美国放弃托管区提议、同意专属经济区概念对相关条款的产生起到了重要作用。研究表明，在谈判期间，海洋大国深明谈判形势的不可逆转，而沿海发展中国家深知海洋大国的分量，因此双方达成平衡后的结果，既体现了大国实力的作用，又体现了小国众志成城的力量。[②]

针对大陆架外部界限问题的谈判焦点，《公约》的正式案文采纳了折中的方案，支持沿海国大陆架包括领海以外陆地领土的全部自然延伸，直至大陆边外缘的国际海底区域的海床和底土，大陆边外缘不满 200 海里的则扩展至 200 海里的规定。对于超过 200 海里的大陆边外缘的具体划定方法，《公约》基本接受了爱尔兰方案中的两种方法。[③]《公约》对于大陆架外部界限的划定，并未单独采纳 200 米等深线/距离领海基线 40 海里标准、大陆架边缘标准和距离领海基线 200 海里标准中的其中一种，而是结合海底地理科学中的陆地领土的自然延伸原则，对大陆架外部界限的划定予以规定。至于《公约》对大陆架外部界限的具体规定，既反映了对宽大陆架国家本身地理优势的认可，也反映了对窄大陆架国家的照顾，从而使沿海国可以选择最优

① 齐尚才：《扩散进程中的规范演化：1945 年以后的航行自由规范》，《国际政治研究》2018 年第 1 期。

② 吴少杰：《专属经济区概念的提出与美国的反应（1970—1983）》，《世界历史》2016 年第 2 期。

③ 爱尔兰方案中规定："如果大陆边从测算领海宽度的基线量起超过 200 海里，沿海国应以下列两种方式之一，划定大陆边的外缘：（1）以最外缘各定点为基线划定界限，每一定点上沉积岩厚度至少为从该点至大陆坡脚最短距离的百分之一。（2）以各定点为基线划定界限，各点离大陆坡脚的距离不超过 60 海里。在没有相反证明的情况下，大陆坡脚应定为大陆坡底坡度变动最大之点。"

的大陆架外部界限。这些规则也充分体现了《公约》对不同地理类型沿海国之间利益的平衡考量。①

针对用于国际航行的海峡制度中军舰通过问题的谈判焦点，《公约》的正式案文采纳了折中的方案，对用于国际航行的海峡的规定确立了“过境通行制”，并没有采纳海洋大国主张的“自由通行”，而且还规定了海峡沿岸国对构成用于国际航行海峡的领海水域享有主权和管辖权。有必要注意的是，用于国际航行的海峡的过境通行制不完全等同于领海的无害通过制。因为本质上，实行过境通行制的用于国际航行的海峡位于沿岸国领海范围内，这种海峡属于沿岸国的领海水域。《公约》针对这种情况下的海峡，规定了特别的航行制度，以区别于领海。“所有船舶和飞机”在这种海峡内“均享有过境通行的权利”，因此，军舰和军用飞机也当然享有这种权利，而且海峡沿岸国对这种权利不得加以“阻碍”、“防止”或“停止”，这实际体现了对海峡沿岸国主权的限制。

针对有关国家管辖范围内海洋环境保护和保全管辖权的谈判焦点，《公约》的正式案文调和了相关利益，允许沿海国与相关国际组织和外交会议订立法律、规章或者国际标准，但明确了沿海国、船旗国与港口国将按照规定拥有一定的执行权。这平衡了沿海国在其专属经济区的权益，以及其他国家在他国专属经济区的海洋利益。

针对有关国家管辖范围内海洋科学研究管辖权中的是否给予沿海国以同意权的谈判焦点，《公约》的正式案文体现出对二者的协调。一方面，《公约》通过设立同意制度对沿海国的主权权利和管辖权给予了比较充分的保障；另一方面，《公约》通过在同意制度上增加条件，创设默示同意制度，对开展研究活动主体的利益也给予了足够的重视。②

### （二）利益对各方和整个国际社会重要性考量下的平衡

如前所述，《公约》谈判期间有关领海、专属经济区、用于国际航行的

---

① 张湘兰、田辽：《大陆架外部边界规则研究》，《中国海商法研究》2012 年第 3 期。

② 邵津：《专属经济区内和大陆架上的海洋科研制度》，《法学研究》1995 年第 2 期。

海峡等问题的讨论，实质上是国家海洋管辖权不断扩张、作为国际公域的公海范围不断收缩的过程。随着《公约》所规制的海洋区域的范围逐渐由国家管辖范围内向国家管辖范围外扩展，沿海国对于海洋权利的主权色彩逐渐淡化。这一“色彩”的“浓淡”反映了有关提案背后的国家利益在该提案中的占比。这种“调色”的过程可视为一套谈判思维模型。对于相关“色彩”的解析有赖于具体问题具体分析。

具体而言，以第三次联合国海洋法会议有关领海制度的谈判为例，鉴于领海制度中沿海国享有主权，主权色彩当然最为浓厚，因此在《公约》谈判过程中，凸显出的主色调为“主权色彩”。由此出现了美、英、日、苏等海洋大国基于军事航行自由以及商船航行自由等绝对的航行自由的海洋战略利益从而形成的有关窄领海宽度的主张，以及智利、肯尼亚等发展中国家基于扩大领海收益而提出的宽领海制度的主张。再如，由于沿海国对专属经济区只享有涉及专属经济区内的经济利益的主权权利和管辖权，主权色彩逐渐淡化，这为发展中国家提出的有关专属经济区内权利和管辖权归属冲突解决的提案基本获得大会采纳奠定了基础。

针对权利和管辖权未予明确归属的专属经济区剩余权利问题，《公约》第 59 条采用“公平”措辞以解决关于专属经济区内权利和管辖权的归属冲突，但“公平”一词的解释受到该条款后续表述的约束，即“考虑到所涉利益分别对有关各方和整个国际社会的重要性”。那么，如何“考虑到所涉利益分别对有关各方和整个国际社会的重要性”？通常认为，鉴于专属经济区功能的实质，即经济利益是主要关切的问题，因此涉及专属经济区内的经济利益时，此条款将有益于沿海国，而当涉及与《公约》已规定的铺设海底电缆和管道、航行自由等类似的未明文规定的权利（这些权利不涉及资源的勘探或开发）时，其他国家的利益或整个国际社会的利益将被着重考虑。[①] 这种解释过程体现出《公约》第 59 条对各方利益的平衡，即平衡沿海国权利和其他国家乃至

① 〔斐济〕萨切雅·南丹、沙卜泰·罗森主编《1982 年〈联合国海洋法公约〉评注》（第二卷），焦永科等译，海洋出版社，2014，第 520 页。

国际社会的整体利益，以达到公平的结果的目的。据此安排，一部分专属经济区的剩余权利将与整个国际社会的利益产生关联，国际社会作为一个整体，体现所有国家的共同利益，并间接体现全人类共同利益。因而，有关专属经济区剩余权利的探讨，为后续有关全人类共同利益问题的讨论奠定了基础。

### （三）人类共同继承财产和公海自由原则的调和

在国家管辖范围外的海洋空间，存在着人类共同继承财产和公海自由两大原则，其分别构成该海洋空间底土部分（区域）与上覆水域（公海）法律地位和制度的逻辑起点。将海洋空间分为底土部分（区域）与上覆水域（公海）这一法律实践可以追溯到美国时任总统杜鲁门所发布的大陆架公告。不难看出，将国家管辖范围外的海洋空间区分为底土部分与上覆水域，其主要目的是进一步挖掘海底资源并保证海洋自由，历史上各国的法律与开发实践均可证明这一点。[①] 对于有关国家管辖范围外国际海底开发制度的方式选择，《公约》的正式案文最终创设了介于单一开发制度与自由且独立地开发"区域"资源之间的平行开发制，以期更好地维护人类共同继承的财产。事实上，因为发展中国家与发达国家之间在国际海底资源开发体制上存在严重分歧，所以美国提出了平行开发制以打破僵局，而发展中国家认为此提案有利于国际海底机构尽快独立地实施国际海底资源开发制度，因此作出了妥协。[②] 这一制度认可了申请者实施地国际海底资源勘探开发活动，可使其享有对被申请矿区地排他性权利，从而估计到发达国家所坚持的立场，同时通过设立国际海底管理局，回应了发展中国家有关人类共同继承财产原则下"区域"由国际统一机构进行管理和监督的诉求。

针对国家管辖范围外是否应对所有国家在公海的自由进行适当管制这一谈判焦点，《公约》最终采取了对所有国家在公海的自由进行适当限制的立场。一方面，《公约》规定公海对所有国家开放，不管其是沿海国还是内陆

① 孙书贤：《国际海洋法的历史演进和海洋法公约存在的问题及其争议》，《中国法学》1989年第2期。

② 金永明：《国际海底资源开发制度研究》，《社会科学》2006年第3期。

国和地理不利国，强调了公海自由的普遍性原则；另一方面，《公约》也提出了自由行使中的“适当顾及”原则，强调无论是发达国家还是发展中国家，无论是海洋大国还是别的国家在行使公海自由的时候都是互相平等的，任何国家都不能优于其他国家享有权利。从不同利益的角度出发，对公海自由适用一定的限制条件，有利于“缩减”发展中国家和发达国家之间的差距。[①]

## 三　中国促进《公约》缔结的经验总结

在《公约》缔结所反映的国家利益博弈过程中，缔约国就尖锐问题进行了国家利益之间的妥协、平衡与调和，最终促成了《公约》的达成。实际上中国自 1971 年恢复联合国合法席位正式“回归”国际社会之后即参与了《公约》的缔约谈判过程，提出了“中国方案”，为《公约》达成作出了实质性贡献。

### （一）第三次联合国海洋法会议期间的中国主张

1971 年，中国恢复在联合国的合法席位。同年 12 月 21 日，联大通过决议，决定增加中国为联合国海底委员会成员国。自 1973 年起，中国开始参与第三次联合国海洋法会议。[②] 中国在第三次联合国海洋法会议上多次发言，利用《公约》提供的机会批评指责个别国家在全球海洋秩序中的霸权行径，支持七十七国集团有关提案，维护七十七国集团的思想和政治完整性。

针对领海宽度问题的谈判焦点，中国并没有明确提出支持具体海里的领海宽度，而是提出了划定领海宽度的原则。[③] 针对专属经济区内渔业资源开发问题的谈判焦点，首先，中国主张沿海国在专属经济区内进行捕鱼活动属

---

① 梁源：《论公海自由的相对性》，《江苏大学学报（社会科学版）》2020 年第 1 期。

② 邹克渊：《〈联合国海洋法公约〉实施中的若干新问题》，《中山大学法律评论》2013 年第 2 期。

③ 参见柴树藩 1974 年 7 月 2 日在第三次联合国海洋法会议第二期会议上的发言、柯在铄 1975 年 5 月 2 日在第三次联合国海洋法会议第三期会议中第二委员会全体会议上关于支持厄瓜多尔提案的发言，即“沿海国有权根据本国自然条件的具体情况，考虑到本国的民族经济发展和国家安全的需要，合理地确定自己领海的适当宽度。当然，在确定这个宽度时，应当照顾到邻国的正当利益和国际航行的便利”。

于沿海国的主权范畴，对于沿海国专属经济区内自然资源的开发，要顾及内陆国和地理不利国的利益；[①] 其次，中国主张要明确沿海国对其专属经济区内的渔业资源享有主权和对专属经济区享有专属管辖权，外国渔船只有在沿海国允许的情况下，才可以在沿海国专属经济区内捕鱼。[②] 针对大陆架外部界限问题的谈判焦点，中国主张根据“大陆架是陆地领土的自然延伸”原则确定一国的大陆架范围。[③] 针对领海海峡航行的谈判焦点，中国认为位于领海范围内的海峡属于沿海国领海主权范围内的一部分，[④] 要求将军舰排除在“无害通过”制度之外。[⑤] 针对专属经济区内海洋环境保护和保全的管辖权问题的谈判焦点，中国主张沿海国有权在其专属经济区内根据本国的实际情况制订法律和规章（包括规则和标准）以防止船舶污染。[⑥] 针对专属经济区内海洋科学研究管辖权问题的谈判焦点，中国则支持沿海国对于国家管辖范围内的海洋科学研究享有专属管辖权[⑦]以及同意权[⑧]的主张。

---

① 参见凌青 1974 年 8 月 1 日在第三次联合国海洋法会议第二期会议中第二委员会关于专属经济区问题的发言，即“沿海国根据自己的意愿和需要，可以通过双边或地区性协议允许某些外国渔船到它所管辖的海域捕鱼，那是沿海国行使主权的范畴”，“对其相邻沿海国专属经济区的自然资源，内陆国应分享合理的权益，其具体办法可以由沿海国和内陆国在相互尊重主权和平等互利的基础上，通过充分协商求得解决。对于地理条件不利的国家，有关地区也应作出适当的安排和照顾”。

② 参见张炳熹 1975 年 4 月 28 日在第三次联合国海洋法会议第三期会议中第二委员会关于专属经济区内渔业问题的发言。

③ 参见郭振西 1979 年 4 月 20 日在第三次联合国海洋法会议第八期会议中第六协商组会上关于大陆架问题的发言。

④ 参见柴树藩 1974 年 7 月 2 日在第三次联合国海洋法会议第二期会议上的发言，即“位于领海范围内的海峡既然作为沿海国领海的一部分，理所当然的由沿海国对其进行管理，沿海国享有制定必要的法律和规章的权利”。

⑤ 参见凌青 1974 年 7 月 23 日在第三次联合国海洋法会议第二期会议中第二委员会关于海峡通行问题的发言、沈志成 1975 年 5 月 1 日在第三次联合国海洋法会议第三期会议中第二委员会“无害通过”小组会议上关于海峡通行问题的发言。

⑥ 参见中国代表 1976 年 8 月 11 日在第三次联合国海洋法会议第五期会议中第三委员会非正式会议上关于防止船舶污染问题的发言。

⑦ 参见中国代表 1976 年 9 月 14 日在第三次联合国海洋法会议第五期会议中第三委员会全会上关于科研问题的发言。

⑧ 参见罗钰如 1974 年 7 月 19 日在第三次联合国海洋法会议第二期会议中第三委员会关于海洋科学研究问题的发言。

对于专属经济区剩余权利的问题，中国在第三次联合国海洋法会议上并没有提及，但针对国家主权、主权权利、管辖范围外的问题，中国提出了一系列提案。首先，针对国际海底开发方式问题的谈判焦点，中国支持国际海底资源属于全人类共同所有的“人类共同继承财产”原则，[①] 主张国际海底资源必须由国际机构直接进行开发，或者以国际机构完全控制下的其他方式进行开发。[②] 其次，针对国家管辖范围外是否应对各国于公海的自由进行适当管制的谈判焦点，中国主张关于公海的利用不得妨碍其他国家的正当利益和各国共同利益以及在公海捕鱼应有适当管制等。[③]

通过上述中国的提案情况可见，中国提案覆盖范围十分广泛。尽管这是中国首次参加国际造法会议，但就整体而言，中国在态度上以及行动上十分积极，展现出负责任大国的姿态。尽管中国暂未对专属经济区内剩余权利的问题提出提案，但这并不影响中国在《公约》的原则下对专属经济区剩余权利进行解读，以维护中国的海洋主权和海洋安全，从法理上支撑中国的海上维权行动。[④] 在提案内容的背后，体现出中国所坚持的正确义利观，恪守互利共赢原则，不唯利是图、斤斤计较。[⑤]

### （二）中国主张背后的义利观

总览《公约》谈判过程，不难得知，针对《公约》所规定的海域制度，拥有经济、技术与军事优势的海洋大国的提案经常反映出“利益至上”“只

① 参见柴树藩 1974 年 7 月 2 日在第三次联合国海洋法会议第二期会议上的发言、柯在铄 1974 年 7 月 17 日在第三次联合国海洋法会议第二期会议中第一委员会关于国际制度和机构问题的发言，以及欧阳楚屏 1974 年 8 月 16 日在第三次联合国海洋法会议第二期会议中第一委员会非正式会议上关于开发条件的发言。

② 参见沈伟良 1977 年 6 月 10 日在第三次联合国海洋法会议第六期会议中第一委员会工作组会议上的发言、沈伟良 1977 年 6 月 28 日在第三次联合国海洋法会议第六期会议中全体会议上的发言、柯在铄 1978 年 4 月 21 日在第三次联合国海洋法会议第七期会议中第一协商组会议上的发言。

③ 参见陈德恭《现代国际海洋法》，海洋出版社，2009，第 338 页。

④ 章成：《论专属经济区内的航行自由：法律边界与中国应策》，《学习与实践》2017 年第 10 期。

⑤ 王毅：《坚持正确义利观 积极发挥负责任大国作用——深刻领会习近平同志关于外交工作的重要讲话精神》，人民网，http：//opinion. people. com. cn/n/2013/0910/c1003-22862978. html。

有永远的利益，没有永远的朋友”的国家利益观，坚持零和思维，具有狭隘性、短视性和唯利性的特点。例如坚持领海海峡军舰的无害通过，坚持基于公海自由理念下国际海底区域资源开发区块的排他权利等。而中国则坚持“义利兼顾”的正确义利观，主张摒弃义利对立的二元思维，反对唯利是图，鼓励国家之间的互利和共利，谋求各国的共同发展和各国人民的共同幸福。[①] 例如，中国坚定地和七十七国集团站在一起，考虑到子孙后代，维护“全人类的共同利益”。

事实上，党的十九大所倡导的人类命运共同体意识要求扩大各国的利益交汇点，秉持正确义利观，即“国不以利为利，以义为利也”，其内涵不仅阐明了中国参与国际海洋事务正确义利观的应有之义，[②] 也表明新中国成立以来，尽管不同领导集体的正确义利观可能各有重心，但是在基本思想上是一以贯之的，形成一脉相承的体系。

### （三）中国主张对《公约》缔结的积极贡献

梳理与上述《公约》缔结中尖锐问题有关的中国提案是否被纳入《公约》条款，有助于分析中国在《公约》缔结过程中的积极贡献。

围绕国家主权、主权权利、管辖范围内的有关问题，针对领海宽度的谈判焦点，中国有关适当设置领海宽度的意见被部分采纳进《公约》，《公约》第 3 条允许各国根据自身实际情况设置领海宽度；针对专属经济区内渔业资源开发问题的谈判焦点，《公约》第 56 条支持了中国有关专属经济区内捕鱼权应属于沿海国行使主权的范畴的意见，赋予了沿海国在该区域内从事经济性开发和勘探的主权权利，这一主权权利自然包括捕鱼权；针对大陆架外部界限问题的谈判焦点，中国主张的自然延伸原则及该原则下的计算方法被采纳进《公约》第 76 条；针对专属经济区内海洋环境保护和保全的管辖权问题的谈判焦点，中国所主张的由沿海国制定环境政策和采取一切必要措施

---

① 参见汪琼枝《坚持正确义利观，应对“逆全球化”思潮》，人民网，http：//edu.people.com.cn/n1/2019/0605/c1006-31120917.html。

② 白佳玉：《中国参与北极事务的国际法战略》，《政法论坛》2017 年第 6 期。

以保护海洋环境的建议被部分吸纳进《公约》，其中的第 216 条允许包括沿海国在内的有关主体制定相应法律和规章，并允许沿海国在法定条件下执行这些规定。这些被实质吸纳进《公约》的提案，一方面体现了中国支持发展中国家的主张和提案的态度，促进了一些新海洋法制度的建立；另一方面展现出中国积极与其他缔约国合作，参加各协商组讨论，坚持原则性与灵活性的作为，推进了海洋法立法进程的顺利进行和目标的实现。

围绕国家主权、主权权利、管辖范围外的有关问题，针对国际海底开发方式问题的谈判焦点，中国有关国际海底资源属于全人类共同所有的观点反映在《公约》第 136 条中；中国对于国际海底资源的开发由国际机构直接进行或以国际机构完全控制下的方式进行的主张得到《公约》第 153 条的部分支持，该条款规定了“区域”内活动由企业部门独立进行或由符合条件的主体与国际海底管理局协作进行的平行开发制。针对国际海底区域内的科学研究问题的谈判焦点，《公约》第 143 条规定国际海底管理局可进行有关“区域”及其资源的海洋科学研究，并可为此目的订立合同。这一规定与国家管辖范围外的海洋科学研究应受国际制度和国际机构管理的中国提案相吻合。这些被采纳或部分采纳的中国提案，体现着中国支持发展中国家，共同促进海洋法制度建立的实践态度。事实上，不论是针对国际海底开发方式问题，还是国际海底区域内的科学研究问题，中国相关提案所反映的内容都是“人类共同继承财产”原则在“区域”的具体表现，体现出中国坚持“区域”在和平使用的前提下由全人类所有、由全人类使用、由全人类共享的理念。

## 四　从国家利益到全人类共同利益演进下的《公约》发展趋势与中国机遇

经过多年谈判，《公约》作为首部专门针对海洋的综合性国际条约，终于得以产生。《公约》通过建立法律秩序来保障人类在海洋中的利益，为海洋综合治理提供了基石。有必要指出，随着人类文明的不断进步，人类能够触及的海洋范围不断扩大，气候变化共同应对、国际海底资源开发、公海生物多样性等问题与人类命运的联系愈发密切，呈现一种从国家利益到全人类共同利益演进下的《公约》发展基调。《公约》作为“二战”后发达国家与发展中国家重建海洋秩序的妥协产物，受自身有效性不足的限制，无法完全解决当前全球海洋治理所面临的难题与挑战，因此存在完善的空间。

### （一）海洋公域与全人类共同利益的维护

海洋公域的许多新生问题都与全人类共同利益息息相关。首先，在海洋公域生物多样性养护领域，为有效实现《公约》规定的养护公海生物资源的目标，联合国于2015年5月发布决议，要求各国就国家管辖范围以外区域海洋生物多样性（简称BBNJ）的养护和可持续利用问题拟定一份具有法律约束力的国际文件。鉴于生物多样性养护被《生物多样性公约》认为是全人类共同关注事项，而联合国决议表达了国际社会的需求，因此缔约国参与造法活动显然应当出于维护全人类共同利益的目的。有鉴于此，以BBNJ国际协定为代表的海洋生物多样性养护与利用国际法律规则发展是海洋命运共同体理念得以良好融入的重要场所。其次，在海洋公域资源可持续开发领域，随着《公约》被绝大多数联合国成员国所接受，人类共同继承财产原则逐渐发展成为习惯国际法的一部分，具体涵盖共同共有、共同管理、共同参与和共同获益这四大特征。具有全球海洋公域性质的“区域”法律地位为人类共同继承财产，是人类命运共同体理念的重要切入点。① 最后，在气候变化共同应对领域，鉴于同样被公认为是全人类共同关注事项的气候变化共同应对问题能够引发海洋的剧烈变化，尤其是海洋酸化、海平面上升等，有理由认为，气候变化共同应对问题作为全球性环境问题，涉及全人类的海洋环境利益。这些新生问题的解决为《公约》的发展和维护全人类共同利益提供了机遇。

---

① 白佳玉、隋佳欣：《人类命运共同体理念视域中的国际海洋法治演进与发展》，《广西大学学报（哲学社会科学版）》2019年第4期。

## （二）《公约》相关附件谈判与实施趋势

为了进一步实现海洋生物多样性养护与可持续利用的目标，联合国决定根据《公约》的规定就 BBNJ 的养护和可持续利用问题拟订一份具有法律约束力的国际文书。BBNJ 国际法律规则的制定需充分考虑人类共同继承财产与知识产权保护之间、世界各国海洋利益之间以及生物资源的养护与利用之间的协调关系。截至 2022 年 3 月，BBNJ 国际协定已经经历了四轮政府间谈判，但目前谈判的结果仍不足以推动该条约越过终点线。[①] 各方在 BBNJ 国际协定谈判中尚面临一些难以解决的重大挑战。例如，“人类共同继承财产原则”与“公海自由原则”之争，环境影响评估是否应该“国际化”之争，BBNJ 国际协定争端解决机制是否应该“比照适用”《公约》第十五部分或《执行 1982 年 12 月 10 日〈联合国海洋法公约〉有关养护和管理跨界鱼类种群和高度洄游鱼类种群的规定的协定》第八部分的争端解决机制之争，以及“一揽子交易”中的相关要素在谈判中面临不均衡发展和难以同步推进的挑战。各方在谈判中能否化解这些挑战，将直接决定 BBNJ 国际协定能否成功达成。[②]

在海洋公域资源可持续开发领域，“区域”及其资源是人类共同继承财产，为了实现全人类的共同利益，承包者在勘探开发“区域”资源的过程中应高度重视海洋环境保护和保全，实现“区域”资源的可持续开发利用。面对“区域”矿产资源商业开发阶段即将到来的新形势，为了确保“区域”海洋环境免受开发活动可能造成的有害影响，国际海底管理局正在抓紧制定“区域”内矿产资源开采规章。在 2017 年 8 月的第 23 届会议上，国际海底管理局审议并公布了《“区域”内矿产资源开采规章草案》。2021 年 6 月 25 日，瑙鲁正式向国际海底管理局申请商业开采，触发了 1994 年《关于执行〈联合国海洋法公约〉第十一部分的协定》附件第 1 节第 15 段的“两年规

① 参见 Ocean Care，“UN High Seas Treaty：Progress but not There yet，” https：//www. oceancare. org/en/un-high-seas-treaty-progress-but-not-there-yet。

② 施余兵：《国家管辖外区域海洋生物多样性谈判的挑战与中国方案——以海洋命运共同体为研究视角》，《亚太安全与海洋研究》2022 年第 1 期。

则”，即要求国际海底管理局尽快通过该草案以促进自申请两年内批准开发的工作计划，但显然这项繁重的工作在新冠疫情背景下存在巨大挑战。

在气候变化共同应对领域，根据《公约》官网的电子资料，早在1989年，联合国大会海洋和海洋法专题会议的秘书长报告就意识到了气候变化共同应对的问题，认为“《公约》强调需要保护和保全海洋环境更显示了海洋在维持全球生态平衡以及控制和调节世界气候包括‘温室效应’的影响等方面的重要性，这种作用还受到世界各国日益广泛的承认”[①]。2017年联合国大会海洋和海洋法会议产生了主题为“气候变化对海洋的影响”的秘书长报告，系统梳理了气候变化影响海洋的主要因素、海洋变暖和酸化的环境、经济和社会影响气候变化的应对，以及进一步合作及协调的必要性。[②]可见，在联合国层面对气候变化下的海洋应对有着长期的关注，意识到“世界海洋退化状况令人震惊，必须在各方面采取行动，恢复海洋环境的健康和复原力，减轻和适应气候变化的影响，保护和保全海洋生态系统，可持续地利用其资源”[③]。2021年10月15日，英国议会上院国际关系与国防特别委员会启动一项名为“《联合国海洋法公约》是否同21世纪的基本目标相适应?”的质询，就包括气候变化等在内的新问题给履约带来的新挑战等议题召开了10余场听证会。[④]质询所形成的文件认为，《公约》未能预见到气候变化导致海平面上升、岛礁淹没及领海基线位置改变而给国家管辖海域范围带来的潜在改变，主张联合国机制和有关机构应发挥更大作用，促进国际海事组织在应对气候变化对海事活动的影响方面发挥积极作用。[⑤]

### （三）《公约》发展趋势下的中国角色和机遇

中国已是世界第二大经济体，逐渐走近世界舞台的中央。1971年，中

① 参见UN Doc. A/44/461，18 September 1989。

② 参见UN Doc. A/72/70，6 March 2017。

③ 参见UN Doc. A/77/68，28 March 2022。

④ 叶强：《英国议会质询〈联合国海洋法公约〉履行情况》，《世界知识》2022年第2期。

⑤ 参见International Relations and Defence Committee，“UNCLOS：the Law of the Sea in the 21st Century，” https：//publications. parliament. uk/pa/ld5802/ldselect/ldintrel/159/15902. htm。

国恢复联合国合法席位以来，便带着推动国际关系法治化，加强国内立法与国际法的互动的使命感，在制定和实施国内法律的同时，积极参与国际造法特别是对外缔约活动，充分利用以联合国为代表的多边国际组织平台，发出中国声音、提出中国方案、表达中国主张，通过主动承担大国责任，了解并定位不同国家的共同需求，推动国际治理规则向法治化、民主化的方向发展。① 中国作为负责任的大国，积极争做国际社会新秩序的倡导者、建设者、贡献者，为其提供“中国方案”。这一“中国方案”指的便是坚持基于人类命运共同体理念的海洋命运共同体理念，坚持以全人类共同利益为出发点的思维与权利义务相统一的衡平思想。

推动构建人类命运共同体，不是“另起炉灶”，也不是推倒重构，而是要在以联合国宪章为核心的现有国际法律秩序的基础上，致力于建设一个和平共处、普遍安全、共同繁荣、开放包容、美丽清洁的世界。② 在海洋领域，则是要在《公约》的基础上构建更加公正合理的国际海洋法律秩序，造福全人类。中国有必要把握机遇，积极参与当今国际海洋法前沿领域的造法论证与后续的谈判协商及履约进程。

针对各方在 BBNJ 国际协定谈判中尚面临一些难以解决的重大挑战的问题，海洋命运共同体理念可以把不同利益群体争议的焦点从个体利益转向共同利益，以合作的方式协调和弥合分歧，追求共同利益，③ 促进多边协商中的利益攸关方之间达成共识，进而共同实现国家管辖范围外海洋生物多样性的养护与可持续利用。

针对《“区域”内矿产资源开采规章草案》的生效问题，中国有必要深入参与该草案的后续制定过程，同时增进与国际海底管理局的密切联系，围绕“区域”资源开发和环境保护中关乎国家长远利益的重要议题积极贡献

① 参见《国际法与新中国成立 70 年立法实践》，http：//www.npc.gov.cn/npc/dzlfxzgcl70nlflc/202108/7e3aaf6b374f428881637ee92ab921f7.shtml。

② 黄惠康：《国际海洋法前沿值得关注的十大问题》，《边界与海洋研究》2019 年第 1 期。

③ 薛桂芳：《“海洋命运共同体”理念：从共识性话语到制度性安排——以 BBNJ 协定的磋商为契机》，《法学杂志》2021 年第 9 期。

"中国方案"。具体而言，中国有必要统筹考虑"区域"资源开发和环境保护，避免因强调一方而忽略另一方，争取实现二者的平衡。

针对气候变化共同应对问题，中国在国际海事组织层面积极提出了与缓解气候变化有关的提案。作为连续 17 次当选国际海事组织 A 类缔约国的中国，正在努力通过共享信息和积极完成污染预防与应对小组委员会工作组的工作为国际海事组织规制黑炭排放的规则进行立法准备。根据 2019 年第 74 届海洋环境保护委员会的指示和 2020 年第七届污染预防与应对小组委员会沟通小组的要求，中国开展了与黑炭排放控制相关的研究，并于 2021 年通过 MEPC 76/INF. 43、MEPC76/INF. 44、MEPC76/INF. 45 三份国际海事组织信息类型提案共享了正在进行的黑炭项目的信息。2020 年 9 月 22 日，中国国家主席习近平在第七十五届联合国大会一般性辩论上发表重要讲话，提出"中国将提高国家自主贡献力度，采取更加有力的政策和措施，二氧化碳排放力争于 2030 年前达到峰值，努力争取 2060 年前实现碳中和"[①]。这些积极的努力与承诺，彰显出中国对海洋事务的关注以及对《公约》发展趋势背景下造法时机的良好把握，体现出中国始终坚守公平正义和共商共建共享的国际治理观，坚定维护以联合国为核心的多边主义国际体制和以国际法为基础的国际秩序，积极倡导并以责任担当践行真正的多边主义，构建人类命运共同体，为世界贡献中国智慧、中国方案、中国力量。

## 五　结语

《公约》是国际社会共同努力、不同国家及利益集团之间相互协商妥协所达成的一项海洋治理领域的瞩目成果。由于提案背后所代表的国家利益，《公约》的缔约过程出现利益博弈的局面，而其正式案文的生成则体现了缔约国针对各项问题，尤其是针对某些焦点问题的妥协。中国自 20 世纪 70 年

① 习近平：《习近平在联合国成立 75 周年系列高级别会议上的讲话》，人民出版社，2020，第 10 页。

代初恢复联合国合法席位以来，始终秉持着“义利兼顾”的正确义利观，坚持基于人类命运共同体的海洋命运共同体理念，在《公约》从国家利益向全人类共同利益演进的趋势下，积极争做国际社会新秩序的倡导者、建设者、贡献者，在气候变化共同应对、国际海底资源开发、公海生物多样性等与全人类共同利益联系密切的问题上提供“中国方案”。中国以《公约》缔约为起点，正在为国际法治作出巨大贡献，着实为联合国打上了难以磨灭的中国烙印，影响深远，历久弥新。未来，中国将继续秉承人类命运共同体理念，更为深入地参与国际造法活动，坚决维护基于国际法的国际秩序，为世界永续和平的发展而不懈奋斗。

# 海洋命运共同体理念的马克思主义理论阐释*

郭新昌　王　敏**

**摘　要：** 海洋命运共同体理念建立在马克思主义哲学基础上，蕴含深刻的马克思主义理论特色，具有鲜明的时代性特征与原创性色彩。对海洋命运共同体理念进行马克思主义理论阐释，在理论维度揭示了海洋命运共同体理念与辩证唯物主义、历史唯物主义以及马克思主义政治经济学的内在联系。

**关键词：** 海洋命运共同体　互联互通　海洋治理　马克思主义理论

2019年4月23日，习近平主席在青岛集体会见应邀出席中国人民解放军海军成立70周年多国海军活动的外方代表团团长时指出，“我们人类居住的这个蓝色星球，不是被海洋分割成了各个孤岛，而是被海洋连结成了命运共同体，各国人民安危与共”①，正式提出了海洋命运共同体理念。海洋命运共同体理念凝结了马克思主义的理论精华，阐发了中国面对世界百年未有之大变局下有关人海关系的深刻思考，在海洋领域作出了原创性贡献。

---

* 本文系国家社科基金高校思想政治理论课研究专项（21VSZ102）的阶段性成果。

** 郭新昌，中国海洋大学马克思主义学院副教授，中国海洋大学海洋发展研究院研究员；王敏，中国海洋大学马克思主义学院硕士研究生。

① 《习近平谈治国理政》第3卷，外文出版社，2020，第463页。

## 一 辩证唯物主义维度

恩格斯在提到辩证法时明确指出，“辩证法是关于普遍联系的科学”①，万事万物都不是孤立存在的。联系是指事物之间以及事物内部诸要素之间的相互影响、相互制约、相互作用。马克思主义原理中关于世界普遍联系的理解是建立在辩证唯物主义的基础上的，因此，对世界普遍联系原理进行理论解剖，能更全面地解释海洋命运共同体理念构建的现实逻辑，理解世界普遍联系原理对海洋命运共同体理念的哲学指引。

### （一）构建海洋命运共同体理念的现实逻辑

列宁指出，“每个事物（现象、过程等等）是和其他的每个事物联系着的”②，世界万事万物都联系在一起，联系既是客观的，又是普遍的。在辩证唯物主义的视域下，世界各国普遍存在于这种客观的联系之中，世界历史也因此形成。

1. 世界的普遍联系是构建海洋命运共同体理念的客观条件

马克思恩格斯认为，世界历史是在世界范围内的分工与交往中形成的，而其之所以被称为“世界历史”，而非历史学意义上的历史，就在于这一历史形成于各国的相互联系与交往中。大工业“首次开创了世界历史，因为它使每个文明国家以及这些国家中的每一个人的需要的满足都依赖于整个世界，因为它消灭了各国以往自然形成的闭关自守的状态”③。当世界尚以“天圆地方”的概念存在于人类心中时，国与国之间的联系还未被揭晓，人们认为自己所在之处是世界的中心；而随着资本主义在对世界市场的开辟中促进了世界范围内的互联互通时，人类迎来大航海时代，世界市场在新航路的开辟中形成，世界才真正变成了相互联系的统一整体。大工业的发展带动

① 《马克思恩格斯选集》第3卷，人民出版社，2012，第841页。

② 《列宁全集》第55卷，人民出版社，2017，第191页。

③ 《马克思恩格斯文集》第1卷，人民出版社，2009，第566页。

人类开辟了世界历史，世界的普遍联系与世界历史的形成密不可分，恰恰为海洋命运共同体理念的形成提供了客观条件。

2. 海上贸易是世界普遍联系的活动场域

资本主义的扩张不仅促进了世界的互联互通，世界各国间的联系也在各国的贸易往来中逐渐深化，从而步入联系更为密切的全球化时代。世界各国紧密联系带来的影响在经济领域表现得尤为明显。恩格斯在 1847 年起草的《共产主义原理》中初步论述了经济贸易的全球化现象，指出英国大工业的发展使其在世界市场的竞争中占据有利地位，影响着其他国家工人的生存状况。同时，也正是由于越来越密切的经贸往来和航运业的发展，一个国家发生的一切都可能给世界其他国家带来影响。“今天英国发明的新机器，一年之内就会夺去中国千百万工人的饭碗。这样，大工业便把世界各国人民互相联系起来，把所有地方性的小市场联合成为一个世界市场，到处为文明和进步做好了准备，使各文明国家里发生的一切必然影响到其余各国。”① 这时的海洋作为航运业发展的载体，以世界各国共有的大道的性质将各国联结，各国由此形成联系密切的海洋命运共同体，一荣俱荣、一损俱损。

## （二）海洋命运共同体理念的辩证唯物主义阐释

马克思恩格斯在研究海洋的性质时还肯定了海洋的共有性，指出海洋“作为各国共有的大道”② 而存在，海洋将人类联结成一个整体。这一提法与海洋命运共同体理念不谋而合。该理念源自马克思主义的唯物史观，蕴含着世界普遍联系的哲学思想。

第一，联系具有客观性。世界各国之间的联系之所以是客观的，在于这种联系不以人的意志为转移。海洋命运共同体理念正是以这种不以人的意志为转移的客观联系为基础，在各国的交流往来中得到加固。虽然各国间的联系是人类实践的产物，有人意志的加成，但并不足以动摇其客观存在性。第

① 《马克思恩格斯文集》第 1 卷，人民出版社，2009，第 680 页。

② 《马克思恩格斯全集》第 15 卷，人民出版社，1963，第 452 页。

二，联系具有普遍性。世界各国间的联系之所以普遍，在于这种联系已经深入各国民众的生活之中，各国俨然成为命运与共的“共同体”。面对海洋危机，任何一个国家都不能独善其身，而应当顺应联系的普遍性，发挥整体合力，推进全球治理，携手应对未知挑战。第三，联系具有多样性。国与国之间的联系呈现多样性，并且随着国际形势的变幻而处于不断发展之中。这种多样性不仅是国家的多样，更是个体的多样，政治的往来、文化的交融、资金的融通早已遍布国家肌体的各个角落。第四，联系具有条件性。列宁指出，“一切 vermittelt=都是经过中介，连成一体，通过过渡而联系的”①。从某种意义上说，国家间的普遍联系需要一定的中介作为条件，而每一个国家在互联互通中都可以充当这一中介，由此才能印证海洋命运共同体理念的合理性。

### （三）指导意义

海洋的共有性使国家间的普遍联系在 15 世纪成为可能；也正是国与国之间的普遍联系使世界各国的互联互通经久不息，并呈现不可阻挡的态势，海洋命运共同体理念的合理性由此得证。因此，我们应在普遍联系原理的指导下，从以下三方面构建海洋命运共同体理念。

第一，在互联互通中尊重各国联系的客观性。首先，推动全球治理，保护海洋生态。“海洋孕育了生命”②，是人类生存发展的物质基础和重要资源，各国一方面要形成全球治理共识，认识海洋生态与国家生存发展的客观联系，树立海洋生态意识；另一方面，要爱护海洋生态环境，关心海洋可持续发展，在海洋资源的开发利用活动中设置开发红线、不得触碰底线，保障人与海洋的动态平衡。其次，加强海上贸易合作，抵制“逆全球化”思潮。“逆全球化”浪潮阻碍不了各国的客观联系，经济全球化是世界发展大势，是不可阻挡的时代潮流，是人类社会经济发展与沟通往来的必然走向。最

① 《列宁全集》第 55 卷，人民出版社，2017，第 85 页。

② 《习近平谈治国理政》第 3 卷，外文出版社，2020，第 463 页。

后，承担大国责任，维护和平安宁之海。我国深刻意识到人类的紧密相连、命运与共，“将同各国人民一道，积极推动构建人类命运共同体”①。

第二，在各国多边海洋活动中增强联系的普遍性。首先，积极参与多边海洋活动，发挥海军维护海洋和平与安宁的作用。习近平同志在南海海域检阅部队时指出，海军“对维护海洋和平安宁和良好秩序负有重要责任”②。海军是构建海洋命运共同体理念的支撑力量，是捍卫国家主权和海洋权益的主体力量，③ 同时也是中国和平发展道路的重要维护者。其次，推动全球治理，应对海洋危机。中国主张各国携手应对全球危机，参与海洋治理。这不仅克服了海洋危机的跨界性，利于形成区域共识，更充分调动国家治理合力，利于维护海洋和平与安宁。最后，抗击海上霸权主义，树立“共同、综合、合作、可持续”的新安全观。中国致力于构建“平等互信、公平正义、共建共享”④ 的安全格局，在抗击海盗、亚丁湾护航以及联合国维和活动中，中国海军扮演了重要角色，与各国建立了友好的海上伙伴关系。

第三，在与世界各国各领域互联互通中确保联系的多样性。习近平同志提出海洋命运共同体理念，倡导共建 21 世纪海上丝绸之路，是为了“促进海上互联互通和各领域务实合作，推动蓝色经济发展，推动海洋文化交融，共同增进海洋福祉”⑤。在经济上，根据各国经济基础的特殊性，设立沿海经济开发区和自由贸易港口，通过港口联动内地，实现各经济体的优势互补、共同发展，加强与世界各国的经贸联系。在政治上，通过签署合作条约、文件来克服意识形态限制，建设国家友好往来的政治基础。在文化上，推动世界国家与中国文化的交流往来，在二者的交融贯通中追求共同价值，形成具有特色的文化环境与文化产业，从而为构建海洋命运共同体理念塑造社会文化基础。

---

① 《习近平谈治国理政》第 3 卷，外文出版社，2020，第 67 页。

② 《习近平谈治国理政》第 3 卷，外文出版社，2020，第 463 页。

③ 何志祥：《谈海上民兵建设“四纳人”》，《国防》2013 年第 4 期。

④ 《习近平谈治国理政》第 3 卷，外文出版社，2020，第 463 页。

⑤ 《习近平谈治国理政》第 3 卷，外文出版社，2020，第 463~464 页。

总而言之，国家欲富强必须走向海洋，民族欲复兴也必须开发海洋。我们要将世界各国普遍联系的理念化为实践，联系世界各国，为构建海洋命运共同体理念筑牢实践之基。同时，我们也应当不忘初心，始终秉承着海洋命运共同体理念的价值引领，促进各国的互联互通、互利共赢，携手打造和平繁荣之海。

## 二　历史唯物主义维度

习近平同志指出，“人与自然的关系是人类社会最基本的关系”[①]。尊重客观规律与发挥主观能动性的辩证关系原理是马克思恩格斯理论智慧的结晶，是马克思主义理论的核心内容，蕴藏着如何看待和处理人与自然关系的世界观和方法论。这一原理为人类如何处理人海关系提供了重要的哲学指引，奠定了海洋命运共同体理念中有关海洋生态问题的价值准则和行为框架。

### （一）构建海洋命运共同体理念的现实逻辑

“良好生态环境是人和社会持续发展的根本基础”[②]，海洋命运共同体理念蕴含着处理人海关系的哲学智慧。人类在构建海洋命运共同体理念的过程中必须以尊重客观规律与发挥主观能动性的辩证关系原理为指导，在认识海洋与改造海洋的过程中不仅要充分尊重海洋规律，还要顺应人海和谐发展的历史浪潮与时代大势，充分发挥人类的能动作用。

1. 人类的主观能动性是构建海洋命运共同体理念的主观条件

在《共产党宣言》中，马克思肯定了资产阶级在创造生产力中的能动作用，指出：“资产阶级在它的不到一百年的阶级统治中所创造的生产力，比过去一切世代创造的全部生产力还要多，还要大。”[③] 资产阶级在探索美

① 《习近平总书记系列重要讲话读本》，学习出版社、人民出版社，2016，第 231 页。

② 《胡锦涛文选》第 3 卷，人民出版社，2016，第 645 页。

③ 《马克思恩格斯选集》第 1 卷，人民出版社，2012，第 405 页。

洲、发现新大陆的航行中掠夺了大量财富，并在利益的驱使下奔走在世界各地，世界市场由此开辟。商业、航海业、大工业在这一时期的生产热情空前高涨，资产阶级所创造的生产力之巨大前所未有，资产阶级甚至“按照自己的面貌为自己创造出一个世界”①。

人在海洋面前具有能动性。马克思在《资本论》中对劳动概念的阐释，实际上已经点明了人类实践活动所蕴藏的能动性。“劳动首先是人和自然之间的过程，是人以自身的活动来中介、调整和控制人和自然之间的物质变换的过程。”② 实践是人特有的对象化活动，人类可以通过自己能动的实践改造海洋，将“自在自然”打上人的烙印，从而成为为我而存在的“人化自然”。在这一过程当中，人类“不仅使自然物发生形式变化，同时他还在自然物中实现自己的目的，这个目的是他所知道的，是作为规律决定着他的活动的方式和方法的，他必须使他的意志服从这个目的”③。这种能动的实践活动，即人类对海洋能动的改造，是海洋命运共同体理念形成的主观条件。在当代，世界各国纷纷将目光投向海洋，我国也充分发挥能动性，制定了海洋强国战略，指出“要加快海洋科技创新步伐，提高海洋资源开发能力，培育壮大海洋战略性新兴产业”④，积极投身到开发利用海洋的浪潮中。

2.“资本逻辑”到“自然逻辑”是构建海洋命运共同体理念的发展导向

马克思恩格斯肯定人类能够“通过他所作出的改变来使自然界为自己的目的服务，来支配自然界”⑤ 的巨大能动作用，也肯定人与自然的血肉联系，否定资本逻辑在自然资源开发利用中的贪婪与盲目。“我们决不像征服者统治异族人那样支配自然界，决不像站在自然界之外的人似的去支配自然界——相反，我们连同我们的肉、血和头脑都是属于自然界和存在于自然界之中的”。⑥ 然而，土地的开垦、机器的利用、交通工具的多元化，以及人

① 《马克思恩格斯选集》第1卷，人民出版社，2012，第404页。
② 《马克思恩格斯文集》第5卷，人民出版社，2009，第207~208页。
③ 《马克思恩格斯文集》第5卷，人民出版社，2009，第208页。
④ 《习近平谈治国理政》第3卷，外文出版社，2020，第244页。
⑤ 《马克思恩格斯选集》第3卷，人民出版社，2012，第997~998页。
⑥ 《马克思恩格斯选集》第3卷，人民出版社，2012，第998页。

对自然力的绝对征服在生产力的驱动下应运而生，“一切封建的、宗法的和田园诗般的关系”[①] 在资本主义的发展下面目全非，人与自然关系的分裂成为生产力快速增长的阵痛。

马克思认为，人类想要避免这种分裂，就必须从根本上批判资本主义制度及其生产方式，向实现了“人的全面而自由发展”的社会——共产主义社会转变。此时，共产主义“作为完成了的自然主义，等于人道主义，而作为完成了的人道主义，等于自然主义”[②]，其所倡导的自由且全面发展的人也是实现了“同自然界的完成了的本质的统一”[③] 的人，是消除了与自然的矛盾、与自然真正和解的人。在人与自然关系日益恶化、全球生态安全问题频发的今天，这一理念不仅具有重要的理论意义，更具有重大的时代价值。我们应从根本上摒弃资本支配下的行动逻辑，通过处理好人的能动性与自然规律的辩证关系，来实现“资本逻辑”到“自然逻辑”的转变，构建人类与自然的命运共同体。对自然资源的开发利用应遵循此道，对海洋资源的开发利用也应如此。

### （二）海洋命运共同体理念的历史唯物主义阐释

马克思批判人类对自然资源的盲目索取，倡导人与自然的和谐共存，指出“以致一个对象，只有当它为我们所拥有的时候……在它被我们使用的时候，才是我们的”[④]。海洋命运共同体理念吸收历史唯物主义的哲学智慧，强调要充分尊重海洋发展的客观规律，倡导人与海洋的和谐共存、命运与共。习近平同志指出“海洋孕育了生命、联通了世界、促进了发展”[⑤]，要求加强海洋生态文明建设。尊重客观规律与发挥主观能动性的辩证关系原理贯穿其中，指引人类朝着构建海洋命运共同体理念的方向发展。在历史唯物

① 《马克思恩格斯选集》第 1 卷，人民出版社，2012，第 402~403 页。
② 《马克思恩格斯文集》第 1 卷，人民出版社，2009，第 185 页。
③ 《马克思恩格斯文集》第 1 卷，人民出版社，2009，第 187 页。
④ 《马克思恩格斯文集》第 1 卷，人民出版社，2009，第 189 页。
⑤ 《习近平谈治国理政》第 3 卷，外文出版社，2020，第 463 页。

主义原理视域下，对海洋命运共同体理念的哲学理解主要从以下三个方面展开。

第一，人在海洋面前具有能动性。实践是人特有的对象化活动，人类可以通过自己能动的实践改造海洋，将“自在自然”打上人的烙印，从而成为为我而存在的“人化自然”。“加快海洋科技创新步伐，提高海洋资源开发能力，培育壮大海洋战略性新兴产业”① 的实现有赖于人类能动性的发挥。第二，人在海洋面前也具有受动性。“人作为自然的、肉体的、感性的、对象性的存在物，同动植物一样，是受动的、受制约的和受限制的存在物。”② 人类对海洋的能动改造并不是随心所欲的，违反客观规律的海洋实践必然受到海洋的限制与惩罚。第三，人与海洋是辩证统一的整体。“自然界中任何事物都不是孤立发生的”③，人类在改造海洋的同时也在改造自身，海洋在被改造的同时也在影响人类自身的发展。人与海洋的辩证统一是构建海洋命运共同体理念的内在逻辑。

中国高度重视海洋生态问题，始终将海洋生态保护融入国家建设的各方面和全过程。党的十八大报告强调，要“提高海洋资源开发能力，发展海洋经济，保护海洋生态环境，坚决维护国家海洋权益，建设海洋强国”④，全面推进经济建设、政治建设、文化建设、社会建设、生态文明建设五位一体总体布局。党的十九大报告再次强调要加大生态文明建设力度，指出“建设生态文明是中华民族永续发展的千年大计”，并致力于推动“构筑尊崇自然、绿色发展的生态体系”⑤。海洋生态文明建设关乎中国人民福祉和中华民族未来的长远大计。海洋命运共同体理念作为中国顶层设计优化背景下的理念创造，是在马克思主义哲学思想继承与发展基础上的理论创新，将指引着中国在不断取得海洋生态文明建设新成就的道路上越走越远。

① 《习近平谈治国理政》第 3 卷，外文出版社，2020，第 244 页。

② 《马克思恩格斯文集》第 1 卷，人民出版社，2009，第 209 页。

③ 《马克思恩格斯文集》第 9 卷，人民出版社，2009，第 558 页。

④ 《胡锦涛文选》第 3 卷，人民出版社，2016，第 645 页。

⑤ 习近平：《决胜全面建成小康社会　夺取新时代中国特色社会主义伟大胜利——在中国共产党第十九次全国代表大会上的报告》，人民出版社，2017，第 23、25 页。

## （三）指导意义

习近平同志多次强调海洋生态环境保护的重要意义，指出“我们要像对待生命一样关爱海洋”①，倡导各国共同参与海洋治理，构建海洋命运共同体理念。这一理念是对马克思恩格斯的人与自然辩证关系原理的继承与发展，也是辩证法思想在海洋领域的生动实践，为我国生态文明建设与海洋命运共同体理念的构建提供了重要的理论基础与方向指引。我们应在尊重客观规律与发挥主观能动性的辩证关系原理指导下，从以下三方面构建海洋命运共同体理念。

第一，要充分发挥人的能动作用，因地制宜发展海洋产业。首先，要跳出单纯攫取海洋资源的思维定式，告别“靠山吃山、靠水吃水”的传统思维，利用“大数据”的互联互通性跨越时空的限制，建设“互联网+”下的海洋时代，谋求人海和谐共生。其次，要推动海洋科技的发展，深入认识海洋、经略海洋，探索未知，为人海和谐奠定科学技术基础，进而“结束了人们对自然界的幼稚态度以及其他幼稚行为”②。最后，要培养海洋人才，通过海洋科学、海洋专业、海洋知识的教育与传播，培养一批“懂海、知海、爱海”的海洋人才，贯彻海洋命运共同体理念，为海洋强国战略提供人才资源支撑与智力支持，形成开发利用海洋资源的完整产业链与完美闭环。

第二，在开发利用海洋资源时要“尊重自然、顺应自然、保护自然”③，明确自然优先于人类的地位。首先，尊重海洋规律，就要尊重海洋生物的繁衍生息、注重海洋生态环境的保护，通过设立休渔期与海洋生态保护区来保障海洋生态系统的动态平衡。人类对于自然的利用体现在行为的合理性上，“我们比其他一切生物强，能够认识和正确运用自然规律”④。其次，顺应海

① 《习近平谈治国理政》第3卷，外文出版社，2020，第464页。

② 《马克思恩格斯全集》第10卷，人民出版社，1998，第254页。

③ 《习近平谈治国理政》第3卷，外文出版社，2020，第435页。

④ 《马克思恩格斯选集》第3卷，人民出版社，2012，第998页。

洋规律，主要是在海洋资源的开发利用上顺应海洋生物的生长规律与开发规律，不可过度开采与捕捞以致影响资源的可持续利用以及生物的繁衍生息。最后，尊重海洋规律，传播保护海洋生态的理念，发扬保护海洋环境的文化，使“人与自然和谐共生”[①] 的观念深入人心、世代传承。

第三，要在认识海洋与改造海洋的过程中坚持人的能动性与尊重自然规律的动态平衡。首先，要树立正确的海洋开发观。恩格斯在《劳动在从猿到人的转变中的作用》中指出，“我们决不像征服者统治异族人那样支配自然界，决不像站在自然界之外的人似的去支配自然界”[②]，相反，人类的生存发展依赖于自然。资源的开发利用也不能触碰生态红线与生存底线，不可贪图一时之快而危及人类后代生存。其次，应确立正确的资源利用观。要通过创新海洋科技、开发海洋资源的循环利用来保障海洋资源的效率最大化，避免资源浪费，实现可持续发展。通过建立海洋开发评估体系，纠正开发利用过程中的不当行为，从而因势利导、合理开发。

能动性赋予了人类进一步认识海洋、改造海洋的可能，但也于无形中加大了人海关系的分裂。因此，人类在构建海洋命运共同体理念的过程中，必须处理好尊重客观规律与发挥主观能动性的辩证关系，树立“共同命运”意识、携手应对全球性威胁与安全危机，形成治理合力，打造和谐、健康、可持续的人海关系，朝着海洋和平与繁荣的光明前景携手同行。

## 三　政治经济学原理维度

海洋命运共同体理念具有丰富的马克思主义政治经济学基础，资本理论、世界市场理论等对海洋命运共同体理念的形成、发展具有重要意义。资本主义的产生与发展在客观上加快了人类认识海洋与开发海洋的进程，更通过海外贸易密切了人类的海洋联系，使世界市场和海洋事业相互作用。马克

① 《习近平谈治国理政》第 3 卷，外文出版社，2020，第 357 页。

② 《马克思恩格斯选集》第 3 卷，人民出版社，2012，第 998 页。

思主义政治经济学与海洋命运共同体理念密不可分，是剖析海洋命运共同体理念的关键视角。

## （一）构建海洋命运共同体理念的现实逻辑

政治经济学理论是马克思主义理论的重要组成部分，是有关资本主义产生与发展的理论研究。新航路的开辟为资本的原始积累创造了条件，促进了大工业的发展，更推动了世界市场的形成。此外，海洋运输的重要性也逐渐凸显，海军成为各国维护海上运输通道安全的重要手段。马克思主义政治经济学理论阐释了海洋命运共同体理念的现实逻辑，是海洋命运共同体理念形成的直接动力。

1. 新航路的开辟为资本的原始积累创造了条件

在地理大发现以前，东西方处于相对封闭孤立的状态，对外贸易主要依赖陆上运输。地理大发现之后，西方国家对内通过圈地运动等方式进行压榨，促进了资本的原始积累，海洋在这一过程中起到了至关重要的作用。海洋运输与海洋贸易促进了资本主义的原始积累，为资本主义的产生与发展奠定了物质基础。马克思指出："殖民制度大大地促进了贸易和航运的发展。……殖民地为迅速产生的工场手工业保证了销售市场以及由市场垄断所引起的成倍积累。"① 新航路开辟后，西方资本主义国家凭借其经济军事实力在海外建立了众多的殖民地，通过殖民扩张，掠夺殖民地的原料以及劳动力等生产要素，迅速完成了资本的原始积累。海洋运输与海洋贸易加快了资本主义原始积累的这一进程，极大地促进了商品经济的发展，进而推动了资本主义的发展。恩格斯指出，"航海业是确确实实的资产阶级的行业，这一行业也在所有现代的舰队上打上了自己的反封建性质的烙印"②。

2. 海上运输推动工业革命的发展与深化

"水运开拓了比陆运所开拓的广大得多的市场，所以从来各种产业的分

---

① 《马克思恩格斯文集》第5卷，人民出版社，2009，第864页。

② 《马克思恩格斯文集》第4卷，人民出版社，2009，第217页。

工改良，自然而然地都开始于沿海沿河一带。”① 工业革命是分工深化的过程。在世界市场形成前，国与国之间的贸易往来较少，不同国家从事不同的产业生产，形成了产业间的分工。随着国家间贸易往来的频繁，分工进一步细化，逐渐实现国际分工到产业分工的转变，海上运输在其中发挥着重要的作用。同时，工业革命的成果也被运用到航运业，推动了航运业的进一步发展。“蒸汽机使印度能够同欧洲经常地、迅速地交往，把印度的主要港口同整个东南海洋上的港口联系起来，使印度摆脱了孤立状态，而孤立状态是它过去处于停滞状态的主要原因。”② 工业革命的爆发以及进一步发展，使大机器生产代替了人力畜力，石油煤炭等化石燃料的使用提高了生产效率。工业革命后，随着动力技术的变革，新的生产机器不断被发明并投入到生产中去，生产力较工业革命前有了质的飞跃，生产出来的产品数量大幅度增加。

### （二）海洋命运共同体理念的政治经济学阐释

马克思恩格斯海洋观是马克思、恩格斯立足于当时资本主义初步发展、世界市场逐步形成的时代背景而形成的。马克思恩格斯从政治经济学的角度论述了大工业、世界市场、海上运输、海军四个环节及其相互关系。大工业、世界市场、海上运输、海军四个环节相互联系，相互促进，根本动力来源于资本对剩余价值的无止境的追求。

第一，资本理论。资本的目的是增殖，它具有无限制地增殖的欲望。资本不断增殖、不断扩大生产规模的本性要求资本家一方面要不断扩大原料市场，另一方面要不断开辟销售市场，从而形成了世界市场，而海洋和航运在其中起着重要的作用。第二，世界市场理论。马克思恩格斯在《共产党宣言》一书中深入分析了大工业与世界市场之间的对立统一关系，指出大工业的发展促进了世界市场的发展，世界市场的拓展也会推动航运业的发展。世界市场的发展推动着海外贸易需求的大幅度增长，海上运输在实现生产与

---

① 〔英〕亚当·斯密：《国民财富的性质和原因的研究》（上），郭大力、王亚南译，商务印书馆，1972，第17页。

② 《马克思恩格斯选集》第1卷，人民出版社，2012，第858页。

消费全球化的过程中发挥着重要的作用，在激烈的竞争压力下航运业也得到进一步的发展。第三，海洋运输理论。海上运输是大工业生产与世界市场发展之间的桥梁，航运是世界市场形成的前提条件。“没有航海技术和商业制度的发展，就不可能有世界经济的开放。”① 航运将产品由生产地带到消费地，完成了社会再生产的过程；同时，将生产资料和劳动力等资源带到生产地，参与社会再生产的下一阶段的生产，从而实现分工与市场化的有机统一，促进商品经济的发展。第四，海军理论。随着海外贸易的日益发展，海洋运输安全成为亟待解决的问题，强大的海军是殖民地与海上运输安全的重要保障。为了保护海外殖民地不被蚕食以及海上运输通道的安全，各海洋国家纷纷建立起强大的海军，以保障国家的海洋权益。强大的海军保证了资本主义国家在海外的利益，保证了世界市场的进一步扩展以及工业革命的深化。

### （三）政治经济学原理对构建海洋命运共同体理念的指导意义

中国高度重视海洋在国家发展中的战略地位，继建设海洋强国与“一带一路”倡议提出后，2019 年 4 月 23 日习近平同志提出海洋命运共同体理念，标志着中国对海洋的认识又上了一个新的台阶。海洋命运共同体理念是人类命运共同体理念在海洋领域的体现，实现了对马克思恩格斯海洋观的继承与发展。

第一，发展海洋经济。马克思认为，海上贸易促进了资本主义的发展，使资产阶级的地位不断上升，促进了西方工业的繁荣。海洋命运共同体理念在注重发展海洋经济的同时，强调要坚持陆海统筹。“推动蓝色经济发展，推动海洋文化交融，共同增进海洋福祉。”② 党的十八大以来，中国高度重视海洋经济的发展，致力于推进海洋经济向质量效益型转变。在国家海洋政策的引领下，2022 年全国海洋生产总值 94628 亿元，比上年赠长

---

① 〔英〕安格斯·麦迪森：《世界经济千年史》，伍晓鹰等译，北京大学出版社，2003，第 9 页。

② 《习近平谈治国理政》第 3 卷，外文出版社，2020，第 464 页。

1.9%，其中海洋第一、第二、第三产业增加值分别占海洋生产总值的4.6%、36.5%、58.9%，中国海洋产业结构不断优化，现代化海洋产业结构正在加速构建。①

第二，维护海洋安全。海洋命运共同体理念倡导树立共同、综合、合作、可持续的新安全观，② 合作维护海洋安全。近年来，国际社会普遍受到海上传统安全威胁与非传统安全威胁，中国地理位置特殊，海洋争端更是频发。海洋命运共同体理念倡导加强各国海军的交流合作，树立共同、综合、合作、可持续的新安全观，表明中国愿同世界各国以平等对话的方式解决海洋争端，化解海上冲突，坚持互利共赢，构建海上危机管控以及沟通机制，携手应对各种海上安全威胁，增强各国之间的战略互信，共同维护海洋的安宁。

第三，国际海洋合作。海洋命运共同体理念倡导加强各国的互联互通，通过“一带一路”建设实现沿线国家的合作。海洋命运共同体理念的提出，表明中国愿与世界各国共同发展，共享发展利益。2013 年，习近平在印尼国会发表演讲时表示：“中国愿同东盟国家加强海上合作，使用好中国政府设立的中国—东盟海上合作基金，发展好海洋合作伙伴关系，共同建设 21 世纪‘海上丝绸之路’。”③ 21 世纪“海上丝绸之路”建设使中国可以更好地与沿线国家开展多边海洋合作，加强沿线国家的互通互联，做大海洋经济的利益蛋糕。目前，越来越多的国家加入或是有意向参与到“一带一路”建设中来，中国与各方之间开展的双边及多边海洋合作规模也越来越大，取得了显著的经济效益和社会效益。

海洋命运共同体理念是人类命运共同体理念在海洋领域的体现，是中国为全球海洋治理贡献的中国智慧和中国方案；海洋命运共同体理念是从马克思主义基本理论角度出发，深入研究中国海洋战略和世界海洋命运前途的重大理论探索与重要实践。世界普遍联系原理、尊重客观规律与发挥主观能动

---

① 《2022 年中国海洋经济统计公报》，http：//www.gov.cn/2023-04/14/content_ 5751417.html。

② 参见《习近平谈治国理政》第 3 卷，外文出版社，2020，第 450 页。

③ 《习近平谈治国理政》，外文出版社，2014，第 293 页。

性的辩证关系原理以及政治经济学原理贯穿海洋命运共同体理念之中，从辩证唯物主义、历史唯物主义以及政治经济学三大维度彰显构建海洋命运共同体理念的思维逻辑与行动逻辑，揭示了海洋命运共同体理念蕴含的马克思主义色彩。

# 第二部分
# 海洋治理前沿问题

## 海洋微塑料污染全球治理的现状与挑战

冯 元*

**摘 要：** 愈发严峻的海洋微塑料污染对国际社会构成海洋非传统安全威胁。为治理海洋微塑料污染，国际社会各利益攸关方虽采取了在全球、区域和国家层面的一系列政策和举措，但整体收效不佳，主要是因为各国在认知海洋微塑料污染治理层面难聚共识、在产生塑料垃圾层面未统一治理制度、在排放塑料垃圾入海层面存在治理困境，以及国际社会在监管海洋微塑料污染层面无法实现有效治理。为此，探究国际社会治理海洋微塑料污染的对策建议，尤其是深化对海洋微塑料污染的认知源、产生源、排放源和监管源四个方面的管控，对促

* 冯元，中国海洋大学海洋发展研究院、国际事务与公共管理学院博士研究生。

进全球海洋的可持续发展、保障“人类共同继承财产”、构建“海洋命运共同体”等具有重要现实意义。

**关键词：** 海洋微塑料　海洋塑料垃圾　海洋非传统安全　全球海洋治理　海洋可持续发展

海洋为国家的生存和发展提供了地缘屏障和资源支撑，历来是国家之间角逐权益的重要空间。海洋安全是国际安全的重要组成部分，而海洋安全的保障需要国际社会各利益攸关方的协同努力。冷战结束后，随着全球化的发展，海洋被开发和利用的程度不断加深，海洋非传统安全问题日益凸显。[①] 尤其是当前，日益严重的海洋微塑料污染作为新兴的海洋环境污染问题、非传统安全问题，更需要引起人们的特别关注。

自 20 世纪 50 年代人类开始大规模生产塑料以来，塑料在便利人们生活的同时，也带来了塑料垃圾的污染问题。绝大多数塑料最终以不同的方式和种类被排入海洋，是人类在海洋中发现的最普遍的海洋垃圾类型。[②] 海洋中的大多数塑料会在紫外光和相对低温下分解成形状、大小各异的塑料碎片，[③] 而那些直径小于 5 毫米的塑料颗粒、碎片或纤维则被称为“微塑料”；[④] 也有学者认为在海洋环境中占主导地位的小于 1 毫米的塑料颗粒物更符合“微塑料”的逻辑。[⑤] 微塑料大致可分为初级微塑料和次级微塑料两类，初级微塑料主要是指个人护理产品中的塑料微珠，次级微塑料是指由大

① 张海文：《百年未有之大变局下的国家海洋安全及其法治应对》，《理论探索》2022 年第 1 期。

② “What are Microplastics?” https：//oceanservice. noaa. gov/facts/microplastics. html.

③ “Sources, Fate and Effects of Microplastics in the Marine Environment （Part 2）,” http：//www. gesamp. org/publications/microplastics-in-the-marine-environment-part-2.

④ R. C. Thompson, Y. Olsen, R. P. Mitchell et al. , “Lost at Sea：Where is All the Plastic?” *Science* （Washington）, 2004, 304 （5672）：838.

⑤ M. A. Browne, P. Crump, S. J. Niven et al. , “Accumulation of Microplastic on Shorelines Woldwide：Sources and Sinks,” *Environmental Science & Technology*, 2011, 45 （21）：9175-9179.

块塑料碎裂分解而来的塑料碎片,[①] 且环境中的微塑料主要为次级微塑料。[②]

就其现实形势和危害而言，早在 1972 年，人们就在马尾藻海表面发现了微塑料;[③] 然而，即使在 2012 年，海洋微塑料污染情况还相对不为人所知，市场上有大量含有塑料微珠的产品，消费者的环保意识还不是很强；直到近几年，人们才开始关注微塑料对海洋生物的潜在影响，这些小而轻的塑料颗粒由于其微米级的颗粒性质，不仅会被海洋生物误认为食物而摄取，不断转移到更高食物链上，产生一系列的直接影响,[④] 而且还因常常伴随有吸附的重金属和有机污染物而产生并发的间接影响。[⑤] 除此之外，海洋微塑料还会对海盐、海水淡化水等非生物海产品造成不良影响，危害重大。[⑥]

---

① "Marine Microplastics-Woods Hole Oceanographic Institution," https://www.whoi.edu/know-your-ocean/ocean-topics/pollution/marine-microplastics/.

② K. Duis, A. Coors, "Microplastics in the Aquatic and Terrestrial Environment: Sources (with a Specific Focus on Personal Care Products), Fate and Effects," *Environmental Sciences Europe*, 2016, 28 (1): 2.

③ E. J. Carpenter, K. L. Smith, "Plastics on the Sargasso Sea Surface," *Science* (New York, N. Y.), 1972, 175 (4027): 1240-1241; E. J. Carpenter, S. J. Anderson, G. R. Harvey et al., "Polystyrene Spherules in Coastal Waters," *Science*, 1972, 178 (4062): 749-750.

④ R. Sutton, S. A. Mason, S. K. Stanek et al., "Microplastic Contamination in the San Francisco Bay, California, USA", *Marine Pollution Bulletin*, 2016, 109 (1): 230-235; S. L. Wright, R. C. Thompson, T. S. Galloway, "The Physical Impacts of Microplastics on Marine Organisms: A Review," *Environmental Pollution*, 2013, 178: 483-492.

⑤ K. Ashton, L. Holmes, A. Turner, "Association of Metals with Plastic Production Pellets in the Marine Environment", *Marine Pollution Bulletin*, 2010, 60 (11): 2050-2055; L. A. Holmes, A. Turner, R. C. Thompson, "Adsorption of Trace Metals to Plastic Resin Pellets in the Marine Environment," *Environmental Pollution*, 2012, 160: 42-48; E. L. Teuten, J. M. Saquing, D. R. U. Knappe et al., "Transport and Release of Chemicals from Plastics to the Environment and to Wildlife," *Philosophical Transactions of the Royal Society B: Biological Sciences*, 2009, 364 (1526): 2027-2045; F. Murphy, B. Quinn, "The Effects of Microplastic on Freshwater Hydra Attenuata feeding, Morphology & Reproduction," *Environmental Pollution*, 2018, 234: 487-494.

⑥《海盐作为海水微塑料污染指标的概况》, https://www.greenpeace.org.cn/2018/10/24/sea-salt-as-an-indicator-of-seawater-mp-pollution-factsheet/; D. Yang, H. Shi, L. Li et al., "Microplastic Pollution in Table Salts from China," *Environmental Science & Technology*, 2015, 49 (22): 13622-13627; B. Ma, W. Xue, C. Hu et al., "Characteristics of Microplastic Removal via Coagulation and Ultrafiltration during Drinking Water Treatment", *Chemical Engineering Journal*, 2019, 359: 159-167.

由于微塑料的来源和种类繁多、分布地域宽广、时间跨度较大，遍布和影响整个海洋，所以相较于普通的海洋环境问题而言，海洋微塑料污染的治理难度更大。目前，海洋微塑料污染已经呈逐渐恶化趋势，对全人类的切身利益构成挑战，是迫切需要国际社会合作加以解决的现实问题之一。

## 一　国内外研究综述

通过检索现有文献，笔者发现国外针对海洋微塑料污染的研究较之国内起步更早、研究更为深入、学科覆盖更为全面。代表性成果为：早在 1972 年，卡彭特（Edward J. Carpenter）等就在新英格兰南部的沿海海域、马尾藻海表面等区域发现了塑料微粒，且发现了鱼类摄入这些塑料微粒所造成的肠道堵塞等危害，① 但当时尚未引起人们足够的重视；2003 年，汤普森（Richard C. Thompson）等从英国普利茅斯附近的海滩、河口和潮下带等区域中收集并分析了沉积物，揭示了海洋微塑料污染的影响范围之广和积累、发展之迅速，② 海洋微塑料污染自此引起了学界的广泛关注，但当时人们对微塑料危害的认识还较为模糊。此后，随着时代的进步，海洋微塑料污染问题的严峻性愈发凸显，国内外学术界也涌现出了一大批研究成果。

### （一）国内文献综述

我国首个针对海洋微塑料污染问题的系统性研究始于 2013 年，由华东师范大学相关学者对我国长江口和东海邻近海域的微塑料进行了定性和定量的表征分析。③ 近年来，我国的海洋微塑料污染方面的研究发展较快，学者

① E. J. Carpenter, K. L. Smith, "Plastics on the Sargasso Sea Surface", *Science* (New York, N. Y.), 1972, 175 (4027): 1240 - 1241; E. J. Carpenter, S. J. Anderson, G. R. Harvey et al., "Polystyrene Spherules in Coastal Waters", *Science*, 1972, 178 (4062): 749-750.

② R. C. Thompson, Y. Olsen, R. P. Mitchell et al., "Lost at Sea: Where is All the Plastic?," *Science* (Washington), 2004, 304 (5672): 838.

③ S. Zhao, L. Zhu, T. Wang et al., "Suspended Microplastics in the Surface Water of the Yangtze Estuary System, China: First Observations on Occurrence, Distribution", *Marine Pollution Bulletin*, 2014, 86 (1): 562-568.

的研究视角主要集中在我国海洋塑料垃圾的污染现状、海洋微塑料的生态影响和海洋微塑料污染治理的政策建议三个方面。

首先，在我国海洋塑料垃圾的污染现状方面，我国学者研究发现，海洋塑料垃圾是海洋垃圾的主要成分，而海洋塑料垃圾大多源于生活塑料垃圾，大多沉于海底，其污染呈逐渐恶化的趋势；① 整体来看，我国沿海微塑料的分布密度较之世界上其他区域处于中等水平。②

其次，在海洋微塑料的生态影响方面，我国学者总结分析了近年来海洋微塑料研究的进展，结果表明，微塑料会直接引起某些海洋生物的营养不良甚至死亡，并对海洋生物产生复合毒性影响，③ 需要进一步评估鱼类摄入这些含有微塑料的浮游动物对包括人类在内的更高层次的食物链所构成的威胁。④

最后，在海洋微塑料污染治理的政策建议方面，我国学者立足国际政策⑤、国内政策⑥两个层面，提出了我国海洋微塑料污染治理的完善建议，

① 赵肖、綦世斌、廖岩等：《我国海滩垃圾污染现状及控制对策》，《环境科学研究》2016 年第 10 期；陈熙、高翊尧、凌玮等：《辽东湾河口区海洋垃圾赋存特征及管理对策》，《环境科学研究》2019 年第 12 期。

② X. Sun，J. Liang，M. Zhu et al.，"Microplastics in Seawater and Zooplankton from the Yellow Sea，" *Environmental Pollution*，2018，242：585-595.

③ 孙承君、蒋凤华、李景喜等：《海洋中微塑料的来源、分布及生态环境影响研究进展》，《海洋科学进展》2016 年第 4 期；田莉莉、文少白、马旖旎等：《海水青鳉摄食微塑料的荧光和 C-14 同位素法示踪定量研究》，《环境科学研究》2021 年第 11 期；周倩、章海波、周阳等：《滨海河口潮滩中微塑料的表面风化和成分变化》，《科学通报》2018 年第 2 期。

④ X. Sun，Q. Li，M. Zhu et al.，"Ingestion of Microplastics by Natural Zooplankton Groups in the Northern South China Sea，" *Marine Pollution Bulletin*，2017，115（1）：217-224；X. Sun，T. Liu，M. Zhu et al.，"Retention and Characteristics of Microplastics in Natural Zooplankton Taxa from the East China Sea，" *Science of The Total Environment*，2018，640-641：232-242.

⑤ 李欢、史文卓、王菲菲等：《关于"禁/限塑令"助力解决海洋塑料垃圾问题的思考与建议》，《环境保护》2020 年第 23 期；王菊英、林新珍：《应对塑料及微塑料污染的海洋治理体系浅析》，《太平洋学报》2018 年第 4 期；崔野：《全球海洋塑料垃圾治理：进展、困境与中国的参与》，《太平洋学报》2020 年第 12 期。

⑥ 邓义祥、雷坤、安立会等：《我国塑料垃圾和微塑料污染源头控制对策》，《中国科学院院刊》2018 年第 10 期；章海波、周倩、周阳等：《重视海岸及海洋微塑料污染加强防治科技监管研究工作》，《中国科学院院刊》2016 年第 10 期；李道季：《海洋微塑料污染状况及其应对措施建议》，《环境科学研究》2019 年第 2 期。

如进一步提升污水处理厂相应的处理工艺等。[①]

### （二）国外文献综述

国外学者针对海洋微塑料污染的相关研究起步较早，呈现由自然科学的理化性质研究向社会科学的政策、法规改进机制研究的演进脉络。就海洋微塑料污染的治理而言，国外学者主要从政策类、法治类和科技类三个视角展开。

首先，政策类视角的分析。通过减少生产来源和加强废弃物管理来减少塑料和微塑料的投入是恢复环境最有价值的解决方案之一，[②] 有必要推行“塑料税”等激励措施以尽可能取代塑料包装式产品。[③] 除了政治措施外，政府机构或民间团体还组织相关环保活动来提高公众对海洋微塑料污染问题的认识，但主要基于自愿性原则，没有强制性措施。[④]

其次，法治类视角的分析。从历史上看，为在全球范围内解决海洋垃圾问题所作出的努力在很大程度上仅限于尚未显著减少这一威胁的“软法”协议，[⑤] 现有的“硬法”文书存在约束力和执行力的局限性，[⑥] 而条约设计

① 白濛雨、赵世烨、彭谷雨等：《城市污水处理过程中微塑料赋存特征》，《中国环境科学》2018 年第 5 期；许霞、侯青桐、薛银刚等：《污水厂中微塑料的污染及迁移特征研究进展》，《中国环境科学》2018 年第 11 期。

② J. C. Prata，A. L. P. Silva J. P. Costa et al.，“Solutions and Integrated Strategies for the Control and Mitigation of Plastic and Microplastic Pollution，” *International Journal of Environmental Research and Public Health*，2019，16（13）：2411.

③ F. Convery，S. McDonnell，S. Ferreira，“The Most Popular Tax in Europe? Lessons from the Irish Plastic Bags Levy，” *Environmental and Resource Economics*，2007，38（1）：1 – 11；T. D. Nielsen，J. Hasselbalch，K. Holmberg et al.，“Politics and the Plastic Crisis：A Review throughout the Plastic Life Cycle，” *WIREs Energy and Environment*，2020，9（1）：e360.

④ D. Xanthos，T. R. Walker，“International Policies to Reduce Plastic Marine Pollution from Single-use Plastics（Plastic Bags and Microbeads）：A Review，” *Marine Pollution Bulletin*，2017，118（1）：17-26.

⑤ M. Gold，K. Mika，C. Horowitz et al.，“Stemming the Tide of Plastic Marine Litter：A Global Action Agenda，” https：//escholarship. org/uc/item/6j74k1j3.

⑥ K. Raubenheimer，A. McIlgorm，“Can the Basel and Stockholm Conventions Provide a Global Framework to Reduce the Impact of Marine Plastic Litter，” *Marine Policy*，2018，96：285-290.

则是环境监管制度能否成功的决定性因素。①

最后，科技类视角的分析。污水处理厂既是微塑料进入海洋环境的一个主要渠道，又是减少、控制微塑料排放入海增量的重要堡垒。然而，目前广泛应用的过滤处理技术并不是专门为去除微塑料而设计的，也并不能很好地减少微塑料的排放。② 因此，利用先进的废水处理技术可以大大减少从污水处理厂排放到海洋环境中的微塑料含量。③ 此外，微生物降解领域的进一步发展可为塑料垃圾污染的生物修复提供新的视角。④

### （三）国内外研究评述

整体来看，国内外现有文献中针对国际社会应对海洋微塑料污染问题的相关研究较少，对海洋微塑料污染问题的认识大多停留在自然科学层面。在国内文献中，少量的社会科学研究也大多以我国为研究主体，很少围绕国际社会的多元主体展开研究。然而，海洋微塑料污染问题是全球性的海洋治理问题，要有效治理这一难题势必要从国家、区域和全球层面寻求多层次的治理进路，分阶段、有步骤地加以遏制。此外，从现实情况来看，虽然海洋微塑料污染问题已引起国际社会的广泛关注，但相关的规则制度仍无法满足治理需要。

综观国内外现有学术成果，普遍存在科学调查、理论研究与实际应用的断层、脱节现象。为此，本文在现有海洋微塑料污染问题的科学调查事实及国际应对措施的基础上，结合国际关系理论体系中现实主义理论的分析视角，通过

---

① I. T. von, Wysocki, P. L. Billon, "Plastics at Sea: Treaty Design for a Global Solution to Marine Plastic Pollution," *Environmental Science & Policy*, 2019, 100: 94-104.

② S. A. Mason, D. Garneau, R. Sutton et al., "Microplastic Pollution is Widely Detected in US Municipal Wastewater Treatment Plant Effluent," *Environmental Pollution*, 2016, 218: 1045-1054.

③ J. Talvitie, A. Mikola, A. Koistinen et al., "Solutions to Microplastic Pollution-Removal of Microplastics from Wastewater Effluent with Advanced Wastewater Treatment Technologies," *Water Research*, 2017, 123: 401-407.

④ S. K. Ghosh, S. Pal, S. Ray, "Study of Microbes Having Potentiality for Biodegradation of Plastics," *Environmental Science and Pollution Research*, 2013, 20 (7): 4339-4355.

研究海洋微塑料污染问题的现状、治理海洋微塑料污染的制度体系以及治理海洋微塑料污染的现实挑战，提出国际社会治理海洋微塑料污染的对策建议。

## 二 治理海洋微塑料污染的制度体系

一般认为，海洋尤其是公海是全人类共同使用的空间和场所。《联合国宪章》指出，国家不分大小、强弱、贫富，都是国际社会的平等成员，都享有平等的权利。由于海洋自身的复杂性和综合性，海洋的治理和海洋问题的解决需要采取多方合作的态度，只有这样，才能合理地处置海洋问题，并实现可持续利用海洋及其资源的目标。《联合国宪章》的第 1 条、第 2 条、第 11 条、第 49 条为国际社会合作治理海洋问题奠定了原则基础，各国必须尊重和执行。

由于塑料的来源种类多、地域广、时间跨度大，因此治理方案必须是全面和动态的，需要全球、区域和国家层面上各利益攸关方的协调行动。在目前的全球治理体系下，以《联合国海洋法公约》为主的国际协定为海洋微塑料污染治理构筑了国际合作基础，国际社会各利益攸关方也采取了一系列政策和措施以遏制海洋微塑料污染问题的发展势头。

### （一）全球层面治理海洋微塑料污染的制度

微塑料在全世界海洋环境中无处不在的现象、对海洋生物的毒性影响，以及这些微塑料通过食物链对包括食用海鲜的人类在内的陆源生物产生的潜在二次健康影响，已引起国际社会的广泛关注，并且国际社会已采取行动减少微塑料的排放。

治理海洋微塑料污染的具体制度和措施可以大致分为三类。一是对缔约国具有法律约束力的“硬法”协定。由于各国国情的不同，此类协定的磋商时间一般跨度较大，且由于各国主权相互独立，此类协定虽具有一定法律约束力，但很难形成明确的处罚标准或执行处罚。这一类制度如《防止倾倒废物及其他物质污染海洋的公约》《国际防止船舶造成污染公约》《联合国海洋法公约》等，规定了在海洋开发利用活动中所必须遵循的法律框架，提及了不同的污染源以及各国保护和保全海洋环境的一般义务。

二是基于自愿遵守原则的“软法”倡议。“软法”虽不具备法律约束力，但反映了人们共同的治理愿景或倡议，不仅能够激励其他措施的实施，而且在此基础上逐步完善、形成体系后还可能会过渡成为“硬法”。以联合国及其下属机构为主体牵头的软法，如“檀香山战略”、“全球海洋垃圾伙伴关系”、联合国“2030 年可持续发展目标”等；以二十国集团（G20）为代表的全球性政府间机制近年来也更加重视海洋塑料垃圾的防范及治理，通过举办领导人峰会贡献了一系列成果，如《G20 海洋垃圾行动计划》《G20 海洋塑料垃圾行动实施框架》等。

三是以国际非政府组织、私营部门、民间团体等为主体，自行发起的公益活动。此类活动是对以国家为主要行为体的“硬法”和“软法”的重要补充，同时因其民间属性，能够更加体现和细化公民的环保意识，其实施效果也会反过来为“硬法”和“软法”提供实践的经验借鉴。如荷兰非营利组织“塑料汤”基金会（Plastic Soup Foundation）早在 2012 年就发起了“击败微珠”（Beat The Microbead）运动，旨在禁止塑料微珠的生产及使用，最终使包括绿色和平国际组织和 5Gyres 研究所在内的 90 多个团体汇集在一起。这样的运动已经导致跨国公司自愿从他们的产品中移除微珠。①

## （二）区域层面治理海洋微塑料污染的制度

在区域层面，一般认为，典型的、具有代表性的区域性联盟即欧盟和东盟，而这两者由于性质的不同又在区域性政策的执行方式上有着明显的区别。欧盟由于其内部成员国经济和政治的高度一体化，具备了一定的超国家性，因此其制定的针对海洋微塑料污染问题的治理制度具有一定的强制性，执行效果较好；与欧盟相比，东盟成员国在政治等方面相对独立，其相应的

① P. Dauvergne, “Why is the Global Governance of Plastic Failing the Oceans?” *Global Environmental Change*, 2018, 51: 22-31.

海洋微塑料污染防治举措本着自愿原则，同时经济发展水平的差异导致东盟所处区域虽是塑料垃圾的主要来源地之一，但治理效果并不理想。此外，其他区域性行为体也对减少海洋微塑料污染起到了积极作用。

欧盟较早地注意到海洋塑料垃圾的防范和治理。2006 年，欧洲议会和欧洲理事会关于废弃物的第 2006/12/EC 号指令确立了欧盟垃圾处理的立法框架，确立了生产者的延伸责任（第 8 条）并鼓励创新和可持续经济，以减少其对环境的影响以及在生产和后续使用过程中产生的废物。[①] 2014 年，比利时、荷兰、奥地利、瑞典和卢森堡通过欧盟理事会发表了 16263/14 号联合声明，指出塑料微珠虽然可以用更为环保的材料替代，但欧盟并没有完善的配套措施，这不仅对环境构成威胁，而且不利于工业的良性竞争和产品的改良换代，因此敦促欧盟委员会和成员国颁布“微珠禁令”。[②] 2015 年，欧洲议会和欧洲理事会修订关于减少轻质塑料手提袋消耗的指令，要求欧盟每个国家都必须采取措施，确保到 2018 年底不再给消费者提供免费的塑料袋，到 2019 年底将轻质塑料袋的年平均消费量减少到人均 90 个，到 2025 年底将轻质塑料袋的年平均消费量减少到人均 40 个。[③] 2018 年，欧盟公布了塑料战略，旨在改变其境内塑料产品的设计、生产、使用和回收方式，以便大幅提高欧洲塑料产品不到 30%的回收率，并计划到 2030 年使欧盟市场上的所有塑料包装均可得到回收利用。[④] 总而言之，欧盟由于整体市场经济较为发达、科技水平较高、公民受教育程度较高等因素，持续不断地推出了一系列政策和法案，而且这些法案对欧盟成员国均有约束力，执行效果因而更具保障。

---

① “Directive 2008/98/EC of the European Parliament and of the Council of 19 November 2008 on Waste and Repealing Certain Directives（Text with EEA Relevance），” http：//data. europa. eu/eli/dir/2008/98/oj/eng.

② “Elimination of Micro-plastics in Products—An Urgent Need，” https：//data. consilium. europa. eu/doc/document/ST-16263-2014-INIT/en/pdf.

③ EU，EUR-Lex-32015L0720-EN-EUR-Lex，https：//eur-lex. europa. eu/eli/dir/2015/720/oj.

④ European Commission，“Plastic Waste：A European Strategy to Protect the Planet，Defend Our Citizens and Empower Our Industries.” https：//ec. europa. eu/commission/presscorner/detail/en/IP_18_5.

东盟所在的东南亚区域旅游业较为发达，然而经济因素的制约导致海洋塑料垃圾的污染情况较为严重，影响了各国的生态环境和渔业发展。因此，在 2019 年 3 月，东盟部长级会议发表首份海洋垃圾治理联合声明，呼吁各国开展合作，制订相应的行动计划，减少海洋垃圾。同年 6 月，东盟成员国的领导人签署了"曼谷宣言"，展现了东盟应对海洋塑料垃圾污染的决心。但是，该宣言具有软法类措施的普遍缺陷，即缺乏法律约束力和具体的行动计划。众所周知，一项政策只有真正落地实施才能发挥其预计效果，也就是说，成功实施海洋塑料垃圾的减排政策是有效治理海洋微塑料污染的先决条件，而东盟与欧盟在一体化程度上的不同也导致两者在实际行动上的执行力差异，进而导致区域内海洋微塑料污染的治理效果不同。

除了欧盟和东盟，其他区域的有关机构也在制订行动计划，以治理海洋微塑料污染。以"防止海洋垃圾的区域中心"——太平洋区域为例，太平洋岛民依靠海洋环境维持生计，然而随着人口的不断增长和经济发展需求的持续提升，太平洋岛屿的自然资源和生态系统承受着越来越大的压力。在意识到这一点后，负责协调这一区域各国政府和行政当局的太平洋区域环境规划署秘书处（SPREP）应运而生，在保护和可持续发展该区域的环境中扮演着重要角色。[①] 除了太平洋区域以外，其他区域的海洋微塑料污染问题还通过各利益攸关方协商制定区域性文书加以解决，如《巴塞罗那公约》《赫尔辛基委员会公约》《保护东北大西洋海洋环境公约》等。此外，相关行业和公司的自愿淘汰协议、地区政府的支持声明和帮助消费者更好地选择产品的生态标签等举措也对减少海洋微塑料污染起到了积极作用。

### （三）国家层面治理海洋微塑料污染的制度

虽然在全球和区域层面，国际社会实施了一系列海洋微塑料污染治理制度，为全球海洋治理构建了整体的行动框架，但具体到落实情况上，国家仍

① https：//www. icriforum. org/members/secretariat - of - the - pacific - regional - environment - programme-sprep/.

旧是主要的行为体，因此梳理各国现有的治理举措，对分析海洋微塑料污染问题的实际治理成效至关重要。

在国家层面，自2014年比利时、荷兰、奥地利、瑞典和卢森堡通过欧盟理事会发表16263/14号联合声明，呼吁出台微珠禁令以后，各国相继着手启动塑料微珠禁令的筹划工作。2014年，荷兰政府宣布将在2016年底前禁止在化妆品中使用塑料微珠的计划，成为最早在立法方面提出塑料微珠禁令的国家；① 2015年12月，美国通过了无微珠水域法案，禁止在化妆品和个人护理产品中使用塑料微珠；② 2016年4月，挪威环境署发表了一项题为《初级微塑料污染：挪威的措施和减排潜力》的研究报告，确定了海洋微塑料中初级微塑料的来源，并提出通过污水处理厂等途径加以遏制的措施；③ 2016年6月，加拿大将塑料微珠归类为“有毒物质”，以禁止制造、进口和销售某些去角质个人护理产品；④ 2016年9月，英国宣布计划禁止销售和制造含有塑料微珠的化妆品和个人护理产品，联合利华等25家英国化妆品和洗漱用品公司已经采取措施，自愿从其产品中逐步淘汰微珠；⑤ 2016年12月，每年向海洋排放的塑料量占全球60%的印度也迈出了重要一步，印度国家绿色法庭在首都新德里实行了禁止使用一次性塑料的禁令，而且在“清洁印度”运动这一政府的重要举措中也包括恢复流入海洋的河流的活力；⑥ 2019年10月30日，中国国家发展改革委修订发布《产业结构调整指导目录（2019年本）》，其中在第三类即淘汰类中明确规定，“含塑料微珠

① D. Xanthos, T. R. Walker, "International Policies to Reduce Plastic Marine Pollution from Single-use Plastics (Plastic Bags and Microbeads): A Review," *Marine Pollution Bulletin*, 2017, 118 (1): 17-26.

② https://www.congress.gov/bill/114th-congress/house-bill/1321.

③ P. Sundt, F. Syversen, O. Skogesal et al., "Primary Microplastic-pollution: Measures and Reduction Potentials in Norway," *Mepex Report for the Norwegian Environment Agency*, 2016, 117.

④ https://canadagazette.gc.ca/rp-pr/p2/2016/2016-06-29/html/sor-dors150-eng.html.

⑤ https://www.gov.uk/government/news/microbead-ban-announced-to-protect-sealife.

⑥ https://oceanconference.un.org/commitments/?id=20592; https://www.indiatimes.com/news/india/all-forms-of-disposable-plastic-banned-in-delhi-ncr-270237.html.

的日化用品（到2020年12月31日禁止生产，到2022年12月31日禁止销售）”[①]，标志着中国“微珠禁令”的出台及实施。随着越来越多的国家注意到初级微塑料的威胁性和可替代性，各国陆续出台的微珠禁令势必会提高公众对海洋微塑料污染问题的认识，从而激励人们全面减少塑料产品的使用、缓解海洋微塑料污染问题的发展趋势。

除了初级微塑料即塑料微珠，海洋微塑料的另一大来源是次级微塑料，因此各国减少次级微塑料的来源也至关重要。具有代表性的举措是对一次性塑料袋的限制，早在20世纪90年代，德国和丹麦就出台了针对塑料袋的税收政策，走在了全球“限塑令”的前列；2002年，出于对塑料垃圾堵塞排水系统从而引发洪水等问题的担忧，孟加拉国全面禁止使用塑料袋；从那时起，包括卢旺达（2008年）、中国（2008年）和突尼斯（2017年）等在内的许多发展中国家也对塑料袋征税、限制、禁止或征收费用。2017年，肯尼亚在惩罚方面更进了一步，出台了全球最严厉的旨在减少塑料垃圾污染的法律，宣布生产、销售或携带塑料袋为犯罪行为，最高可判处4年监禁或3.8万美元罚款。[②] 英国、意大利、法国等发达国家也实施了减少消费者使用塑料袋的政策。

## 三　治理海洋微塑料污染的现实挑战

微塑料不分国界，它们超越了国家管辖范围，因此针对海洋微塑料污染问题的治理属于全球海洋治理的范畴，这突出表明需要国际社会多元行动主体的共同行动、采取全球方案、通过持续的国际合作来解决这一跨界问题。然而，尽管国际社会的治理意识有所提高，并作出了上述许多努力来推进协作解决方案，但各国实际采取的治理方法和不同程度的治理力度并没有对海

① 《发展改革委修订发布〈产业结构调整指导目录（2019年本）〉》，中国政府网，http://www.gov.cn/xinwen/2019-11/06/content_5449193.htm。

② 李志伟：《肯尼亚推出全球最严“禁塑令”》，人民网，http://world.people.com.cn/n1/2017/0925/c1002-29555749.html。

洋微塑料污染产生显著的治理效果。同时，在世界百年未有之大变局的时代背景下，部分国家民粹主义问题较为突出、漠视国际合作，导致国际体系散化的特点没有改变，全球合作仍然有待加强，“公地悲剧”正在上演。正如全球治理代表性学者之一的奥兰·扬（Oran R. Young）教授所指出的那样：“海洋生态系统不断升级的危机——从生物多样性丧失和食物链转变到海洋污染和海水变暖——在很大程度上是治理的失败。”① 国家和地方管辖范围内的治理碎片化是海洋治理整体失败的核心原因，这种治理倾向于优先考虑短视的商业和政治利益，而不是海洋系统的再生需求和吸收能力。② 对比客观形势和预期目标，海洋微塑料污染治理主要面临各国在认知海洋微塑料污染治理层面难聚共识、在产生塑料垃圾层面未统一治理制度、在排放塑料垃圾入海层面存在治理困境和国际社会在监管海洋微塑料污染层面无法实现有效治理等四个层面的现实挑战。

## （一）各国在认知海洋微塑料污染治理层面难聚共识

海洋微塑料污染的全球治理首先面对的是不同国家间的认知差距。在经济发展、科技水平、民族文化、公民受教育程度、国家身份认同等方面，各国的实际国情均不相同，造成了各国在海洋微塑料污染治理认知上的差距，导致各国相应政策、法律制度的重视程度、执行情况参差不齐，因而在认知上难以形成共识，进而全球海洋治理方案也不能很好地执行。依据木桶理论可知，海洋微塑料污染的全球治理成效取决于认知水平最低的国家，因此在国际社会没有形成统一的治理认知是海洋微塑料污染日益严峻的首要因素。

一方面，不同国家基本国情和国际身份认同存在差异。对于大多数国家而言，海洋主要发挥了扩充本国经济来源的作用，这一点可以从人类现有的

---

① O. R. Young, G. Osherenko, J. Ekstrom et al., “Solving the Crisis in Ocean Governance: Place-Based Management of Marine Ecosystems,” *Environment: Science and Policy for Sustainable Development*, 2007, 49 (4): 20-32.

② O. R. Young, G. Osherenko, J. Ekstrom et al., “Solving the Crisis in Ocean Governance: Place-Based Management of Marine Ecosystems,” *Environment: Science and Policy for Sustainable Development*, 2007, 49 (4): 20-32.

与海洋有关的活动多为经济活动中看出。但是，对于环境敏感型国家，比如马尔代夫等海洋国家，这些国家的民众更关心海洋环境的变化，因为任何细小的海洋环境的变化都牵动本国的国家命脉甚至关乎国家存亡。然而，当经济活动与环境保护相冲突时，很难做到二者兼顾，这时对经济与环境偏好性不同的国家会作出不同的选择，这就导致在全球范围内的海洋微塑料污染治理难以真正达成统一的共识。此外，国家身份认同也影响了国家行为体的战略界定，并进而影响一国在海洋问题上的利益认知和政策调整。国际责任感不强的国家，只看重本国利益，在海洋微塑料污染治理上很难付诸实际行动，因为在他们看来，肩负全球治理任务的是发达国家或全球主要国家，这些国家的能力更强，相应地就应当承担更大的国际责任，却没有意识到全球治理需要凝聚全人类力量，缺失任何一方都会导致某种程度的失败。

另一方面，缺乏翔实的数据支撑，导致海洋微塑料污染严重性的说服力不强。海洋微塑料污染治理的整体方案基于人类科技水平认知的支撑，无论是地方、国家、区域还是全球的海洋微塑料污染治理政策，都建立在科学数据的指导基础上，这些数据确定并量化了海洋微塑料的污染程度及其对生物多样性、经济和社会的影响。尽管人们针对海洋微塑料污染问题展开了一系列的科学研究，得到了一定的结论且实施了若干政策和举措，但微塑料作为新出现污染物，人们对它的全面认识还有待深化。例如，加拿大环境与气候变化部表示，受制于现有科学研究的局限性，无法界定微塑料对生物体所产生的不利影响究竟是来源于微珠制造过程中的残留化学物质还是微珠本身。[①] 此外，针对海洋微塑料污染问题的紧迫性也存在争议。有学者指出，海洋微塑料污染问题对人类所构成的威胁不如气候变化问题或生物多样性问题那么重要，若过度关注其治理问题势必会分散全人类应对气候变化等更为紧迫问题的精力，导致全球治理的“舍本逐末”。[②] 因此，缺乏翔实的科研数据支撑导致海洋微塑料污染问题的发展程度在现阶段具有不确定性，也会

① https：//ec. gc. ca/ese-ees/default. asp？lang=En&n=ADDA4C5F-1#s06.

② R. Stafford，P. J. S. Jones，“Viewpoint-Ocean Plastic Pollution：A Convenient but Distracting Truth？” *Marine Policy*，2019，103：187-191.

使民众对环保的重视程度不足，实际执行的积极性不高。

### （二）各国在产生塑料垃圾层面未统一治理制度

如前所述，部分国家禁止生产初级微塑料（即塑料微珠），但有些国家尚未出台相关政策，且在是否可生产可降解的塑料微珠等问题上还存在分歧；有些国家对次级微塑料的来源（如塑料袋）采取了“限塑令”等措施，但还有很多国家没有相应的管控手段或管控不完全，例如美国等国家的立法通常是在州的层面上实施的，美国没有国家层面的“限塑令”，只有加利福尼亚州、华盛顿特区、夏威夷州和纽约市四个地区对塑料袋实施了禁令或征税。因此，各国在治理塑料垃圾的产生层面，干预程度也不一致。

对于塑料行业而言，其与石油工业紧密关联。在全球塑料如此大规模生产的基数上，禁止初级微塑料的生产、减少次级微塑料的来源势必会削弱塑料产业链的利润，同时减少塑料行业的用工需求、增大社会的就业压力，因而招致相关利益团体的阻挠，对海洋微塑料污染治理构成巨大的现实挑战。

对于塑料微珠的生产企业而言，更换产品配方需要重新制订生产计划、耗费研发成本和时间成本，相对于眼前的利益，企业很多是被动式转换，即当迫于国家法制、行业标准或公众的舆论压力时才会真正作出转变。此外，国际社会缺乏有效执行机制的现行公约也意味着相关企业没有义务报告其进展情况或没有潜在的处罚机制，导致评估信息的不完整以及实际成效的不及预期。

### （三）各国在排放塑料垃圾入海层面存在治理困境

各国在排放塑料垃圾入海层面主要面临“公地悲剧”式的集体行动困境、逆全球化和民族主义造成海洋微塑料污染治理“碎片化”、各国在治理能力上存在差异以及国家陆源和海源塑料垃圾的转移排放造成的责任划分不明确等方面的挑战。

一是现实主义理论视角下治理塑料垃圾排放的集体行动困境。从治理成本和治理收益来看，治理海洋微塑料污染、控制塑料垃圾排放入海无疑会增加国家的运行负担，分散用于发展军事实力等关键“硬实力”的有限资源，然而国家参与治理所得到的环境收益却是全人类共同享有的；同时，单个国家通过将塑料垃圾排放入海势必会减少本国的塑料垃圾治理成本，但这部分减少的国家治理成本却以加重他国乃至全世界的治理负担为代价，其所对应的环境损失也并不是全部由该国承担，而是由全人类共同分担，这就造成了“国家利益”与“全球利益”之间的矛盾。因此对某个国家而言，当其排放塑料垃圾入海的治理成本高于治理收益时，就会偏向于选择排放塑料垃圾入海，而不是对其进行源头减排治理。同理，对多个国家而言，若国家道德普遍缺失，就会导致多国均选择排放塑料垃圾入海，而不是对其进行治理，这就造成海洋微塑料污染的“宣言式”治理多过有效治理。因此，虽然海洋微塑料污染治理会使全人类受益、关乎全球利益，但各国基于现实主义的本国利益最大化的考虑，极端情况下会出现理论上的各国均选择无限制地排放塑料垃圾入海，却没有国家真正参与源头治理的问题，这就是全球范围内治理海洋塑料垃圾排放的集体行动困境，并最终造成海洋微塑料污染的“公地悲剧”。如果各个国家在国际关系层面基于“零和博弈”的老旧思维不能得到转变，不能协调处理“国家利益”与“全球利益”之间的关系，就很难真正达成切实有效的海洋微塑料污染全球治理方案，这就需要世界大国承担起国际责任，作出表率，带头治理。

二是逆全球化和民族主义造成海洋微塑料污染治理“碎片化”。国际问题的多边治理是全球化的产物，而实现海洋微塑料污染的全球治理更是离不开多边主义。二战后建立的以联合国为中心的全球治理体系，为解决全球性和区域性海洋问题提供了一套行之有效的规则、规范和制度。但近年来，美国等部分国家的单边主义政策正在向海洋治理领域扩散，海洋领域的逆全球化和民族主义趋势阻碍了全球海洋合作的意愿和动力。因此，在逆全球化和民族主义兴起的大环境下，如何有效地维护基于多边主义的全球海洋治理体系，已成为当前开展全球海洋治理与合作的重要障碍。[①] 此外，美国等个别

① 吴士存：《论海洋命运共同体理念的时代意蕴与中国使命》，《亚太安全与海洋研究》2021年第4期。

国家没有加入《联合国海洋法公约》，而国际公约只适用于缔约国之间，换言之，《联合国海洋法公约》对美国等个别国家不具备约束力，不能很好地发挥其有效性，这就导致这些国家在回收利用塑料产品、排放塑料垃圾入海等方面不受国际社会的监管和约束。因此，在逆全球化和民族主义兴起的今天，各国在排放塑料垃圾入海层面也面临着愈加松散、孤立的局面，造成海洋微塑料污染治理的“碎片化”。

三是各国在治理能力上存在差异。不同发展程度的国家在解决现有具体问题时的资金投入差距，在新技术及其新兴应用等方面的治理能力差距，导致有些国家虽然意识到了塑料垃圾治理的必要性，也具有相应的治理意愿，但受制于国家财政资金短缺、治理手段匮乏、科研投入不足、回收处理能力较弱等实际国情，很难落实治理政策。比如，大多数发展中国家没有收集或处理迅速增长的塑料垃圾的基础设施。在其中许多国家，腐败和法规执行不力也导致了废物走私、非法倾倒和垃圾填埋场管理不善等问题。[①] 治理意愿与治理能力的错配，导致了海洋微塑料污染全球治理政策难以实际推广、落实的困难，使得各国在排放垃圾入海层面面临不同程度的挑战。

四是国家陆源和海源塑料垃圾的转移排放造成的责任划分不明确。在排放海洋微塑料垃圾方面，国际社会还面临部分国家通过转移排放塑料垃圾来逃避国际责任、转移成本分担的问题。鉴于海洋塑料垃圾的流动性，很难确定具体的陆上排放来源国，且塑料行业的全球化一直在通过不透明的贸易结构分散污染源，因而很难划分各国应承担的相应责任。责任划分的不明确，会放松国家对塑料垃圾排放的要求，加剧塑料垃圾的转移排放现象。同时，在人类共同享有权益的公共地区，环境污染问题所造成的后果由全人类共同承担，但不顾全球利益、只注重个体利益的个别排污行为很难得到有效的禁止。

### （四）国际社会在监管海洋微塑料污染层面无法实现有效治理

国际社会在监管海洋微塑料污染治理的层面所面临的挑战，主要集中在

① J. Boucher, D. Friot, “Primary Microplastics in the Oceans: A Global Evaluation of Sources”, 17-29. 2017. DOI: 10.2305/IUCN.CH.2017.01.en

全球海洋治理制度等公共产品的供给不足、现行国际协议缺乏统一的监测和评估标准、国际社会“权威分散”“权力缺失”导致对污染源的有限管辖等方面。

首先，现有的全球海洋治理制度供给不足、难以匹配日益复杂多元的治理需求。目前并没有一个专门针对海洋垃圾污染问题的国际协定，现有的与海洋微塑料污染治理有关的多边协定多为原则性、框架式的，虽然指出了污染源与各国应作出的努力，但很少有能够真正落实的治理细则，缺乏具体可行的执行标准。出现这种情况有两方面的因素，一是因为已达成的协定难以跟上时代发展的要求，出现二者“断层”的现象。以《联合国海洋法公约》为例，在制定该公约的时代，强调国际合作主体的“政府性”，然而随着全球化的发展，跨国企业、非政府组织等发挥着越来越重要的作用，但它们不具备“政府性”，这就导致《联合国海洋法公约》对多数的非国家行为体没有约束性。二是因为出台新的治理制度时间跨度较大，相对滞后。多边尤其是全球性质的国际协议，普遍存在时滞性，因为当出现新的海洋治理问题时，从引发人们的普遍关注到通过国际会议等形式进行多边磋商，最终达成共同通过的治理制度，需要很长一段时间。因此，全球海洋治理制度等公共产品的现有供给难以满足海洋微塑料污染问题的治理需求，从而使国际社会无法实现海洋微塑料污染治理的有效监管。

其次，现行国际协议缺乏统一的监测和评估标准。受制于微塑料本身的特性及目前科技的分析手段，现行国际协议并没有统一的监测和评估标准。比如，虽然《联合国海洋法公约》指明了海洋污染和陆基污染之间的差异，但它并没有详细地指出污染物的类型和评估标准，比如塑料垃圾的尺寸、形状、化学成分、转移途径等，这就导致来自不同时空的采样样本、运用不同采样工具和分析方法的调查研究之间不具备可比性，因而难以制定统一的执行标准。此外，由于排放入海的塑料垃圾的飘浮性、流动性，塑料垃圾自身的分解、磨损，以及产生被海洋生物误食等一系列危害问题所需的时效性，这些海洋塑料垃圾很有可能是从某个区域被排放、然后通过洋流漂浮至异地产生危害，且这一过程所需的时间可能以年记，这一特点导致了第三方发现、举证存在时滞性，同样对海洋微塑料污染的国际监管造成挑战。

最后，国际社会“权威分散”“权力缺失”导致对污染源的有限管辖。在现有的国际秩序中，各国的国家主权是相互独立的，在各国政治边界以外的区域，实现有效管辖的前提是具有依法强制执行的实力。对国际组织来说，虽然能协调各国达成国际协议，然而因为受制于没有强制处罚机构的天然缺陷，缔约国违反国际公约的代价仅限于受到国际社会的道德谴责。就国际公约而言，当违法成本不高于因违法而获得的潜在收益时，该国际公约的有效实行就很难得到保障。以《联合国海洋法公约》为例，第十二部分“海洋环境的保护和保全”中的第 194 条指出，为防止、减少和控制任何来源的海洋环境污染，各国应根据其能力、实施可行的最佳方法，并应努力协调其在这方面的政策，但没有详细说明要求管理的污染物的类型和要求使用的技术要素，即这种义务既没有约束力，也不具备任何执行监督机制，可以预见其实施效果得不到保障，难以达到预期目的。因此，尽管目前国际社会做了很多国际合作的努力，但约束力和执行机制的缺失，导致还没有一项足够严格、有效的国际战略或行动计划来应对日益严峻的海洋微塑料污染问题。所以，国际社会如何在统一各国共识、整合各方力量、发挥各种优势等基础上，实现对海洋微塑料污染治理的有效监管，是重要的现实挑战。

## 四　治理海洋微塑料污染的对策建议

鉴于上述海洋微塑料污染治理的现实挑战，国际社会各利益攸关方应在海洋微塑料污染治理的现有举措的基础上，加强对认知源、产生源、排放源和监管源的管控，即凝聚共识、深化认识、增强意识、沟通联动，减少海洋微塑料的来源并促进可持续消费，普及废弃物处理技术并发展生物降解技术，以及分期实现海洋微塑料污染治理的有效监管，以优化海洋微塑料污染治理、保障并分享海洋可持续发展的惠益。

### (一)认知源管控：凝聚共识、深化认识、增强意识、沟通联动

在认知源管控方面，国际社会应呼吁共建“人类命运共同体”、加大科研投入并构筑人类海洋微塑料研究高端智库、培养和提高公众的环保意识，以及鼓励非国家行为体继续发挥沟通联动的作用。

1. 呼吁共建“人类命运共同体”

近几十年来，全球化和信息技术革命重塑了整个世界，西方国家在主权国家基础上建立的均势秩序面临严峻挑战，地区秩序开始向世界秩序转变。在国际资本力量的推动下，经济全球化高速发展，国际关系也随之发生了根本性变化，国家之间正在从汉斯·摩根索所强调的“争取权力与寻求和平”向“寻求合作与竞争话语权”转变。[①] 与此同时，在世界百年未有之大变局的时代背景下，长期为国际社会所奉行的准则、规范和惯例正在被打破，就连 20 世纪亲手设计现有国际秩序的国家，比如美国，也在考虑推翻既有的国际秩序，重建新的国际秩序。[②] 因此，在海洋微塑料污染问题等非传统安全的全球性问题愈发严峻之时，国际社会亟须认识到加强全球治理与国际合作的必要性、达成统一的“世界大同”的义利观，中国呼吁国际社会共建“人类命运共同体”，贡献中国智慧，正当其时。

2. 加大科研投入并构筑人类海洋微塑料研究高端智库

海洋微塑料污染治理的整体方案基于人类的科技水平对海洋微塑料的认知基础。无论是地方、国家、区域，还是全球的海洋微塑料污染治理政策，都建立在科学数据的指导基础上，这些数据确定并量化了海洋微塑料污染的严重程度及其对生态、经济和社会等方面的影响。因此，国际社会应加大科研投入并构筑人类海洋微塑料研究高端智库。

海洋微塑料污染的全球治理可以借鉴全球应对气候变化问题的经验。针对气候变化的不确定性，国际社会秉持“谨慎性原则”，即在尚未掌握足够

① 赵可金：《从国际秩序到世界秩序转型中的中国》，《国际关系研究》2015 年第 2 期。

② R. Schweller, “The Problem of International Order Revisited: A Review Essay,” *International Security*, 2001, 26: 161-186.

的科学数据前，鉴于气候变化对全球环境的潜在危害和不可逆转，不应以科学上的争议性作为不采取措施的理由。因此，虽然存在一定的海洋微塑料污染对全球环境影响程度的争议，但人们仍然要秉持“谨慎性原则”采取措施进行预防。鉴于微塑料污染问题的新兴性，各国应继续加大对微塑料污染问题的研究投入，深化对微塑料污染问题的认识，进一步研究微塑料在环境中的影响及其对人类健康的潜在影响，构筑人类海洋微塑料研究高端智库。加大针对海洋微塑料污染问题的科研投入不仅可以提高公众对微塑料及其排放到海洋中的后果的理解，而且也有助于确定和评估预防微塑料污染的可行和有效措施。

总之，针对海洋微塑料的污染问题，国际社会未来的科学研究重点应集中在地方、区域和全球范围内，因为每个级别的塑料垃圾来源、治理能力和治理策略都会有所不同。而通过广泛的监测计划对海洋微塑料污染问题的进一步了解，将有助于各方制定相应的具体政策。

3. 培养和提高公众的环保意识

为缩小认知差距，各国应通过就海洋微塑料污染问题对公众进行教育并宣传，来提高公众对海洋的理解以及了解他们的活动对海洋的影响，从而培养、提高公众的环保意识。第一，对青少年进行塑料替代品选择、再利用或适当处置的教育至关重要，因为他们不仅代表着海洋治理的未来，而且他们还会在同龄人、父母和社区中产生社会影响力，是改变公众整体环保意识的重要基础。① 因此，各级学校可以通过课程改革将海洋教育、污染和废弃物管理纳入课程计划，引导学生实践垃圾分类等，帮助他们提高环保意识。第二，对于其他年龄段的公众，可以抓住世界海洋日等宣传契机，帮助他们提高认识，例如沿海城市可以组织举办海岸线塑料垃圾清理等环保活动，在实践中提高人们的环保意识，鼓励变革。第三，媒体是将科学与公众联系起来的重要纽带，能够提高公众对相关问题的认知水平。以海洋微塑料污染为主

---

① B. L. Hartley, R. C. Thompson, S. Pahl, “Marine Litter Education Boosts Children's Understanding and Self-reported Actions,” *Marine Pollution Bulletin*, 2015, 90 (1): 209-217.

题的新闻会促使人们更加关注环境问题，因此国际社会借助社交媒体，加大公益广告等教育载体的投放力度，也会提高公众的环保意识，从源头遏制微塑料污染问题的发展。

此外，公众环保意识的提高，也会促使塑料产业链的企业为获得社会经营许可而提高企业的社会责任，减少塑料产品的生产，提高塑料回收的意愿，从而对海洋微塑料污染的源头加以遏制。社会经营许可是行业和社会群体之间无形的、不成文的社会契约，[①] 社会经营许可或政府监管的社区支持会驱动企业提高相应的社会责任，[②] 因而社区或消费者环保意识的提升可以通过影响社会经营许可来推动企业政策和产品朝着环境友好型改变。

4. 鼓励非国家行为体继续发挥沟通联动的作用

现阶段，国际社会以国家为主要行为体，但在海洋微塑料污染的治理机制中，绝不可忽视非国家行为体（如国际组织）的互补、协调作用，因为它们会在国际标准制定、国际条约签署等重要过程中起到主导作用。

非国家行为体的参与是海洋微塑料污染总体治理框架的重要组成部分，对提高公众对处理海洋垃圾必要性的认识至关重要。因为它们是政府治理主体的补充，它们的行动可以促进公众观念的转变，同时也会提高公司声誉，使公司能够实施具有成本效益的解决方案。[③] 例如，通过在 2011 年发起的“全球塑料行业启动海洋垃圾应对计划”，不同的非营利组织提出了在国家、地区和全球层面提高认识和推动行动的倡议；[④] 一年一度的“我们的海洋”

① R. Parsons，K. Moffat，“Constructing the Meaning of Social Licence,” *Social Epistemology*，2014，28：340-363.

② J. Vince，B. D. Hardesty，“Governance Solutions to the Tragedy of the Commons That Marine Plastics Have Become,” https：//www. frontiersin. org/article/10. 3389/fmars. 2018. 00214.

③ GESAMP，“Sources，Fate and Effects of Microplastics in the Marine Environment （Part 2），” http：//www. gesamp. org/publications/microplastics - in - the - marine - environment - part - 2；S. Pettipas，M. Bernier，T. R. Walker，“A Canadian Policy Framework to Mitigate Plastic Marine Pollution,” *Marine Policy*，2016，68：117 - 122； “Legal Limits on Single - Use Plastics and Microplastics：A Global Review of National Laws and Regulations”，https：//wedocs. unep. org/xmlui/handle/20. 500. 11822/27113.

④ GESAMP，“Sources，Fate and Effects of Microplastics in the Marine Environment （Part 2），” http：//www. gesamp. org/publications/microplastics-in-the-marine-environment-part-2.

会议（Our Ocean Conference）和其他私营部门倡议正在成为信息交流和治理创新的重要全球会议场所。因此，非国家行为体在海洋治理中所扮演的角色不容忽视，国家和国际社会应支持、鼓励越来越多的非国家行为体在海洋微塑料污染治理中发挥沟通联动的作用。

## （二）产生源管控：减少海洋微塑料的来源并促进可持续消费

在海洋微塑料污染的产生源管控上，为减少进入海洋环境的塑料垃圾的产生，国际社会应在上述凝聚多方治理共识的基础上，坚持“预警性原则”，即虽然在现阶段受制于科学研究进展，海洋微塑料污染对人类和生态安全的影响尚无法得到定论，但为了避免后期潜在的不可控风险，遏制海洋微塑料污染趋势，应分阶段、有步骤地在全球范围内逐步淘汰初级微塑料和减少次级微塑料的来源。

1. 在全球范围内逐步淘汰初级微塑料

鉴于初级微塑料的危害性、难以降解性和较易的可替代性，应在全球范围内达成共识，逐步淘汰初级微塑料即塑料微珠，鼓励企业使用核桃壳、海盐和杏核微粒等天然替代品。

目前，全球范围内已证实塑料微珠是可替代且非必需生产的，在世界上的不同国家，各级行为者也采取了自愿减少或禁止向环境释放塑料微珠的措施，特别是逐步淘汰个人护理品中塑料微珠的使用。例如，法国、瑞典和英国的公司和行业协会自愿决定在任何政府法规实施之前从其产品中取消塑料微珠的使用;[①] 欧洲个人护理和化妆品行业协会在 2015 年鼓励其成员公司在 2020 年前逐步淘汰塑料微珠，到 2018 年该行业已经从其产品中淘汰了 97.6%的塑料微珠。[②] 但是，颁布、实施“微珠禁令”及在某种程度上自愿淘汰塑料微珠的国家仍然只占少数，而且也没有统一的国际标准，比如是否

① UNEP，“Legal Limits on Single-Use Plastics and Microplastics：A Global Review of National Laws and Regulations”，https：//wedocs. unep. org/xmlui/handle/20. 500. 11822/27113.

② Cosmetics Europe，“All about Plastic Microbeads，” https：//cosmeticseurope. eu/how-we-take-action/leading-voluntary-actions/all-about-plastic-microbeads.

可使用可降解的塑料微珠加以替代。因此，国际社会应通过多方协商达成统一的“微珠禁令”共识和制定相应的国际标准，进一步补充完善国家和行业内对塑料微珠的禁令，逐步淘汰有问题和不必要的初级微塑料的生产，鼓励研发和使用可持续的天然替代品。

2. 减少次级微塑料的来源

为减少次级微塑料的来源，各国应利用财政奖励和扩大生产者责任，鼓励可持续产品的设计和生物降解材料的研发，最大限度地实现塑料产品的“减少—重复使用—回收利用”，追求循环经济。以来自衣物的超细纤维为例，研究结果表明，通过洗衣机进入水循环的超细纤维颗粒数量，从每洗一次合成衣物产生 600 万超细纤维到只洗一件羊毛夹克产生 25 万超细纤维不等。[①] 因此，对于塑料纤维，各国应制定相应措施，鼓励采用有机棉等天然纤维取代合成纤维，并建立较为全面的回收系统。此外，还应完善、实施相应的奖惩措施，例如，推广“限塑令”、征收“塑料包装税”、补贴开发环保性价比高的塑料替代品以尽可能减少或取代一次性塑料易耗品。对于难以更换的一次性产品，应大力推广定向回收政策。

当然，在现阶段，鉴于材料研发、替代循环的高昂成本和人们使用习惯的“棘轮效应”，要实现全部塑料产品的替代生产、回收利用和可生物降解不太现实，但可以根据不同塑料种类对海洋微塑料污染影响程度的不同，划分“轻重缓急”，循序渐进，分阶段、有步骤地实现不同危害程度塑料的淘汰、替代、回收及再利用。对于危害性最大的塑料产品，国际社会应首先将其以更安全、可持续的材料替换；[②] 将危害性大的塑料贴上有害物质的标签，也可以引导消费者作出产品选择。在现实情况下，这将遏制对环境危害性大的塑料的生产及排放入海，大大减少全球海洋微塑料污染问题的危害，

① I. E. Napper, R. C. Thompson, “Release of Synthetic Microplastic Plastic Fibres from Domestic Washing Machines: Effects of Fabric Type and Washing Conditions,” *Marine Pollution Bulletin*, 2016, 112 (1): 39-45.

② C. M. Rochman, M. A. Browne, B. S. Halpern et al., “Classify Plastic Waste as Hazardous,” *Nature*, 2013, 494 (7436): 169-171.

缓解问题的严峻性。对危害性一般的塑料产品而言，实现可生物降解将是长期发展趋势。可生物降解材料虽已研发并生产，但它的生产成本无疑比聚乙烯的生产成本高得多。[①] 随着社会公众环保意识的提高，如果消费者愿意为可生物降解产品支付环保属性的溢价，并且国家法规针对关键产品类别出台限制传统塑料的措施，那么可生物降解产品会比传统塑料更具竞争力。因此，国家监管部门可以激励、引导企业和消费者开发、生产和使用更环保的塑料替代品，即使它们在短期内价格较传统产品昂贵，但也会使整个塑料行业形成正反馈机制，最终实对现海洋微塑料污染中次级微塑料来源的有效管控。

### （三）排放源管控：普及废弃物处理技术并发展生物降解技术

在海洋微塑料污染的排放源管控方面，国际社会应在上述凝聚治理共识的基础上，分两步实现“节流开源”的减排目的：“节流”是指普及各国先进的垃圾回收和废水处理等废弃物处理技术，减少陆源微塑料的排放入海；“开源”是指发展海洋微塑料的生物降解技术，为后期海洋微塑料污染的环境修复工作提供技术支持。

1. 普及先进的垃圾回收和废水处理等废弃物处理技术

要实现海洋微塑料污染的排放源管控，首先要减少陆源微塑料的排放入海。比如，应在全球范围内推广现有的较为成熟的废水处理技术，以遏制微塑料向海洋中的排放。尽管采用一级和二级处理工艺的常规废水处理流程可以有效去除污水中的微塑料，但由于大量污水持续排放入海，废水处理厂仍为海洋微塑料的主要来源之一。[②] 相关调查通过研究膜生物反应器处理一级出水和不同的三级处理技术（盘式过滤、快速砂滤和溶气气浮）处理二级

① D. M. Mitrano, W. Wohlleben, “Microplastic Regulation Should be More Precise to Incentivize both Innovation and Environmental Safety”, *Nature Communications*, 2020, 11 (1): 5324.

② F. Murphy, C. Ewins, F. Carbonnier et al., “Wastewater Treatment Works (WwTW) as a Source of Microplastics in the Aquatic Environment”, *Environmental Science & Technology*, 2016, 50 (11): 5800-5808.

出水的结果，发现这四种处理技术对微塑料的去除率分别为99.9%、40%~98.5%、97%和95%，表明废水处理厂采用先进的废水处理技术，可以大大缓解海洋微塑料污染的严峻程度。[①] 同理，还应普及、提高各国的塑料垃圾回收等废弃物处理技术。

与此同时，国际社会还应认识到因受制于实际国情、财政预算、基础设施水平等因素，部分发展中国家，尤其是沿海的发展中国家的海洋治理意愿和海洋治理能力存在差距。为缩减这一差距，应秉持联合国环境规划署倡议的《可持续蓝色经济金融原则》和联合国全球契约组织的《可持续海洋原则》，由世界银行等国际金融机构向这些发展中国家提供公共部门直接融资和发展援助，包括制订和实施可持续海洋计划，规范、增建垃圾回收厂、废水处理厂等提高其治理能力的公共设施，确保这些发展中国家公平获得资金并实现可持续性，以释放私营部门融资，推动生态可持续和社会公平的经济增长，最终弥补各国在海洋微塑料污染治理方面所存在的治理能力差距。

2. 发展海洋微塑料的生物降解技术

在减少陆源微塑料排放入海的同时，国际社会还应大力开展新兴技术的研发，例如加大对海洋微塑料生物降解技术的投入，以求为后期治理海洋微塑料污染的环境修复工作提供技术支持。生物降解是细菌等微生物降解聚合物的过程，相关研究指出，从土壤中分离的葡萄球菌、假单胞菌和芽孢杆菌可以降解聚乙烯等塑料聚合物，表明这些微生物可以以环境友好的方式来降解微塑料，[②] 这不仅可以应用于废弃物的处理，也可以为国际社会后期修复受污染的生态环境提供解决思路。

### （四）监管源管控：分期实现海洋微塑料污染治理的有效监管

在监管源管控方面，国际社会应分三个阶段性目标实现海洋微塑料污染

---

① J. Talvitie, A. Mikola, A. Koistinen et al., "Solutions to Microplastic Pollution-Removal of Microplastics from Wastewater Effluent with Advanced Wastewater Treatment Technologies," *Water Research*, 2017, 123: 401-407.

② G. Singh, "Biodegradation of Polythenes by Bacteria Isolated From Soil," *International Journal of Research in Pharmaceutical and Biomedical Sciences*, 2016, 5: 2016.

全球治理的有效监管：短期目标是努力共建“海洋科学共同体”并以国家为监管主体实现对各国排放的有效监管，中期目标是磋商出台专门的海洋微塑料污染全球治理协定并统一海洋微塑料污染的全球观测系统，长期目标是构建“治理权力”与“治理权威”兼具的超国家组织以实现全球海洋的“长治久安”。

1. 短期目标：努力共建“海洋科学共同体”并实现对各国排放的有效监管

在现有的多边协定框架下，为增进各方共识、提高国际社会共同应对海洋微塑料污染问题的战略互信，较为可行的策略是，发挥区域性机构的作用，从海洋科学等低敏感领域开展合作，协调促进各机构和治理网络之间的一致性。例如，由八个北极国家组成的北极理事会在成立以来促成了《北极海空搜救合作协定》、《北极海洋油污预防与反应合作协定》和《加强北极国际科学合作协定》三项具有法律约束力的泛北极协议，以协调、促进北极国家应对当前和未来的区域治理挑战。[①] 这表明，即使在地缘政治局势较为紧张的北极地区，域内国家也可以在科学合作等低敏感领域达成共识。就中国而言，鉴于日益严峻的国际形势以及愈发突出的中美结构性矛盾，“竞争”与“合作”将长期共存于中美关系之间，如何在有限的竞争空间之外，开辟合作新疆域，成为缓解两国关系的重要出路之一。海洋微塑料污染治理作为低敏感领域内的环境治理问题，可以成为中美两国合作参与治理的突破口。中美均是世界主要的大国之一，出于维护全人类的共同利益，理应率先承担起大国的责任和担当，在治理的过程中促进多轨外交，加强各机构部门间的沟通和互信，共同探求海洋微塑料污染的治理之道。通过这一低敏感领域内的合作交流，在政治互信不断增强的趋势下，中美双方能更加理解彼此的文化、理念等方面的差异，消除部分误解，为在其他低敏感领域内的合作奠定友好基础，并逐步过渡到部分较高敏感度领域内的合作交流，这有利于缓解中美关系、优化国际秩序的转型升级，并为促进国际社会的和平发

① 夏立平、谢茜：《北极区域合作机制与“冰上丝绸之路”》，《同济大学学报（社会科学版）》2018年第4期。

展作出重要贡献。

与此同时，遥感技术、大数据管理和建模技术的进步，可以彻底改变收集、存储和使用海洋数据的方式，为更好地管理海洋、发展经济和创造就业提供机会，并提高包括商业、渔业以及保护区管理等在内的海洋监测和海洋管理等活动的效率和收益。因此，参考北极理事会的成功经验，在区域或全球层面，各利益攸关方应秉持“共同体原理”[①] 的法理基础，努力协商共建“海洋科学共同体”，成立海洋微塑料污染治理多边工作组或专家特遣组，汇聚研究卫星、无人机、数据处理等领域的海洋治理学者和技术开发专家，收集、处理、分析和获取与海洋有关的数据，并利用海洋科学、技术和数据开展科学研究和监测、把握海洋微塑料的污染动态，进一步探讨优化海洋微塑料污染问题的治理方案。

在有效落实、监管各国的排污措施和成效方面，对国家而言，不论针对海洋微塑料污染问题的多边协定如何改进，具体到实际治理行动上，最终还是以国家为主要行为体。因此，缔约国国内政策法规与相应多边协定的协调对接十分重要，这就要求各国决策者在国家层面提高与海洋塑料垃圾治理有关的国内法制法规的位阶，增大违规生产塑料微珠和排放塑料垃圾的处罚力度。比如，鉴于塑料微珠排放后的危害性和降解、处理的不确定性，未出台塑料微珠禁令或禁令位阶较低的国家可以将生产塑料微珠从不符合道德标准和行为规范的位阶上升至民法或刑法的层面，使违规生产塑料微珠者切实承担法律责任，这样既增加了国内行为者污染海洋环境的违法成本，又因为有国家强制执行处罚部门的监管，所以会消除国际社会“处罚难”的困境，最终保障现有多边协定的有效落实。

对协调各国统一治理海洋微塑料污染的国际组织而言，应联合科学家、企业家等国际社会各级各类的利益攸关方，制定统一的海洋微塑料污染严重程度的监测标准，并根据相应管控措施的施行时间，分阶段检验各国的治理

① 金永明：《论海洋命运共同体理论体系》，《中国海洋大学学报（社会科学版）》2021 年第 1 期。

情况。比如，在出台塑料微珠禁令后，可以以各国大型城市废水处理厂所排放的微塑料量级为标准，分三个阶段检验其执行效果。第一个阶段是禁令执行前，根据不同国家实际国情的差异，塑料微珠的排放量虽无法确定统一的国际标准，但可以根据区域与国别的差异，分别记录不同国家的排放情况，并以此作为该国的初始排放情况；第二个阶段是禁令实施后的一到两年内，因为从生产企业开始制订塑料微珠的替代计划，到研发并确定替代物、投入试行生产、得到市场反馈、改进生产计划并最终进入实际生产，这一过程不论是生产企业还是消费者均需要经过一个适应期的过渡，经过这个市场适应期后，塑料微珠的生产才算得上真正得到了有效禁止，对比该国的初始排放情况，这一阶段的排放情况应得到明显遏制；第三个阶段是禁令实施两年及以后的时间，可以由第三方机构不定期对塑料微珠的排放情况进行抽检，对比前两个阶段的排放情况，这一阶段的排放情况代表着塑料微珠禁令的长期实行效果，如果与预计排放标准有明显差异，则说明有不法企业因成本等问题重新回归到塑料微珠的生产上来，因此针对这一阶段的检验不仅能够保障行业内的良性竞争，而且能为国家相应的部门提供信息参考，作为其监督效果、改进政策的依据，并向污染排放主体施加压力，要求其遵守法规。此外，多边的专家特遣组也会确保研究方法的可靠性和一致性，有助于比较不同的解决方案，确定和评估预防海洋微塑料污染的可行和高效措施，并将其用作国际社会政策改进的基础。

2. 中期目标：磋商出台全球治理协定并统一搭建全球观测系统

迄今为止，国际社会现有的专门针对海洋微塑料污染问题的相关协定只停留在国家和区域层面，由于缺乏相应的全球治理制度，某种程度而言在全球层面没有人对海洋微塑料污染的治理负责。尽管区域宣言、国家立法和自愿倡议等措施在治理海洋微塑料污染方面发挥着重要作用，但国际社会磋商出台专门性的海洋微塑料污染全球治理协定仍是解决这一全球问题的最全面、最有效的措施。因此，在上述“短期目标”的合作基础上，国际社会应共同制定一项具有全球塑料减排目标和计划的国际法律文书或条约来治理海洋微塑料污染问题，包括禁止有害塑料的生产、限制无法回收的塑料产品的生产、明确塑料垃圾的回收利用等细则，以在全球层面控制海洋微塑料的来源，实现海洋微塑料污染问题的有效治理。

就目前而言，国际社会已经开始考虑全球性海洋微塑料污染治理协议的制定工作。2022 年 3 月 2 日，第五届联合国环境大会续会在肯尼亚内罗毕闭幕，大会通过了 14 项决议，其中一项是《结束塑料污染的诀议：制定一个具有法律约束力的国际文书》，决定建立一个政府间谈判委员会，并于 2024 年底前达成一项涵盖塑料全生命周期的具有法律约束力的国际文书，以防治塑料污染。[①] 然而，不可否认的是，在全球层面磋商出台专门的海洋微塑料污染全球治理协定将具有巨大的挑战性。比如，以《联合国海洋法公约》为例，由于其是各缔约国于 1973～1982 年间通过政治妥协，以交换制度内容的方式达成的“一揽子交易”的结果，不可避免地带有妥协性和模糊性。[②] 因此，虽然第五届联合国环境大会已有相关提议，但整体来看，签订一项新的具有法律约束力的全球文书不仅需要时间，而且还需要综合各利益攸关方的利益关切，是一个漫长且复杂的过程。

但是，现阶段正在进行的“国家管辖范围外海域生物多样性（BBNJ）养护与可持续利用协定”的多方磋商，为海洋微塑料污染全球治理协定的立法提供了思路。从《联合国海洋法公约》体系的发展和内容可以看出，《联合国海洋法公约》体系的补充和细化，采用了通过制定“执行协定”予以完善的方法，这种做法不仅避免了利用《联合国海洋法公约》第 312 条的“修正”程序和第 313 条的“简易程序”的艰难性，而且具有高效性和合理性，可以说是对立法模式的创新。[③] 因此，国际社会可以考虑在《联合国海洋法公约》框架下，以“预防及治理海洋塑料垃圾的污染问题”为主题，着手启动一项新的补充协定的磋商。这样的立法模式，优点在于将一项全新的“海洋微塑料污染全球治理协定”转化为现有《联合国海洋法公约》

① https：//www. unep. org/resources/resolutions - trenties - and - decisions/UN - Environment - Assembly-5-2.

② 金永明：《中国海洋强国战略与依法治海简论》，《亚太安全与海洋研究》2018 年第 4 期。

③ 金永明：《现代海洋法体系与中国的实践》，《国际法研究》2018 年第 6 期。

基础上的“补充协定”，将绕过制定一项独立条约这一更为复杂的过程。

除了磋商出台专门的海洋微塑料污染全球治理协定，统一海洋微塑料污染的全球观测系统也同样重要。海洋微塑料污染所影响的范围和不断增长的规模，使整个生态系统更加脆弱，显示出统一海洋微塑料污染的全球评估体制，建立全球观测系统的重要性和紧迫性。一方面，应多方携手共建涵盖从采样、样品预处理到样品鉴别的海洋微塑料分析检测全流程的标准化作业程序，加强采样设计特别是采样位置的代表性研究。[①] 应该统一关键评估参数，如明确塑料颗粒的尺寸范围。比如，可以根据颗粒尺寸的不同，分别报告尺寸在1~5毫米范围内的塑料情况和尺寸小于1毫米的塑料微粒的情况，划分依据是这两种塑料的统计方法不同。[②] 鉴于环境样品中塑料颗粒的数量随着颗粒尺寸的减小几乎呈指数增长，使用不同尺寸下限的采样和分析方法可能会对同一样品产生截然不同的颗粒数量，因此要在监测流程中定义相关参数的范围，以确保数据之间的可比性。另一方面，应协商共建全面反映海洋微塑料污染情况的全球观测系统。在现有研究的基础上，已有学者提出旨在整合直接观测、遥感和数值模拟以构成一个全球观测系统的设想，通过卫星、无人机、水面和水下航行器、观测站等平台收集数据，有机结合采样器和传感器，得到海洋垃圾的观测结果。[③] 这项工作涵盖海洋微塑料的整个生命周期，旨在促进现有观测网络的优化和扩展，将覆盖全球空间范围，重点关注海洋微塑料的浓度、成分、来源和路径。不可否认，海洋微塑料污染全球观测系统的建立同样任重而道远，离不开国际社会的多方合作和支持。

#### 3. 长期目标：构建“治理权力”与“治理权威”兼具的超国家组织

随着社会的发展，海洋微塑料污染问题、气候变化问题等全球从未经历

---

① 王菊英、张微微、穆景利等：《海洋环境中微塑料的分析方法：认知和挑战》，《中国科学院院刊》2018年第10期。

② J. Gago, A. M. Booth, R. Tiller et al., “Microplastics Pollution and Regulation,” in T. Rocha-Santos, M. Costa, C. Mouneyrac, *Handbook of Microplastics in the Environment*, Cham: Springer International Publishing, 2020: 1-27. https://doi.org/10.1007/978-3-030-10618-8_52-1.

③ N. Maximenko, P. Corradi, K. L. Law et al., “Toward the Integrated Marine Debris Observing System,” in *Frontiers in Marine Science*, 2019, 6, https://www.frontiersin.org/article/10.3389/fmars.2019.00447.

过的危机开始出现，这些问题的有效治理超出了单一主权国家所能应对的能力范围，必须通过全球治理协定来加以解决。除了可持续发展和环境保护外，大部分与海洋公地有关的棘手问题，如安全与防卫、大陆架主权和划界争端、航行自由等问题，必将对各国经济乃至战略力量的平衡产生深远影响。然而，目前的国际社会是“无政府状态”，意味着任何机构在全球范围内的监管层面没有任何真正的“治理权力”，只有相应的“治理权威”。比如，国际海事组织是《国际防止船舶造成污染公约》和《1972 伦敦公约》的执行机构，但没有针对在公海进行违法倾废行为的实际的“执法权力”和“执法能力”，只能进行基于“执法权威”的道德谴责。被誉为“海洋宪章”的《联合国海洋法公约》建立了国际海底制度、大陆架外部界限制度和海洋争端解决制度，并设立了相关组织机构，即国际海底管理局、大陆架界限委员会和国际海洋法法庭，为人类合法开发、利用海洋奠定了基石。[①] 但是，这三大机构的有效性也建立在各国对《联合国海洋法公约》的遵守和维护的基础之上。换言之，目前依据《联合国海洋法公约》设立的三大组织机构在涉及国家核心利益争端时的作用是有限的，除非具有合法的“治理权力”而不仅仅是“治理权威”。全球治理关乎全人类的整体利益，各国主权相互独立，导致海洋公地没有一个强制的治理标准，只能凭借国际组织如联合国的“治理权威”来影响行为主体的自我规范。国际社会中的国家责任、企业社会责任和个人责任由于缺乏全球有效监管，并不能确保不断升级的海洋微塑料污染问题的最终解决，这就导致了一个超国家维度的治理领域日益凸显和重要起来。

全球海洋尤其是公海不能由任何霸权占有，但由超国家组织进行多方协调，却不失为保证公地安全的一种考虑，这就涉及合法性与稳定性的概念。霍尔斯蒂关于国家横向合法性的理论也可以用来涵盖超国家结构。国家的合法性或多或少取决于在该地域内的人民和国家所接受和理解的程度，换言之，一个国家只能通过其公民的同意才能获得合法性。同样，一个超国家组织的建设，一个

---

① 金永明：《联合国海洋法公约组织机构特质研究》，《东方法学》2011 年第 1 期。

地区、文化或利益领域的建设，也只能通过其成员的同意才能获得合法性。除了横向合法性，在纵向上也需具备合法性。正如霍尔斯蒂和罗伯特·杰克逊所指出的那样，合法性与稳定密切相关，不合法的地缘政治结构也可能直接导致不稳定。在地缘政治形象、利益范围和普遍性的构建中，如果这些结构正确地描述了现实，而且这些结构是合法的，那么基于它们的外交政策可能会被证明是成功的，但是如果所建议的地缘政治模式在现实中无效，那么结果就是错误的外交政策，建立在这些基础上的政策就不能达到既定的目标，比如说，地区的安全化。因此，为使地缘政治外交政策取得“良好”效果，所构建的地缘政治区域、共同体或参照群体是否合法，即是否真正得到某种认同和接受，至关重要。如果合法性缺失，这种以利益领域建设为基础的国际政治必然导致不稳定，增加冲突风险。

比如，就欧亚大陆而言，一个极大的外交成就就是建成了超国家组织，即获得成员国让渡部分主权的欧盟。欧盟成员国为调和各自不同的身份、谋求共同利益作出了巨大努力，这种经验在当今许多情况下都会非常有益。① 欧盟还建立了一体化的体制和机制，尽管尚不完善，但已证明是成功的。在欧盟的体制内，欧洲开始形成其内部的超越国家界限的区域认同，“区域认同在欧洲已经长期存在”“区域认同可能跨越国家边界”。② 但是，超国家组织的构建应注意其权力的合理划分，比如在《欧洲共同体宪章》中明确规定：“共同体应在本条约赋予它的权力范围和其中指定的目标范围内采取行动。在不属于其专属管辖范围的领域，共同体只有在成员国不能充分实现拟议行动的目标，并因此由于拟议行动的规模或效果，共同体能够更好地实现时，才应根据辅助性原则采取行动。共同体的任何行动不得超出实现本条约目标所必需的范围。”③ 这一规定就限制了超国家组织的权力，保留了成员

① B. White, “The European Challenge to Foreign Policy Analysis,” *European Journal of International Relations*, 1999, 5 (1): 37-66.

② R. Dolzer, “Subsidiarity: Toward a New Balance among the European Community and the Member States,” *Saint Louis University Law Journal*, 1997, 42: 529.

③ https://eur-lex.europa.eu/LexUriServ/LexUriServ.do?uri=CELEX:12002E005:EN:HTML.

国的权力。

同样，这对全球海洋公地的治理也有所启示。超国家组织的核心在于能够对超越国家管辖范围的问题实现有效治理。我们生活的多极世界需要多边机构来应对全球威胁，如果每个国家都独立行动，这些威胁就永远无法消除。国际问题得到解决，不是通过对抗和暴力，而是通过对话和共识。现阶段，解决国际问题最有可能的方式是通过外交谈判，这在很大程度上是由国际协议决定的。在未来，或许多国可以让渡一部分治理主权，使联合国或其下属机构成为一种“超国家组织”，以求海洋公地得到更好的稳定的发展，真正成为全人类的“共同继承财产”。比如，《联合国海洋法公约》的缔约国可以赋予《联合国海洋法公约》三大下设机构中的一个或多个机构合适的“治理权力”，使其可以基于专门的海洋微塑料污染全球治理协定和统一的海洋微塑料污染全球观测系统，对海洋微塑料污染问题展开全球监管，例如赋予国际海底管理局在公海海域针对缔约国船只违法排污的监管权，若发现违法排污问题，可以对相关国家的有关部门或个体进行处罚，处罚形式包括一定标准的罚金等，可以用来奖励高清洁度国家、鼓励技术创新、支援发展中国家治理能力的建设或作为机构的运行成本等，以防止跨国公司、发达的司法管辖区和富裕的消费者转移对塑料垃圾的责任。

## 五 结语

海洋微塑料不分国界，它跨越了国家管辖范围、打破了区域空间限制，需要国际社会各利益攸关方采取全球方案，开展联合行动和持续深化管控来解决这一非传统安全问题，共同落实国际合作，保障国际秩序，维护国际利益。国际社会应对海洋微塑料污染问题的基础只有建立在共同的公众意愿和有效的政策协调上，才能在全球、区域、国家、地方和个人等多个层面开展治理工作。

总之，海洋微塑料污染治理的本质在于国际社会各级各类行为体要以全人类的共同利益为中心，注重国家利益与全球利益的兼容并包，将碎片化的、断续性的治理行动升级为整体性的、持续性的治理规则。这一理念与中国提出的国际社会共建“人类命运共同体”的倡议不谋而合，这就要求中国在综合国力不断提升、中华民族伟大复兴逐步实现的今天，肩负起这一时代使命，在海洋微塑料污染治理的进程中推广“人类命运共同体”的价值和理念，推动国际秩序的优化转型，为国际社会提供更多更好的公共产品，带动各利益攸关方携手合作，平衡经济活动与环境保护之间的关系，共筑“海洋命运共同体”。

# “《联合国海洋法公约》的回顾与展望学术研讨会”综述

于小雨*

**摘　要：** 为纪念《联合国海洋法公约》开放签署40周年，中国海洋大学主办了“《联合国海洋法公约》的回顾与展望学术研讨会”，邀请国内海洋问题专家学者就海洋法公约与中国、海洋法的原则和规则、海洋法的发展与挑战、海洋法的制度与南海问题进行了研讨，为展示与会代表的学术成果，根据会议文字实录将本次会议报告者的核心观点予以汇总，供大家参考。

**关键词：** 《联合国海洋法公约》　海洋法的原则与规则　海洋法的发展与挑战

2022年6月18日，由中国海洋大学国际事务与公共管理学院、中国海洋大学海洋发展研究院以及中国海洋大学“海洋治理与中国”研究团队联合主办的“（世纪先风）第二届未来海洋论坛:《联合国海洋法公约》的回顾与展望学术研讨会”召开。会议采取线上方式举行，来自中国海洋法学会、中国南海研究院、大连海事大学法学院、自然资源部海洋发展战略研究所、武汉大学法学院、中国社会科学院国际法研究所、南京大学法学院、吉

* 于小雨，中国海洋大学国际事务与公共管理学院硕士研究生。

林大学法学院、厦门大学南海研究院、清华大学法学院、上海交通大学、宁波大学法学院、大连外国语大学、华东政法大学国际法学院、海南大学法学院和中国海洋大学等单位 26 位专家学者出席会议并发表演讲，同时有 130 余位专家学者通过视频会议形式在线参会。

中国海洋大学副校长范其伟教授为开幕式致辞，中国海洋法学会会长、大连海事大学智库首席专家高之国教授，中国南海研究院创始院长、中国—东南亚南海研究中心理事会主席吴士存研究员为开幕式致辞并作主旨报告。开幕式由中国海洋大学国际事务与公共管理学院院长王琪教授主持，中国海洋大学“海洋治理与中国”研究团队首席专家、中国海洋安全研究所所长金永明教授主持议题一和议题四的发言，中国海洋大学法学院党委书记刘惠荣教授主持议题二的发言，中国海洋大学法学院副院长董跃教授主持议题三的发言。围绕会议主题，与会专家学者进行了深入的交流和研讨。

## 一　开幕式致辞（主旨报告）

中国海洋大学副校长范其伟在致辞中指出，海洋是人类共同的财产，海洋的安全、环境保护以及和平利用是全体人类共同关切的议题。参与全球海洋治理、维护国家海洋权益是建设海洋强国的应有之义，特别是在百年未有之大变局下，更显得尤为重要。当前，我国与周边国家之间还存在海洋争议，亟待依据历史和国际法推进海洋争端解决、消弭分歧，这迫切需要强化对国际海洋法的系统研究，完善国内海洋法制，推进依法治海。他指出，本次研讨会围绕海洋法公约与中国、海洋法原则规则和制度实践等重要议题进行研讨，对认识、发展《联合国海洋法公约》的理论和制度具有重要意义，必将为我国解决海洋争议、为全球海洋治理实现良治目标提供更多智慧。

中国海洋法学会会长高之国教授在开幕式主旨报告中指出，第二届未来海洋论坛的主题是“《联合国海洋法公约》的回顾与展望”，是纪念《联合国海洋法公约》签署 40 周年的一次重要的理论联系实际的会议，对服务海洋强国建设、构建海洋命运共同体具有极大的意义和作用。结合宏观的时代背景，即党的十八大以来对国际形势的判断——世界面临百年未有之大变局，高之国指出两点，一是俄乌冲突不但给国际军事、政治、经济、贸易等领域带来了巨大的冲击，也为国际海洋法带来了巨大的挑战。对中国海洋法学界、海洋法学者而言，俄乌冲突既是一个巨大的挑战，也为维护国家的海洋权益、建设海洋强国、构建海洋命运共同体提供了一个重要的战略机遇期。这个机遇期主要体现在历史性捕鱼权和出海权两方面。二是日本核污水排海的国际治理问题。日本核污水排海在国际治理层面上至少有两个方向和路径：一个是法律路径，另一个是政治路径。关于日本核污水排海国际治理的政治路径，国际上还没有明确的意见和建议。国内学者提出的“良好排海合作倡议”符合包括《联合国宪章》在内的国际法的精神和要求，有利于站在国际法、国际道德的制高点实现核污水排海由日本单方面的决定向国际治理转变。高之国指出，日本核污水排海涉及一系列的国际法原则、规范和义务，日本核污水排海的决定和行为是否涉及侵犯人类共同继承财产是值得考虑的。

中国南海研究院创始院长吴士存研究员发表了题为《中国周边海洋形势特点》的主旨报告。他指出，中国周边海洋领域面临的挑战有以下几个特点：第一，美国打击非法捕鱼和海域感知情报共享平台的建设，在南海出现美国和南海周边国家整合的海上军事力量、海上执法力量，对我国在南海的渔业存在和执法活动将构成新的挑战；第二，中美海上力量的对峙和冲突将会从西太平洋延伸到南太平洋和印度洋地区；第三，因为渔事纠纷而引发的外交事件和法律诉讼案件可能会相应增加；第四，美国推动的南海军事化和海上对抗集团化趋势将加速演变；第五，我国的海洋发展空间会受到进一步的挤压，海洋活动会受到美国及其盟友更多的监视；第六，各种形式的海上侵权活动将会空前活跃，我国海上维权挑战将更加严峻。吴士存指出，在未来相当长一段时间内，我国周边海洋形势将进入一个争端、冲突和意外事故的多发期和频发期。就南海而言，鉴于以“选边站”为特点的美国南海政策的煽动性、“南海行为准则”磋商窗口期的缩短、南海仲裁案裁决的负面影响等因素，以争议地区的油气开发、岛礁扩建、强势执法为代表的单边行动可能会层出不穷。就东海、黄海而言，日本、韩国通过海上力量强化实际控制，进一步挤压我国在主张重叠海域的渔业和油气活动空间。

## 二 《联合国海洋法公约》与中国

大连海事大学法学院特聘教授邹克渊着重阐述了《联合国海洋法公约》（以下简称《公约》）40 年来的经验和教训。他指出，《公约》从 1982 年通过至今已经 40 年了，其在国际上的作用可以归纳为以下两个方面：第一，比较全面地规范了人类的海洋活动；第二，《公约》是一个动态条约。此外，邹克渊指出，在肯定《公约》正面意义的同时也应该看到《公约》所造成的一些负面影响。第一，国家管辖海域的扩展造成了许多海洋争端。第二，以外大陆架条款为例，《公约》的有些条款并没有使海洋秩序或海洋活动更为规范，而是造成了更多的混乱。第三，岩礁问题加入第 121 条后引发了一系列混乱，邹克渊认为这也是《公约》的一个硬伤。第四，《公约》的许多条款只是停留在纸面，未能被落实。第五，从维护发展中国家利益的角度出发，1994 年的执行协定实际上是对人类共同继承财产原则的倒退。第六，《公约》争端解决机制以及国际海洋法法庭在制度建设以及组织架构上存在缺陷和不足。

自然资源部海洋发展战略研究所党委书记、副所长贾宇研究员从以下方面阐述了《公约》与中国的贡献。第一，中国参加的第三次联合国海洋法会议是重大的国际活动。第二，中国支持第三世界国家的合理诉求、反对海洋霸权主义、提出关于海洋法基本问题的立场和主张有助于新海洋法立法进程的推进和立法目标的实现，从而为构建公平合理的海洋秩序和全球海洋治理，贡献中国智慧和方案。第三，在《公约》签署生效并实践一段时间后，中国在海底新资源、海洋环境及开发、外大陆架制度制定等方面作出了突出贡献。在以上三个论点的基础上，贾宇针对《公约》对中国的影响进行了评估。她指出，中国是《公约》建立的法律制度的受益者，但《公约》对中国也产生诸多消极影响，同时《公约》还面临诸多新形势、新问题和新挑战。譬如国家管辖外海域海洋生物多样性的问题、国内法治的发展等。

武汉大学国际法研究所副所长杨泽伟教授从三个方面回顾并前瞻中国与《公约》的 40 年。首先，他回顾了中国与《公约》的 40 年历程，并将其分为三个阶段：中国参加第三次联合国海洋法会议；中国批准《公约》之前以及签署《公约》到批准该公约之前；1996 年批准《公约》以后。其次，杨泽伟从积极和消极两个角度剖析了《公约》对中国的影响。他指出，积极影响主要体现在中国与涉海多边国际机构的合作进一步密切、中国参与全球治理的区域实践更加主动积极、中国参与全球海洋治理的双边实践日趋多元等。消极影响主要体现在中国与海上相邻、相向国家间的海域划界的争端更趋复杂、中国海洋权益的拓展受到限制、中国的航行权利也因《公约》的生效受到限制等。最后，杨泽伟展望了中国角色和地位的变化与《公约》的关系。他认为，中国角色和地位的变化决定了中国与《公约》的关系将更紧密，同时中国“加快建设海洋强国”战略的实施，需要对一些与《公约》有关的国内海洋法律政策作出调整。此外，《公约》的模糊性规定使中国要更加重视《公约》的解释问题，海洋法发展的新挑战和新议题为中国海洋权益的拓展提供了重要的机遇。

中国社会科学院国际法研究所罗欢欣副研究员从协商进程和交易结果的视角出发，着重阐述了利益集团与《公约》的形成。她指出，第三次联合国海洋法会议是历时最长、规模最大的条约造法会议之一，每个国家和参与方都有不同的利益和倾向，很多独具特色的利益集团在公约协商中发挥了重要作用。除了参加传统的七十七国集团之外，中国没有参加其他的共同利益集团，譬如沿海国集团、内陆国和地理不利国集团等。由于国际法没有一个完备的成文法的体系，作为条约的造法性会议，谈判时很多的权利义务“无法可依”，所以才需要“造法”。而各国基于国家利益提出造法方面的主张，也是其行使国家主权的体现。

## 三　海洋法的原则与规则

南京大学法学院张华教授着重阐述了《公约》中直线基线规则的发展。张华结合各国实践剖析了《公约》中直线基线的三种类型，并在此基础上针对《公约》中提出的“弯曲”“一系列岛屿”等概念述语进行辨析，提出了《公约》中直线基线规则的发展路径所存在的问题并提出了完善的意见。

吉林大学法学院姚莹教授从规定临时措施的审查要素、原审查要素的不足以及合理性原则的确立过程三个方面阐释了《公约》临时措施程序中的合理性原则。第一，规定临时措施的审查要素应具备五个要件：确立初步管辖权、具有可受理性、存在“不可弥补的损害”、防止海洋环境的严重损害、情况是否紧急。以上审查要素的不足，导致法院规定临时措施所呈现的低门槛，从而进一步导致规定临时措施对申请国更加有利的局面。第二，总结了合理性原则在适用中的条件、趋势以及合理性原则面临的适用困境。她指出，合理性原则应具备三个标准：其一，合理性标准必须适用于当前案件；其二，申请被保护的权利是否具有“合理性”；其三，还要判断在主案件中，相关权利是否会被裁断为属于当事一方。自合理性标准引入以来便呈现“低审查趋势”，并存在审查标准模糊、法院自由裁量权扩张、缺乏对权利性质的判断等问题。第三，在前两个问题的基础之上，重点分析了合理性原则对中国的影响与应对措施。她指出，中国当前对《国际海洋法法庭规约》第二十八条，结合当前立场和长远利益应作出审慎的解读。

厦门大学南海研究院副院长施余兵教授着重阐述了《公约》争端解决机制的“比照适用”问题。他指出，在涉海条约的争端解决机制比照适用《公约》争端解决机制的情况下，其实践效果如何？是否值得推广？针对这些问题，施余兵首先列举了三种争端解决机制“比照适用”的条约实践：1995 年《鱼类种群协定》第 30 条第 1 款和第 2 款、2001 年《联合国教科文组织保护水下文化遗产公约》以及BBNJ国际协定[①]案文草案三稿第55条。他指出，目前学术界针对“比照适用”措辞存在两种观点，一种是在处理另一条约措辞所载条款的解释和适用时，被用来具体规定对条约某一争端解决机构的管辖权分配；另一种是规定对同一协定中所载的其他条款适用某些程序性义务。结合“比照适用”的相关国际裁判实践，施余兵教授得出三点结论：首先，“比照适用”的一般含义是指“对被比照条款（例如，《公约》下的争端解决程序）作必要的修改后适用于比照条款”，其使用条件包括三大要件：第一，“比照条款”可被视为“被比照条款”的特殊情形，两者总的事实或情况是相同或类似的；第二，使用时需要对被比照条款进行“必要的修改”；第三，在比照适用时，比照条款总体上不能偏离被比照条款的实践。其次，《公约》下的争端解决机制作为“被比照条款”“比照适用”于其他条约时也面临一些挑战，包括：第一，何为“必要的”修改，在解释和适用上难以界定，尚不被广泛接受；第二，目前的判例实践，“比照适用”主要适用于具体的某些规则，而不是某项制度或机制。最后，《公约》下的争端解决程序不宜被“比照适用”于BBNJ国际协定。原因：不符合适用要件；两者之间在主题事项、争端的当事方、争端类型等方面存在诸多不同，无法比照适用。

宁波大学法学院曲波教授着重阐释了《亚洲地区反海盗及武装劫船合作协定》与海洋安全治理问题。她指出，《亚洲地区反海盗及武装劫船合作协定》的内容具有借鉴性、开放性、自我限制性和争端解决方式的唯一性四个特点。其发挥作用的方式有三种：给相关各方了解亚洲反海盗和武装劫船提供平台、为各个国家打击海盗和武装劫船提供建议和指导、针对特定区域和特定情形给予不同建议。《亚洲地区反海盗及武装劫船合作协定》的签订促进了缔约国之间、协议中心和其他机构和组织之间、协议中心和其他区域国家之间、缔约国和非缔约国之间的多方位合作。曲波指出，收集到的数据显示，协定签署之后相关区域的海盗劫船事件总体数量减少尤其是严重性

① 国家管辖范围以外区域海洋生物多样性的养护和可持续利用执行协定，简称BBNJ国际协定。

事件数量减少，成效明显。但是，此协定也受到非协议缔约国，规定的强制性、义务性规范的落实，以及亚洲国家间领土和海洋争端等因素的影响，仍具较大上升空间。

武汉大学中国边界与海洋研究院吴蔚副教授着重阐释了全球治理的海洋规则体系和多元实践——建设海洋命运共同体的中国经验。吴蔚首先指出，海洋命运共同体是全球海洋治理的必由之路，倡导建立持久和平、普遍安全、共同繁荣、包容开放、清洁美丽的海洋秩序。其次，吴蔚将我国国内海洋法立法分为三个阶段：第一阶段是从 1949 年到 1982 年，此时我国的海洋立法处于初级阶段，为我国参与全球的国际海洋法实践起了铺垫作用。第二阶段是从 1982 年到 2012 年，这是海洋法律制度全面建立，为海洋利益共同体奠定法律基础的阶段。这个阶段，我国的海洋政策渐进发展、稳中求进，海洋立法和国家涉外法律实践更加丰富。第三阶段是从 2012 年至今，海洋法治建设促进了“海洋命运共同体”的建设。在这一阶段，习近平总书记提出“海洋命运共同体”理念，将我国的海洋战略和海洋立法提到了一个新的高度。最后，吴蔚指出，“海洋命运共同体”建设为深化我国的海洋法治进程有重大的指导意义。

## 四　海洋法的发展与挑战

清华大学法学院张新军教授以尼加拉瓜诉哥伦比亚案 2022 年判决为中心，着重阐述了毗连区立法的国际法问题。他指出，毗连区涉及的问题有两点：一是毗连区管制权的四个事项，即海关、财政、移民、卫生，很多国家包括我国把安全也放在毗连区管制权事项里；二是管辖权的类型和性质问题，毗连区制度并不像专属经济区那样赋予沿海国全面的主权权利和专属管辖权，而是仅对沿海国的领土和领海内的违法行为进行防止和惩治。本案原告尼加拉瓜认为哥伦比亚国内的毗连区法不符合国际法，侵犯了尼加拉瓜所涉海区的主权权利和管辖权。张新军认为，第一个问题是法院认为哥伦比亚在地理范围内的扩张和事项范围里面有关安全、海洋利益和环保事项上的管制权的扩张具有违法性，但是立法行为如何产生国家责任还存有争议。第二个问题是毗连区管制权事项的赋权规则究竟是允许性规则还是禁止性规则。法院看起来是依赖某一种禁止性规则，这个禁止性规则跟毗连区的制度本身没有关系，而是跟特定情况有关。第三个问题是为什么从毗连区制度仅明确允许的四项管制权事项上，能得出沿海国在其毗连区被禁止行使任何其他权能的论断？张新军指出，法院就本案特殊情况，认为尼加拉瓜的专属经济区上的权利和管辖权构成了某种对上述四个事项之外的扩权禁止。此外，超出了《公约》允许的四项范围之外的行为，也将会构成对其他国家的航行自由的侵害。第四个问题，沿海国的毗连区管制权是一个为了防止和惩治在其领土和领海内违反其相关国内法的域外性的执行管辖权（不依赖立法管辖的域外效力）。因此，张新军认为，哥伦比亚在其毗连区的执行管辖也没有构成对尼加拉瓜作为沿海国在其专属经济区里的执行管辖的侵犯。

上海交通大学凯原法学院刘丹副教授从四个方面着重阐述了无人海洋装备对海洋安全治理的挑战与国际规制问题。首先，无人海洋装备对海洋安全可能造成的一些挑战在国际规制方面主要包括四个：无人海洋装备的法律地位问题、无人海洋装备的豁免权问题、无人海洋装备的航行权问题和无人海洋装备的管辖权问题。她指出，无人船未来引导无人海洋装备的立法的可能性是最大的，目前已经界定 2028 年要制定一个统一的、具有强制性的"MASS Code"（《智能船舶法典》）。现在国际海事组织（IMO）的工作中还没有完全解决的问题是无人船，比如无人船可能会对《公约》造成哪些挑战？IMO 和《公约》之间的关系是什么？从成员国的角度出发，"MASS Code"这样的强制性规则在多大程度上会对其他类型的无人海洋装备产生相应的影响？针对无人海洋装备的豁免权问题，刘丹指出，《公约》实行的是分区域（有限豁免）制度，是有局限的豁免而非绝对豁免，并且还要区分不同的海域，对于不同的海域及其上空的这些船舶或者飞机的影响。针对无人海洋装备的航行权问题，她指出，仅仅无害通过这个过程就会涉及非常多的相关无人海洋装备可能产生的航行权问题，比如沿海国是否会赋予无人船无害通过权。无人海洋装备的管辖权问题涉及船旗国管辖、公海管辖、港口国管辖和沿海国管辖，同样也会产生类似的问题。最后，刘丹指出，我国在海洋话语权上呈现一种不太均衡的现状，其突破点更多的还是在民用和商用领域。为此，我国应推动国内法治与国际法治建设，提升我国无人海洋装备国际规则的话语权。

中国社会科学院国际法研究所何田田副研究员着重阐述了气候变化和海平面上升对《公约》的影响。她指出，气候变化对《公约》的影响有三个相关的背景：一是《公约》签署40年；二是气候变化和海平面上升的科学考量；三是小岛屿发展中国家处境的考量。气候变化对《公约》影响广泛，主要包括如下两个方面：一是《公约》关于“冰封区域”的规定，二是《公约》与海洋环境保护和生物多样性问题的相关规定。

中国海洋大学法学院陈奕彤副教授以国际造法为视角，着重阐述了海平面上升的国际法挑战与国家实践。她指出，由于《公约》制定时缺乏对气候科学的认知使其主体内容受到海平面上升问题的根本挑战，海平面上升问题严重冲击了传统国际法规则。为此，陈奕彤从国际法委员会和相关国家两个方面阐述了新近的国际造法进展和国家实践。在此基础上，她提出了中国的实践方案，包括海洋命运共同体理念为应对海洋秩序的变革提供了指导思想、提升我国在国际造法中的有效参与能力以引领国际规则的形成。中国应重视并善用科学成果和科学外交对国际造法进程带来的积极影响；主动参与国际法委员会目前领导的国际法编纂工作，以将我国利益和诉求融入正在形成的规则之中；通过积极的国家实践深度影响国际造法进程。最后，陈奕彤指出，在当下国际法可能面临的颠覆性挑战和机遇面前，发展中国家和发达国家应站在人类社会的同一起跑线上。人类命运共同体理念为人类社会应对地球系统的挑战指明了方向，海洋命运共同体理念则为人类社会在海洋领域创建新的国际法范式和架构提供了指导思想。从国际造法的角度来看，唯有积极参与才能强化本国实践在正在形成的国际法中的地位。

大连外国语大学国际海洋事务与海洋法研究中心戴瑛教授从四个方面着重阐述了总体国家安全观视角下的BBNJ国际协定。首先，戴瑛指出，从我国国家安全的实践方面来看，总体国家安全观是新时期中国战胜各种风险和护航中华民族伟大复兴的重要思想武器。以总体国家安全观来武装头脑，我们才能深刻分析、精准把握百年未有之大变局之下国家安全形势发展新矛盾演变的一般规律，并指导实践以应对各种挑战。其次，BBNJ 国际协定的内容直接或间接地涉及国家安全。BBNJ 国际协定规定国家管辖范围以外生物多样性利用也应基于和平目的，但其如果限制了海洋大国的军事行动，就可能遭到海洋大国的反对。针对地理范围和航行自由目的，戴瑛指出，BBNJ 国际协定涉及海域空间两个问题：一个是国家管辖范围外海域边界的确定以及在这些区域内采取保护环境的措施与军事活动的关系；另一个是海洋保护区和相关的保护措施有可能影响海上航行自由和其他海上军事利用。就海上航行自由而言，海上军事活动需要具有灵活的机动性，需要无阻碍的航行自由。但 BBNJ 国际协定的相关措施有可能会减少军事训练的机会，或者限制作战的区域，削弱部队的战斗状态。此外，BBNJ 国际协定还涉及制度的相互作用和平衡、体制和安排问题、海洋遗传基因资源等问题。最后，戴瑛提出利用总体国家安全观指导我国参与 BBNJ 国际协定的谈判策略，她指出我国应深入思考并全面分析 BBNJ 国际协定当中的新规则、新制度将对现有国际海洋秩序可能产生的影响，尤其是对我国的国家安全和利益方面产生的影响，为我国确定在全球海洋秩序变革进程当中应有的定位和战略的重点方向奠定基础。

## 五　海洋法的制度

华东政法大学国际法学院马得懿教授着重阐述了跨界海洋环境“无法弥补损害”的证立及适用。他指出，日本政府决定以排海方式处理福岛核污染水，进一步引发跨界海洋环境“无法弥补损害”的复杂性并导致国际法救济陷入困境。国际法院等裁判机构通过准予临时措施的方式来阐释“无法弥补损害”的内涵。他指出，跨界海洋环境“无法弥补损害”的证立，可以参照准予临时措施的相关因素，诸如“紧迫性”、“金钱弥补”和“真正风险”因素等。跨界海洋环境灾难的国际法救济与预防能力并未因人类利用海洋水平的提升而获得明显的法治发展。“无法弥补损害”的证立，不仅是环境损害的证据问题，还是完善和健全跨界海洋环境争端之下准予临时措施的问题。为了减损风险预防原则在国际法实践中的模糊性并强化其可执行性，在《公约》框架下探索《公约》体系解释路径的同时，也要注重探索《公约》框架下准予临时措施具体化的路径。

南京大学中国南海研究协同创新中心张诗奡助理研究员同样围绕日本核污水排海问题，着重阐述了《公约》下放射性“污染”的判断问题。他指出，从《公约》角度来看，福岛核污水排海定然涉及排放方案是否会对海洋环境产生破坏性影响的问题，进而涉及《公约》中与海洋环境保护相关的规则问题。如果从防止原则的角度出发，大概率可以判断一个行为不会造成破坏性影响，那么这种行为可能就不满足《公约》对于“污染”的定义。但是，能否基于风险预防原则来解读或解释《公约》中关于“污染”的定义，在学术及实践层面均存在争议。一方面，有人认为风险预防原则已成为习惯国际法，应具有法律效力；另一方面，反对意见认为该原则目前还不具有法律约束力，因此不赞成用该原则来解读《公约》相关规定。张诗奡指出，除关于《公约》对于“污染”的定义解释之外，在涉及放射性污染问题时，还会涉及另外一个问题：在放射性或者在核工业专业层面，如何判断是否会造成污染。就放射性污染或核污染的科学标准而言，现在能够看到的相关法律规定至少涉及三个相关国际机构制定的技术标准，这三个国际机构即国际原子能机构（IAEA）、国际放射防护委员会（ICRP）以及联合国原子辐射效应科学委员会（UNSCEAR）。事实上，在福岛核污水排海问题上这些技术标准可以综合适用，而非单纯选用某单一技术标准。最后张诗奡提出几点结论：首先，判断一国是否履行了《公约》中涉及“污染”的相关义务，与对于《公约》中关于“污染”的定义进行解释无法脱离关系；其次，根据《公约》的规定，在涉及是否造成放射性污染的判定问题时，恐怕无法避免参考各个相关机构制定的科学建议或技术标准；最后，在涉及关于海洋的放射性污染相关国际法制度和规定时，未来还可能需要考虑国际海洋法和国际原子能法的一些相关原则、规则应通过怎样的机制进行有机结合，从而让它发挥国际社会原本期待的效果和作用。

## 六　闭幕式

会议研讨发言结束后，中国海洋大学“海洋治理与中国”研究团队首席专家、中国海洋安全研究所所长金永明教授从三个方面为本次论坛作了闭幕式总结。他指出，首先，第二届未来海洋论坛重点讨论了《公约》的回顾和展望，即研讨了《公约》开放签署40周年以来的经验、教训、成就、影响、作用、发展、挑战等方面的内容。其次，《公约》是一个完整性、全面性的公约。从性质上来看，它是对海洋的开发、利用活动的综合性规范；从条款的内容来看，可以分为承载各国的肯定性共识的内容、包含了妥协折中产物的内容、受到海洋科技限制的内容以及仍需改进和完善的内容四大部分。最后，金永明指出，由于受到多重因素的限制，会议不得不采取线上的方式进行，并期望今后有机会进行线下的进一步交流，展示参会学者们的最新和前沿性的研究成果。

# 第三部分
# 国际与区域海洋治理

## 国际组织理论视角下国际组织对南海环境合作的影响

### ——以联合国环境规划署“南海项目”为例

李大陆　矫筱筱*

**摘　要：** 自20世纪中期以来，南海问题受到广泛关注，成为国际热点问题之一。目前，有关南海问题的研究主要集中于南海领土、资源冲突等方面。但领土争端等传统冲突性问题难以在短时间内取得实质性进展，为推动南海形势向好发展，相关南海“低敏感”领域的合作研究成为更优选择。当前，国内学界

* 李大陆，中国海洋大学马克思主义学院副教授，中国海洋大学海洋发展研究院研究员；矫筱筱，中国海洋大学国际事务与公共管理学院硕士研究生。

对南海环境合作的关注度虽有上升，但有关国际组织对南海环境合作的路径研究较少。因此，本文主要聚焦于南海环境合作，以国际组织理论为分析视角，探究联合国环境规划署对南海环境合作的作用。在国际组织理论的视角下，联合国环境规划署作为国际机构通过对世界的分类、确定含义、传播规范三条主要路径推动南海地区环境合作，以进一步推动南海合作形势向好发展。

**关键词：** 联合国环境规划署　南海环境合作　国际组织理论

## 一　研究现状及不足

国内学者对南海环境合作的研究多集中于南海环境保护合作机制的构建以及国际法视角下对南海环境合作的探究。首先，在南海环境保护机制的路径探究方面，姚莹对南海合作的现状及问题加以分析，并就南海环境保护区域合作的实现路径进行研究，指出目前有三种可借鉴的海洋环境保护区域合作模型，这三种模型均是在联合国环境规划署推动下实现的，即第一种模型是北海—东北大西洋区域采取的合作模式，第二种模型是波罗的海区域采取的合作模式，第三种模型是地中海区域采取的合作模式。[①] 根据这三种模型，姚莹进一步提出了“调整后地中海模型”，表示该模型不对签署附加议定书进行强制性要求，允许缔约国结合自身情况，在签署框架公约后的任何时间签署附加议定书，承担具体领域的环保义务。[②] 郑苗壮、刘岩、李明杰

① 姚莹：《南海环境保护区域合作：现实基础、价值目标与实现路径》，《学习与探索》2015年第12期。

② 姚莹：《南海环境保护区域合作：现实基础、价值目标与实现路径》，《学习与探索》2015年第12期。

基于南海环境保护的现状，提出在建立南沙珊瑚礁自然保护区、开展渔业资源共同养护和油污损害预防及处理等领域展开广泛合作。①

此外，国际法视角下的南海环境合作方面，部分学者就南海海洋环境保护的法律机制构建以及国际法框架下南海环境合作治理进行研究。李建勋基于对南海生态环境保护法律机制的局限性探讨，进一步提出破解南海生态环境保护困境的解决路径，强调南海环境合作是推动南海非传统安全多边合作的重要领域。② 曲亚囡在国际法框架下指出南海区域性治理国际合作中存在诸多问题，并进一步提出了中国参与南海海洋治理区域合作的路径。③

国外学者对南海环境合作的研究主要分为两方面，一方面是联合国环境规划署南海项目（以下简称“南海项目”）实施初期所遇到的争端与冲突；另一方面是南海项目实施的管理框架。Vo Si Tuan 和约翰·佩内塔（John Pernetta）从南海项目中得出了区域合作的经验教训：第一，需要一个设计良好的管理框架，以确保参与国之间和内部的顺利协调和信息交流；第二，个人在国家一级部际委员会成败方面的重要性；第三，将科学和技术问题与政治决策分开；第四，示范点网络在鼓励地方一级合作方面的重要性；第五，参与国对项目的所有权，区域和国家专家积极参与执行项目，生态环境与渔业管理之间的联系等。④

综合国内外学者的研究可知，当前南海问题深受国内外各界关注，为了南海地区形势向好稳定发展，如何推动南海环境合作自然成为各界关注的议题。但当前国内外学者对相关国际组织对南海合作的影响机制的研究仍然存在不足，有关联合国环境规划署对南海合作的作用路径的系统性理论化分析较少，导致一些国内外学者对国际组织在南海环境合作的作用认识存在局

---

① 郑苗壮、刘岩、李明杰：《南海生态环境保护与国际合作问题研究》，《生态经济》2014 年第 6 期。

② 李建勋：《南海低敏感领域区域合作：生态环境保护法律机制》，《黄冈师范学院学报》2015 年第 2 期。

③ 曲亚囡：《国际法框架下南海海洋生态环境治理合作研究》，《社会科学家》2020 年第 10 期。

④ V. S. Tuan, J. Pernetta, “The UNEP/GEF South China Sea Project: Lessons learnt in regional cooperation,” *Ocean & Coastal Management*, 53 (2010): 589-596.

限，对中国参与国际组织指导下的南海环境合作项目认识不深。因此，本文借鉴国际组织理论，切实分析联合国环境规划署对南海环境合作的作用路径，以期探索中国进一步参与南海合作的未来进路。

## 二 作为官僚机构的国际组织理论内核

### （一）理论选择原因

目前国际组织的理论大多是在国际政治理论的基础上发展的，但也被国际政治理论的框架所束缚，但随着国际组织的增多以及其地位的提高，国际组织理论研究力图突破国际政治理论局限，回归国际组织本体，创新理论研究，为此学者们作出了一系列努力。盖尔·纳斯（Gayl D. Ness）和史提芬·布里金（Steven R. Brechin）从组织社会学的概念和视角出发，研究了国际组织分析和组织分析之间的异同，认为对组织绩效问题的态度差异是导致二者区别的主要原因，可以将两个学科紧密结合以实现优势互补，利用组织社会学的一些概念来阐明国际组织中的问题。[①] 迈克尔·巴尼特（Michael Barnett）和玛莎·芬尼莫尔（Martha Finnemore）同样是利用社会学的方法，提出了作为一种官僚机构的国际组织，并对此进行研究。[②]

相比于其他依托于国际政治理论的国际组织研究，纳斯和布里金、巴尼特和芬尼莫尔都提出了回归本体的新思路，对于国际组织的研究更能专注于国际组织本身，而非依赖于权力、文化、制度等因素。相较于纳斯和布里金，巴尼特和芬尼莫尔采用组织理论，充分解释国际组织在建立后的功能、作用、特质而非主要强调“组织绩效问题”，比较国际组织分析和组织分析之间的异同。本文的研究主体是联合国环境规划署，属于国际组织的本体研究，强调联合国环境规划署对南海环境合作的路径研究，而非组织绩效问

① G. Ness, S. Brechin, “Bridging the Gap: International Organizations as Organizations,” *International Organization*, 42 (1988): 245-273.

② 〔美〕迈克尔·巴尼特、玛莎·芬尼莫尔：《为世界定规则——全球政治中的国际组织》，薄燕译，上海人民出版社，2009。

题。因此，巴尼特和芬尼莫尔的国际组织理论对联合国环境规划署在南海合作项目的影响路径的分析更为适合。

## （二）作为官僚机构的国际组织理论概念[①]

1. 官僚组织的概念

巴尼特和芬尼莫尔的国际组织理论的核心就是将国际组织视为官僚机构。官僚机构最重要的产物是官僚制度，现代官僚制度有四大特征：第一，等级性。每个官员都有清楚的职能，并对上级负责。第二，连续性。官僚机构内有全职的薪水结构，并有按规则晋升的前景。第三，非人格性。工作是通过规定的原则和运作程序进行的，排除了武断和政治性。第四，专业性。官员的选拔依据其品质、专业知识等。其中最为重要的特征是非人格的规则，官僚制度是规则的集合，官僚机构按规则行事的同时不断创造出新的规则。

作为官僚机构的国际组织本质上属于权威机构，因此享有在自己行动范畴内的理性合法权威。官僚机构服务于其他行为体的需要使得理性合法权威并不足以构成它。在巴尼特和芬尼莫尔看来，构成国际组织基础的权威有三种类型：第一，授予性权威。即国际组织的权威是由国家授予的。具体而言，国家经常把那些自己解决不了和所掌握知识有限的任务委托给国际组织。国际组织从中获得授予性权威。第二，道义性权威。即国际组织的创立通常旨在体现、服务或者保护某种广泛共享的原则，并利用这种地位作为权威性行动的基础。国际组织宣称它们代表着国际社会，强调自己的中立性、公正性和客观性，因而更具道义性，由此更加具有权威。第三，专业性权威。国际组织通常是因为它们的专业知识而具有权威性。国际组织的工作人员具有专业性的知识和能力，通过强调他们所掌握知识的“客观性”，使自己表现得更为专业和理性。同时，他们表明自己的建议不会受到党派争论的

① 本文采用的国际组织理论为巴尼特、芬尼莫尔的作为官僚机构的国际组织概念。参见〔美〕迈克尔·巴尼特、玛莎·芬尼莫尔《为世界定规则——全球政治中的国际组织》，薄燕译，上海人民出版社，2009，第41页。

影响，这种非政治化的表现使国际组织更具专业性权威。

国际组织的权威性为它们的自主行动奠定了基础。在这一过程中，国际组织既能够在国家利益的界限之内运用这种决断力，也能在界限之外采取行动。巴尼特和芬尼莫尔按照与国家利益发生冲突的程度将自主性与国家行动的关系划分为五种类型：第一，国际组织运用自主性来推动国家利益。第二，国际组织在国家漠不关心的地方行事。第三，国际组织未能采取行动，因此没有满足国家的要求。第四，国际组织的行动方式会违背国家的利益。第五，国际组织可以改变更宽泛的规范和环境以及国家对自身偏好的观念，从而使自身与国际组织的偏好一致。国际组织的自主行为有助于解释国际组织权力的运用。

2. 国际组织的权力

巴尼特和芬尼莫尔强调国际组织的权力是由构成国际组织的权威所产生的。国际组织作为一种官僚机构，被赋予了权威，而这种权威使它们能够利用话语资源和制度资源，劝诱其他的行为体尊重它们的判断。官僚机构通过对信息的处理建构规则来对世界加以界定、区分和分类，并绘制社会现实。作为官僚机构的国际组织能够运用它们的权威、知识和规则来管制和构建世界。国际组织有三种能产生管制性和构成性的影响的相关机制：第一，国际组织对世界加以分类，把问题、行为体和行动分成不同的范畴。第二，确定社会性世界中的意义。第三，表述和传播新的规范和规则。

第一，对世界的分类。官僚机构的一个基本特征是对信息和知识加以分类和组织。具体来说，现实中的某些问题需要被建构。这些问题并非客观世界的一部分，而是基于社会经历被主观界定和构成的。权威机构帮助创立了这种主观事实，并且界定什么是需要解决的问题。分类的模式不仅塑造了国际组织看待世界的方式，也塑造了它们在世界上的行动方式，而这种方式能够直接影响其他行为体的行为。

第二，确定含义。国际组织的分类集中于给社会性背景命名和贴注标签以及把相似的社会类别集合起来。同时，国际组织依靠它们的能力来运用权力，从而帮助确定这些社会类别的含义。国际组织通过确定行动的方向和建立可以接受的行动界限这两种方式确定含义。国际组织还可以通过“框定”来确定含义。框架是进行叙述、选择的操作码，类似一种认知的过滤器，用以描述客观世界的各个面相，并给出优先行动方案。简单来说，框架是对事件的重新塑造。国际组织可以利用框架来对事件加以定位，对问题进行解释，塑造对世界的共同理解，以此来动员和指导社会行动，并对目前的困境提出可能的解决方案。

第三，传播规范。国际组织创立了规则和规范之后，会热切地传播其专业知识和好处，并且经常充当传输带，传递良好政治行为的规范和模式。这种作用并非偶然或无意识的。同时，国际组织的官员坚持认为他们的部分使命是传播、灌输和执行全球价值观和规范，以塑造国家行动。

通过建立分类、确定含义和传播规范，国际组织利用它们的权威来运用权力和影响世界。国际组织的权威使得它们能够说服和诱导其他行为体遵守现有的规则，赋予它们能力，来帮助构建这个需要加以管制的世界。

## 三　联合国环境规划署在南海合作项目中的影响机制

### （一）作为官僚机构的联合国环境规划署

1972 年联合国大会通过第 2997 号决议，决定在联合国大会下设立一个新机构——联合国环境规划署（UNEP），其总部位于肯尼亚内罗毕。联合国环境规划署（以下简称“环境规划署”）下设三个主要部门：环境规划理事会、环境秘书处和环境基金委员会。自 1972 年成立以来，环境规划署作为全球领先的环境治理机构，负责制定全球环境议程，促进联合国系统内连贯一致地实施可持续发展环境层面的相关政策，并承担全球环境权威倡导者的角色。环境规划署的使命是通过激励、告知和帮助各国人民改善他们的生活质量而不损害子孙后代的生活质量，在环境保护方面发挥领导作用并鼓励建立伙伴关系。[①] 环境规划署职能定位最初为“规范性的”智囊机构而非

① “About UN Environment Programme,” https://www.unep.org/about-un-environment.

典型的官僚机构。[1]

现代官僚制度具有等级性、连续性、非人格性、专业性四个特征，环境规划署同样存在以上特征。第一，环境规划署的日常运行由执行办公室负责，其组织结构具有明显的等级性。具体而言，执行办公室内有执行主任、副执行主任、代理办公厅主任等行政管理人员，其中以执行主任为核心的高级管理团队负责管理环境规划署的日常事务。执行办公室下设理事机构秘书处、危机管理科、纽约办事处（环境管理小组秘书处）、评估办公室、区域办事处等。[2] 第二，环境规划署内部存在一种全职的薪水结构以及严格的升职程序，具有升职前景，能体现其连续性。第三，环境规划署的工作遵循一定的规则和制度。例如，联合国环境大会作为环境规划署的理事机构，奉行议事规则，大会每两年举行一次。另外，环境规划署关于发言权、辩论权、表决权均有着程序化的规定，日常工作需按规定进行。[3] 环境规划署围绕一系列政策和指导原则开展工作，体现了规则的非人格性。第四，环境规划署的工作人员由不同类别和级别的人员、顾问、联合国志愿者和实习生组成。这些人员都是经过对其品质、专业能力、业务素质的考核进入的，环境规划署还通过招聘实习生进入环境规划署学习吸引更好的人才。此外，进入环境规划署的工作人员都会经过一系列的训练，对应部门负责对应事务，更好地发挥其专业能力，表明专业性。环境规划署的这些特点完全符合现代官僚制度的四个特征。

虽然环境规划署最初的定位并非“官僚”，但它的机构设置以及运行机制均充分体现了官僚制度的等级性、连续性、非人格性、专业性，因此环境规划署是典型的国际官僚机构，其中的官僚规则又会对环境规划署的内部和外部运作产生重要影响。

---

① 檀跃宇：《蓝星守护者——细说联合国环境规划署》，《环境保护》2011 年第 15 期。

② “United Nations Environment Programme”, https://wedocs.unep.org/bitstream/handle/20.500.11822/35352/UNEPOrg.pdf.

③ “The Committee of Permanent Representatives,” https://www.unep.org/cpr/committee-permanent-representatives#.

## （二）环境规划署的权威性和自主性

探究作为官僚机构的环境规划署如何发挥作用的前提是先对环境规划署的权威性和自主性作系统的叙述。环境规划署作为官僚机构，拥有行动范围内的理性合法权威。这种权威赋予环境规划署一定的组织结构以及行政结构，具体表现为其下设三个主要部门，并且授权这些部门按一定的规则、章程行事。但仅有这一种权威仍旧不够，巴尼特和芬尼莫尔提出了另外三种权威性类型：授予性权威、道义性权威、专业性权威。联合国环境规划署就是这三种权威的集合体。

从授予性权威方面来看，20 世纪后期欧美发达国家的环境问题日益严重，各国都期待能够尽快行动以解决环境问题。但由于环境政策横跨众多领域的特点，目前仍没有一个现成的机构可以有效地解决环境问题，因而各国决定共同成立一个新机构，即环境规划署。[①] 环境规划署是各国为解决环境问题专门成立的，成员国向环境规划署委托任务，授予环境规划署解决环境问题的权威，环境规划署代表成员国的集体意志，有着授予性权威。从道义性权威方面来看，环境规划署的目标是“通过鼓舞人心，传播信息并使各国及人民能够在不损害子孙后代的情况下改善他们的生活质量，从而在对环境的关爱中承担领导责任并促进伙伴关系”[②]。因此，环境规划署的目的是促进环境保护，并在其中承担领导责任，成为保护环境的代表人和国际环境利益的捍卫者，体现环境规划署的客观性、公正性。环境规划署守护的是全人类的利益而非代表特定国家利益，其地位、目标及代表含义所产生的权威就是道义性权威。从专业性权威方面来看，环境规划署有着专门的专家群体，这些专家群体通过对地区和全球层次上所推进和协调的环境信息综合研究，提出了各种有关环境状况的报告，如《全球环境展望》等。环境规划署建立了“全球资源信息数据库”世界中心网络，推动并协调地区层次的

① 檀跃宇：《蓝星守护者——细说联合国环境规划署》，《环境保护》2011 年第 15 期。

② 张海滨：《环境与国际关系——全球环境问题的理性思考》，上海人民出版社，2008，第 102 页。

数据和信息收集与传播，交流环境信息并为科技问题提供解答服务。[①] 除此之外，环境规划署中还有首席科学家和专门的科学部门，这些专业的信息和人员都是专业性权威的重要来源。因此，综上所述，环境规划署是理性合法权威、授予性权威、道义性权威、专业性权威的集合体。理性合法权威和授予性权威搭建了一个权威框架使环境规划署"处于权威中"，专业性权威作为环境规划署自身具有的特点表明环境规划署是"一种权威"。环境规划署可以利用"处在权威中"的地位，将道义上升为"一种权威"，道义性权威将"处在权威中""成为一种权威"结合运用，使环境规划署具有权威。上述四种方式通过两种类型即"使环境规划署处于权威中"和"环境规划署属于一种权威"真正地使环境规划署具有权威。

这些权威是国际组织自主性的基础，它们在一定程度上给予了环境规划署自主性。因此，环境规划署的权威决定了其行动的自主性。事实上，环境规划署的主要任务是协调各参与国合作。任务所体现出的使命赋予环境规划署推动各国积极参与的自主性。项目的实施带来了环境改善，进而推动了各参与国国家利益的实现。

### （三）环境规划署在南海项目中的作用路径

环境规划署的权力是由它的权威引申出来的，而权力又是一种对信息的控制。作为官僚机构的环境规划署，被赋予权威，产生自主性，由此延伸出权力。作为社会控制的表达形式，权威和权力两个概念与操纵、引导、管制和强加紧密联系，结果权力和权威之间的区别模糊。[②] 国际组织的权力通常呈现"管制"和"构建"两种效果，环境规划署在南海项目中同样也产生这两种效果，它利用三种相关的机制来发挥作用。

1. 对世界的分类：环境规划署对南海项目成员的分类

首先，环境规划署对南海项目实施过程的信息和知识加以分类和组织。

---

① 李东燕编著《联合国》，社会科学文献出版社，2005。

② 〔美〕迈克尔·巴尼特、玛莎·芬尼莫尔：《为世界定规则——全球政治中的国际组织》，薄燕译，上海人民出版社，2009，第41页。

南海项目的参与国有柬埔寨、中国、印度尼西亚、马来西亚、菲律宾、泰国、越南七个国家。这些参与国除中国外，均为东南亚国家，同属东盟。东盟从 1967 年成立到现在，各个国家已经有长时间的合作经验，良好的合作经验给予了东盟国家对南海环境合作充足的信心。中国与东盟国家的“安全困境”导致了双方不同程度的担心。东盟各国认为在南海地区对中国采取双边方式将会有利于中国。同时，莱费尔（Leifer）认为，让中国参与多边安排，“把中国锁定在一个约束性多边安排的网络中”，这将成为一个软约束力量。[①] 东盟相较于与中国的双边合作更愿意与中国进行多边合作。事实上，东盟国家间虽有明显差异，存在不少冲突与分歧，但它们都倾向于与中国进行多边合作。[②] 南海项目中同属东盟的柬埔寨、印度尼西亚、马来西亚、菲律宾、泰国、越南六国倾向于与中国采取多边合作。同样，由于东盟国家多方面一致性，中国会产生东盟一体的认知，增加中国对东盟的不信任感，因而中国对与东盟的合作态度比较慎重。因此，东南亚六国倾向于多边合作，而由于地区敏感性，中国对在多边环境下讨论南海合作持谨慎态度。除此之外，全球环境基金提供了一笔用于项目准备和发展设施赠款，使各国能够准备必要的分析和审查，并编制了一份《跨界诊断分析和框架战略行动方案》，其后各参与国成立了国家委员会，编写了一份与各国有关的水环境问题分析。[③] 在筹备阶段，参与七国都作出了积极的反应，并按照环境规划署的要求发表了跨界诊断分析国家报告。[④] 在国家报告收集工作完成后，环境规划署起草了项目文件，并于 1999 年 3 月将项目简介发送给参与国的全球环境基金国家业务协调中心，供其书面认可。东南亚六个国家在一个月

① Sulan Chen, “Environmental Cooperation in the South China Sea: Factors, Actors and Mechanisms,” *Ocean & Coastal Management*, 85 (2013): 134.

② Sulan Chen, “Environmental Cooperation in the South China Sea: Factors, Actors and Mechanisms,” *Ocean & Coastal Management*, 85 (2013): 134.

③ “South China Sea Project Document,” http://www.unepscs.org/remository/Download/01_-_Project_Development/Project_Document.html.

④ “National Reports,” http://www.unepscs.org/remository/Download/01_-_Project_Development/PDF-B_Phase/National_Reports.html.

内发出了支持信，但中国最初的答复是否定；且环境规划署官员在 1999 年 4 月全球环境基金理事会会议期间会见了中国代表团，中国在这一问题上态度坚定。[①] 环境规划署的任务是促进南海环境合作项目的实施，需要将东南亚六国及中国都拉入多边环境中。基于项目筹备实施过程中多种信息综合，虽然没有明确表示，但环境规划署事实上对南海项目的成员进行了分类，即“需要动员”和“同意参与”两类。

其次，环境规划署对南海项目的成员进行分类后，关于环境合作的问题就被重新建构，环境规划署针对这个分类结果重新看待南海环境合作，并以此做出相对应的行动。环境规划署与东南亚六国基于不同目的都希望中国加入多边合作，因此环境规划署必须要促使中国参与合作。第一，提升中国的参与意愿。中国关于南海合作项目的态度表现为，由于该项目将在敏感海域进行，中国参与该项目的结果具有不确定性，因而参与该项目的积极性不高。环境规划署根据这一情况采取了“引导”和“胁迫”两种方式，一方面强调中国参与的重要性；另一方面也提醒中国政府，如果中国决定不参加谈判，可能会产生负面后果，同时它也与中国国家环境保护局密切合作，以引导中国积极参与南海项目。[②] 环境规划署通过这些方式改变中国的态度。第二，解决中国方面的专业疑虑。因为南海项目涉及的许多珊瑚礁位于有争议的地区，中国认为将珊瑚礁部分包括在项目之内可能会引入政治敏感问题，因此，需将与珊瑚礁系统有关活动的地理范围缩小到无争议领海内的活动。[③] 这涉及“海洋珊瑚礁”这一专业术语，中国国家海洋局认为在海洋生态学中没有“海洋珊瑚礁”这样的术语，要求提供其参考书目，而环境规划署根据这一问题从查尔斯·达尔文的《珊瑚礁的起源和形成》一书中找

---

① Lingqun Li, “China's Policy towards the South China Sea —Geopolitics and the International Maritime Regime,” University of Delaware, 2014.

② Sulan Chen, “Environmental Cooperation in the South China Sea: Factors, Actors and Mechanisms,” *Ocean & Coastal Management*, 85 (2013): 135.

③ Sulan Chen, “Environmental Cooperation in the South China Sea: Factors, Actors and Mechanisms,” *Ocean & Coastal Management*, 85 (2013): 136.

到了这个词，解决了这一问题。[①] 环境规划署通过解决中国的专业疑虑促进中国参与南海项目。

最后，环境规划署行动的方式可能直接影响到其他行为体的行动。环境规划署所采取的改变中国政府的行动对中国的未来行动造成了影响，使得中国不得不考虑如果不参与环境规划署提倡项目是否会影响中国与环境规划署的关系，是否会对中国参与全球环境治理以及中国负责任大国的形象产生负面影响。中国还需要考虑如果不参加，是否会产生信息的不对称性，从而在未来的多边活动中处于不利地位。考虑到这些，中国方面必须重新计算参与的成本和收益，由此可能产生新的行为。环境规划署通过将参与国区分为两种不同范畴，“需要动员”和“同意参与”两类，针对其类别采取行动直接影响参与国的行为，以致最终双方互相有所妥协，达成一致。

2. 确定含义：环境规划署界定南海环境保护为中立和非政治性问题

第一，环境规划署赋予了南海环境保护中立和非政治性。环境规划署是环境的保护者，强调它代表的是国际社会的利益而非单独某个国家的利益，这就使它自身显得客观公正和非政治化，它的道义性权威给予了环境规划署中立性、公正性和客观性。同时，在机构职能方面，基于环境问题涉及主体的多元性，环境规划署为避免与联合国系统已有机构在环境问题上发生争权，环境规划署的职能被定位为“规范性的”而非“操作性的”，[②] 因而更具中立性和客观性。

但环境规划署的界定如何令人信服？一是归结于环境规划署自身的中立性，二是环境规划署拥有的专业的知识团体，他们能为参与国提供尽可能中立、客观的专业知识。且相比于其他机构或国家所提供的信息，环境规划署的专业知识似乎更为可信。科学界的人士也通常比没有专业知识的官员或普通人更加使人信服，基于对科学家职业道德的信任，一般认为科学界提供的知识中立且客观。因此，环境规划署的知识显得专业客观，正是这种专业知

① Sulan Chen, “Environmental Cooperation in the South China Sea: Factors, Actors and Mechanisms,” *Ocean & Coastal Management*, 85 (2013): 136.

② 檀跃宇：《蓝星守护者——细说联合国环境规划署》，《环境保护》2011 年第 15 期。

识的特性塑造了环境规划署的界定是具有专业性的，而非随意界定，以此为其界定环境保护为中立和非政治性问题提供客观性及公正性。

第二，环境规划署运用其自身的中立性、客观性、专业性界定环境保护为中立和非政治性问题，通过对环境合作这一问题的解释，环境规划署塑造柬埔寨、印度尼西亚、马来西亚、菲律宾、泰国、越南、中国七国对环境保护是中立和非政治性问题的共同理解，促使参与各国信服环境合作是可能的，以此来提升各国参与南海项目的积极性。环境规划署在推动项目实施过程中，注意到南海地区的敏感性，确保除环境规划署外，没有国际组织将参与项目设计和执行。环境规划署作为参与南海项目唯一的国际组织是各参与国的唯一依靠。

3. 传播规范：环境规划署是传播南海环境合作规范的动力

环境规划署的任务是协调整个联合国系统的环境行动，鼓励和协助国家和区域各级尽可能广泛地参与该方案的执行，积极传播其规范。同时，由于没有一个区域委员会专门负责南海的环境问题，因而环境规划署直接与真正负责的国家打交道，没有筛选和干预中介，有自己的议程。[①] 直接对接的过程促使环境规划署更加有效地传播自己的规范、观念。

首先，以示范点为基点向外传播良好规范。示范点作为南海区域学习网络的节点通过实验新的管理方式和方法为环境保护提供了知识、经验和良好实践过程；而其中大部分的示范点都取得了较好的结果，例如，柬埔寨和菲律宾的科学家和当地利益相关者报告了一些证据，表明在该项目建立的保护区和保护区周围，鱼类生物量增加，对环境产生了积极影响。[②] 这些项目成果具有良好的可持续性前景，其中的一些项目成果已纳入正在进行的可持续资源管理地方倡议，不仅管理政策将被继续执行，项目目标也得到支持；此

① John C. Pernetta, Yihang Jiang, "Managing Multi - lateral, Intergovernmental Projects and Programmes: The Case of the UNEP/GEF South China Sea Project," *Ocean & Coastal Management*, 85 (2012): 150.

② "Reversing Environmental Degradation Trends in the South China Sea and Gulf of Thailand," https://wedocs.unep.org/handle/20.500.11822/7400.

外，这些成果还让示范点从政府和捐助者那里获得了额外的后续资金。[①] 环境规划署通过在项目实施过程中建立示范点的方式将其项目成果和行为规范扩展到地方一级，有效传递了南海合作规范。

其次，环境规划署对合作理念的传播。在南海项目过程中，环境规划署植入了一种理念，在不必解决领土争端的情况下，就可以实现成功的环境合作，因此在环境规划署获悉马来西亚没有参与该项目的红树林和渔业部分后，马上展开行动，积极与马来西亚农业部的渔业和林业部门进行讨论，传递南海环境可以进行合作的观念，最终，马来西亚参与了南海项目的这两个部分。[②] 环境规划署通过传播南海需积极合作、南海能够合作的观念、规范，对参与国进行劝服和诱导，帮助参与国之间建立良好的信任，以达成环境规划署的目标。

## 四　环境规划署对南海环境合作的影响

### （一）环境规划署是南海环境合作的催化剂

国家间的相互依赖促使国家利益出现，通过国际组织这一形式在众多超越国界的领域内进行合作和协调，是促进各方利益的有效手段，国际组织不仅为国际合作和协调提供场所和渠道，而且为研究问题作出决定，为实施行动提供相关的手段和机制。[③] 环境规划署团结协调各国，促进各国国家利益的实现。具体来说，它牵头南海合作，说服、劝导南海周边各国进行合作，通过搭建多方沟通的平台，成立项目指导委员会（PSC），开拓讲习班、区域工作小组、工作会议等渠道加强各方交流合作。此外，项目指导委员会作为“项目的最高决策机构”成立，负责“每年审查和批准项目活动，包括

① “Reversing Environmental Degradation Trends in the South China Sea and Gulf of Thailand,” https://wedocs.unep.org/handle/20.500.11822/7400.

② Sulan Chen, “Environmental Cooperation in the South China Sea: Factors, Actors and Mechanisms,” *Ocean & Coastal Management*, 85 (2013): 138-139.

③ 张丽华主编《国际组织概论》，科学出版社，2015。

全球环境基金资助的示范点位置的确认”。[①] 从这一方面来说，项目指导委员会实际担任了南海项目各项事宜的决定者角色。同时，在这一过程中所建立的区域工作小组都有商定的职权范围和一套自己的议事规则，在此基础上，又成立了区域科学和技术委员会以及配套的规则规范。[②] 环境规划署通过构建平台、决定相关事宜、建立制度规范，协调和整合了各国合作，发挥了重要的促进作用。事实上，在南海环境合作中，具有落实责任和实施承诺的仍为南海周边各国，而南海项目的成功实施，确定了环境规划署对南海环境合作具有催化作用。

### （二）环境规划署强化了各国南海环境合作的意愿

由于目前开展的南海合作一直没有强硬的制度和法律约束，南海周边各国合作始终秉持自愿原则。在南海项目中，环境规划署利用自身的权力，对各参与国进行系统的分类，利用自身的权威性和自主性引导各参与国参与南海项目，从不参与到参与的过程本身就是合作意愿强化的过程。同时，一旦各参与国开始实行南海项目，在各环节的实行过程中，各参与国就在不断地更新合作观念、强化合作信心，直到南海项目圆满完成。更为重要的是，在这一过程中，环境规划署已经将“不必解决领土争端即能实现南海合作”的观念输出给各参与国，并将产生持续影响。南海周边各国合作困难的主要原因就是领土争端，环境规划署在协调各国合作时弱化各国之间的冲突矛盾，强化合作的必要性、紧迫性，传递了“各国合作将更有利于维护人类利益”的思想。实际上在没有强制力的情况下，南海周边各国的合作是困难的，但环境规划署通过各种方式在南海项目中强化各国南海合作的意愿，因此南海项目的成功实施就是各国合作意愿的体现。

---

① “Reversing Environmental Degradation Trends in the South China Sea and Gulf of Thailand”, www. unepscs. org/remository/Startdoun/2228. html.

② “Reversing Environmental Degradation Trends in the South China Sea and Gulf of Thailand”, www. unepscs. org/remository/Startdoun/2228. html.

### （三）南海项目为南海环境合作提供了范例

南海项目作为只针对南海区域、只由环境规划署主导，只涉及南海周边国家的合作项目为南海环境合作提供了范例。南海项目的成功表明没有域外国家的参与，南海地区仍能实现良好合作。各参与国通过建立示范点、确立各类委员会，并在红树林、珊瑚礁、海草、滨海湿地、渔业资源保护和陆源污染控制 6 个方面进行合作所取得的良好效果形成了一整套的行为规范和依据。同时项目实施过程中还搭建了有效的管理框架：环境规划署作为全球环境基金的执行机构与 7 个协调部委（每个国家负责环境的部门）和 7 个参与国的 31 个专门执行机构签署谅解备忘录；每个专门执行机构负责每个国家的一个或多个组成部分或子组成部分；另外还有一些环境影响评估机构在国家一级与其他组织建立了机构分合同联系。[①] 环境规划署所搭建的合作框架以及行为规范为南海环境合作提供了范例，各参与国共同参与环境治理的经验也为未来南海周边各国的合作提供了可能。例如，2021 年环境规划署/全球环境基金的“实施南中国海和泰国湾战略行动计划”第一次研讨会[②]就是南海项目范例的延续。

## 五　结语

南海作为重要海域对南海地区沿岸国家有着十分重要的意义，虽然目前在南海地区存在各种争端，但南海地区的环境合作仍然是可能的。在南海项目中，除各参与国外，环境规划署作为唯一的域外行为体主导了南海项目，充分利用自身权威性和自主性发挥了国际组织的权力。并通过对南海项目成员的分类、界定南海环境保护为中立和非政治性问题、传播南海环境合作规

---

① “Reversing Environmental Degradation Trends in the South China Sea and Gulf of Thailand”, www. unepscs. org/remository/Startdoun/2228. html.

② “Implementing the Strategic Action Programme for the South China Sea and Gulf of Thailand,” https：//scssap. org/.

范三种路径促进南海地区的环境合作。在这一过程中环境规划署充分发挥国际组织的影响力。利用国际组织特有的权力催化了南海环境合作、增强了各参与国合作意愿、为未来南海环境合作提供了范例。另外，2021 年环境规划署/全球环境基金的“实施南中国海和泰国湾战略行动计划”第一次研讨会的启动也证明南海项目的成功经验为未来南海环境合作奠定了重要基础。

# 北极海洋生态安全协同治理策略研究*

杨振姣　牛解放**

**摘　要：** 当前，北极治理态势正面临着“域内自理”与“国际协同”的矛盾，全球气候变化对北极海洋生态环境的改变使世界各国、国际组织等意识到保障北极海洋生态安全的重要性。而各国发布的北极政策战略又在表达不同的北极利益诉求。本文以北极治理机制和部分国家北极政策战略内容为切入点，对北极海洋生态安全协同治理可能面临的困境进行深描和研判，剖析北极海洋生态安全治理的局限性与功能不足。以此为依据，从指导理念转变、多主体网络打造、国际治理标准制定、北极治理法律体系制定和科研能力提升等方面提出北极海洋生态安全协同治理的相关动议。以期在“冰上丝绸之路”建设进程中，引导各国搁置争议，增强互信，强化国际合作，构建北极海洋生态安全协同治理平台，推动北极治理工作行稳致远。

**关键词：** 北极治理　海洋生态安全　协同治理

---

* 本文系国家社会科学基金一般项目“‘命运共同体’视角下北极海洋生态安全治理机制研究”（17BZZ073）的阶段性研究成果。

** 杨振姣，中国海洋大学国际事务与公共管理学院教授，历史学博士，主要研究方向为海洋生态安全、全球治理、海洋政策；牛解放，中国海洋大学国际事务与公共管理学院 2019 级硕士研究生，研究方向为海洋生态安全、海洋资源管理。

全球气候变暖使北极可通达性提高，逐渐频繁的资源开发和海上运输等加剧了北冰洋海洋环境的污染，北极海洋生态安全正面临着严峻挑战。复杂多变的国际安全环境使全球治理赤字加剧，如何更好地维护北极海洋生态安全成为国际社会关注的可持续发展重要议题。然而北极现行的地缘政治理念、治理机制都存在一定的局限性和功能不足，无法有效应对环境保护与资源分配等新变化所带来的各种挑战。[①] 秉承协作共赢、责任共担、环境共治原则的协同治理作为全球治理的主要方式，将成为北极海洋生态安全治理首要而必然的选择。

生态安全的概念源自环境安全，美国学者莱斯特·R. 布朗（Lester R. Brown）最早将环境问题引入安全研究，在其《建设一个持续发展的社会》一书中明确提出“重新定义国家安全”，力图将环境问题纳入国家安全。1987 年，世界环境与发展委员会的报告《我们共同的未来》正式提出环境安全的概念：“安全的定义必须扩展，超出对国家主权的政治和军事威胁，而要包括环境恶化和发展条件遭到的破坏。”[②] 一般来说，生态安全概念可以划分为广义和狭义两类。根据国际应用系统分析研究所 1989 年提出的定义，广义的生态安全是人的各项权利和适应环境变化的能力等方面不受威胁的状态，由自然生态安全、经济生态安全和社会生态安全组成复合人工生态安全系统；狭义的生态安全则是指自然和半自然生态系统的安全，主要反映生态系统完整性和健康状况的整体水平。[③] 无论从广义还是狭义角度解读，海洋作为最大的生态系统，海洋生态安全都是最重要的生态安全类型。海洋生态安全作为一种具有自然属性的非传统安全，其特点与非传统安全有相似之处，但又有战略性、全球性、复杂性和滞后性等自身的特点。[④] 海洋生态安全是一种状态，是指与人类生存、生活和生产活动相关的海洋生态处于良

---

① 丁煌、朱宝林：《基于“命运共同体”理念的北极治理机制创新》，《探索与争鸣》2016 年第 3 期。

② 转引自付宝荣、惠秀娟主编《生态环境安全与管理》，化学工业出版社，2005，第 2~3 页。

③ 陈星、周成虎：《生态安全：国内外研究综述》，《地理科学进展》2005 年第 6 期。

④ 杨振姣、姜自福：《海洋生态安全的若干问题——兼论海洋生态安全的涵义及其特征》，《太平洋学报》2010 年第 6 期。

好的状态或不遭受不可恢复的破坏，[①] 具体包括海洋环境、海洋生物和海洋生态系统三个方面的安全。本文认为海洋生态安全是指海洋生物、海水质量等处于良好状态，海洋生态系统保持可持续发展，人类用海活动与海洋生态环境保护动态协调、人海和谐的一种状态。

通过概念梳理，可从气候变化和人类活动两方面对北极海洋生态安全面临的问题做简要分析，一方面是气候变暖引发的北极冰层变化引发的生态危机，表现为北极生物生存空间萎缩、多样性受损，海平面上升导致海岸侵蚀加剧；[②] 另一方面是北极开发引发的生态环境污染，船舶通航北极产生的噪音、压舱水、废水油污和重型燃油产生的黑炭会破坏北极海洋生物栖息环境，加剧北极温室效应，离岸油气开发和近岸船舶维修产生的废油、重金属等会长久留存在北冰洋，对北极海洋生态环境产生长远影响。北极气候变化、海洋生态环境恶化、船舶通航造成的污染等问题是北极海洋生态安全治理应着重关注的领域，上述领域呈现明显的跨区域性特征，需要域内外国家、国际组织等共同合力应对，以更加协同的治理策略实现北极海洋生态安全。

## 一 北极海洋生态安全治理态势与机制分析

北极国家及其主导的北极理事会一直以来都掌握着北极治理的绝对权力，对北极治理工作影响显著。但近年来，受全球气候变化影响，北极重新成为被广泛关注的“新疆域”，越来越多的域外国家、组织想参与北极治理过程，并通过建立论坛、缔结条约等方式形成新的北极治理机制，以期重塑北极治理框架格局，改变北极海洋生态安全治理态势。北极海洋生态安全治理是北极治理的重要一环，分析北极海洋生态安全治理态势必然要对北极治理态势做分析。

北极治理态势可从两方面进行解读：一方面是北极治理的“门罗主义”趋

---

① 丁德文、徐惠民、丁永生等：《关于“国家海洋生态环境安全”问题的思考》，《太平洋学报》2005 年第 10 期。

② 《〈中国的北极政策〉白皮书（全文）》，中国政府网，http：//www. scio. gov. cn/zfbps/32832/Document/1618203/1618203. htm。

势愈发明显，其实质是一种排他性思维，[①] 体现为北极治理的排外性、治理实践的局限性，以及治理主体的固定性，凸显“北极是北极国家的北极”这一理念。北极理事会通过构建“等级差序结构”，使北极理事会成为北极国家实行北极“域内自理化”的有力工具。[②] 总之，北极国家通过“制度化集体垄断”的方式主导北极治理格局的意图明显，[③] 趋向固化的“等级格局”将制约域外国家有效参与北极海洋生态安全治理工作，对协同治理进程形成掣肘。

另一方面是北极治理的全球性与国际合作趋势加强，表现之一是北极治理国际合作平台的拓展，北极圈论坛、国际北极论坛能够为非北极国家提供协商合作的平台，以广泛参与北极气候变化、环境保护和航道开发利用等事务，尽管论坛内容难以对北极海洋生态治理产生主导作用，但作为一种国际社会广泛参与北极海洋生态治理的实践方式，论坛相关决议和报告内容将为相关国家和国际组织制定北极治理策略提供有效参考，是对当前治理机制的完善。北极科学部长级会议能够为各类主体参与北极科学合作提供平等交流的平台，实现北极决策者和科学界的“直接沟通”，很大程度上显示出了超越北极治理“门罗主义”特征的潜力，将有效削弱北极理事会主导下的《加强国际北极科学合作协定》对非北极国家北极科学研究的制度性歧视，借助会议平台宣传对北极生态气候变化的关注和国际合作的重视，强调非北极国家对北极科学研究的贡献，拓展北极合作的领域。另一表现是协议或条约制定组织的国际化，《极地水域船舶作业国际规则》（以下简称“《极地规则》”）、《预防中北冰洋不管制公海渔业协定》（以下简称“《中北冰洋协定》”）是两部由非北极理事会主导制定的专项规则，在北极环境保护、船舶安全和渔业保护方面，为非北极国家参与北极生态环境与航运治理和渔业保护提供了更广阔

① 潘敏、徐理灵：《超越“门罗主义”：北极科学部长级会议与北极治理机制革新》，《太平洋学报》2021 年第 1 期。

② 王晨光：《中国推进“冰上丝绸之路”建设的法律风险及应对建议》，《兰州学刊》2021 年第 3 期。

③ 肖洋：《北极经济治理的政治化：权威生成与制度歧视——以北极经济理事会为例》，《太平洋学报》2020 年第 7 期。

的平台，[1] 形成了不同于北极理事会运作模式的北极治理机制。

具体来看，《中北冰洋协定》提出的背景是保障中北冰洋海域完整的科研生态环境，使其能够为未来科研工作提供完整数据，防止因商业捕鱼活动对区域环境造成破坏，美国首先提出制定中北冰洋治理法律的方法并将其提交至北极理事会讨论，但理事会未接纳相关提议，而后北冰洋沿岸五国（美国、俄罗斯、加拿大、挪威、丹麦）先后举行了四次高官会议，并与远洋渔业五方（中国、欧盟、韩国、日本、冰岛）先后举行六次十方会谈，于 2018 年 10 月 3 日上述十方缔结《中北冰洋协定》。从《中北冰洋协定》对缔约各方所规定的责任义务和相关权利来看，其不同于北极理事会“内外有别”的国家地位界定，《中北冰洋协定》对于域内外国家规定的权利和义务总体是一致的，国家之间地位相互平等。此外，《中北冰洋协定》着重强调科学技术对区域发展的重要性，北极科研能力的发展在《中北冰洋协定》生效后或许会成为新的主导方向，《中北冰洋协定》体现了平等性、科学的主导性等特点，这对北极海洋生态安全治理是一种进步，未来或许会形成一种新的北极区域合作治理路径。而《极地规则》的起草源于在极地海域发生的原油泄漏、船只沉没等灾难性事件，为有效保障在极地航行的船只安全、规范通航船只的行为、保护极地海域生态环境，国际海事组织经过多年协商修改，具有法律强制约束力的《极地规则》于 2017 年 1 月 1 日正式生效。《极地规则》是面向极地水域船舶航行安全和环境污染防治的国际规则，具有明显的全球属性。从北极区域来看，《极地规则》的出台能够更好地整合分散化的北极航道航行规范，强化对北极海洋生态环境的保护。同时，《极地规则》将改变北极地区强制性法律缺失的问题，将强制性法律规范与建议性航行指南相结合是《极地规则》的一大特点，对于过多依靠“软法”开展治理的北极地区来说，这是一部具有开创性和重要意义的法律规范。此外，《极地规则》同样充分考虑到了缔约国之间的不同状况，对于缺少极地航行经验的国家给予了充分的关注及科学的技术性指导，对不同缔

① 陈奕彤、高晓：《北极海洋资源利用的国际机制及中国应对》，《资源科学》2020 年第 11 期。

约国的意见均给予了尊重和重视，是国际合作和国家平等参与的一次成功案例。上述种种尝试，将为国际社会更好地参与北极治理奠定良好基础，提升北极海洋生态安全的治理水平。

北极治理态势的发展决定了北极海洋生态安全治理总体上体现为治理的“门罗主义”与治理全球化趋势加强的特征，但相较于高政治敏感度的传统安全治理领域，北极海洋生态安全作为低政治敏感度的非传统安全治理领域，推进领域内的协同治理工作所受阻力相对较小，且北极域内外国家大多意识到北极海洋生态环境变化会给国家的生存发展带来挑战，更加倾向于寻求国际合作，通过协商签署具有强制约束力的极地治理规则、条约，探索新的北极治理机制和运行模式，以共同应对北极海洋生态环境和气候变化带来的挑战。综合来看，北极治理正在朝着多元化、国际化方向缓慢推进，北极理事会主导的北极治理格局在短期内不会发生明显变化，但基于北极生态环境、气候变化等影响的广泛性，包括北极理事会成员国在内的世界各国都开始寻求更加广泛和有效的合作方式与平台，打造国际协同的北极治理机制或将成为未来北极治理的目标所在。

## 二　北极海洋生态安全协同治理政策解析

从根源上看，北极海洋生态安全治理态势的变化受到国家政策和战略的影响，北极国家和非北极国家通过制定北极发展战略，以各种形式参与北极海洋生态治理事务，表达国家对协同治理与海洋生态保护的立场（见表1）。

美国2013年颁布了《北极地区国家战略》，保护北极生态环境成为五大核心利益之一，并将提升国际合作水平作为主要实施目标之一，[①] 树立美国对北极事务特别是气候治理的主导地位。美国在特朗普政府时期相继颁布《北极战略》《北极战略展望》，旨在强化对北极地区的军事管控，并宣布退出《巴黎气候协定》，签署北极资源开发政策，弱化了对北极气候和环境变

① https：//obamawhitehouse. archives. gov/sites/default/files/docs/nat_artic_strategy. pdf.

化的关注，突出军事优先级，这与北极治理遵循的和平与国际合作的主基调背道而驰。[①] 拜登执政后，以生态环境保护为由签署禁令，关闭了北极保护区内的资源开发项目，[②] 此举可视为拜登政府对北极政策的转变，但最终美国北极政策会如何发展尚无定论。

加拿大在其《北极与北方政策框架》中提出，优先保护北极生态环境，共同应对北极生态环境变化带来的挑战，支持以国际规则为基础的国际合作，寻求与其他北极国家和非北极国家有效合作的方法，探索新的国际规则与管理机构。[③]

俄罗斯在《2035 年前俄罗斯联邦北极国家基本政策》中提出要坚持国际法基础下的双边与多边合作，强化国际社会在气候变化、北极环境保护等方面的合作，在北极实施特殊的环境管理和保护制度，积极推动北极国家和非北极国家参与俄罗斯北极地区的经济合作项目。[④]

挪威在《挪威的北极政策：挪威在北极的人口、机遇和利益》中强调要积极开展双、多边合作，切实加强与欧盟、中国、俄罗斯等在北极生态环境和全球气候问题方面的合作，并着重提出要有效治理北极海洋垃圾和微塑料问题，构建北极保护区和基于生态系统的管理合作网络。[⑤]

芬兰现在执行的北极政策是其 2013 年颁布的《芬兰 2013 年北极地区战略》，该政策的核心是认识并把握全球气候变化及其对北极生态环境的影响，支持北极域内外国家之间开展广泛合作，共同构建北极自然保护区网络，加强北极生态环境保护。[⑥]

瑞典政府在《瑞典北极地区战略》中将国际合作、气候和环境、安全与

① 刘惠荣主编《北极地区发展报告（2019）》，社会科学文献出版社，2020，第 3 页。

② https：//www. alaskapublic. org/2021/01/20/biden-to-immediately-slam-the-brakes-on-oil-leasing-in-arctic-refuge/.

③ https：//www. rcaanc-cirnac. gc. ca/eng/1560523306861/1560523330587.

④ https：//www. legalacts. ru/doc/ukaz-prezidenta-rf-ot-05032020-n-164-ob-osnovakh/.

⑤ https：//www. regjeringen. no/globalassets/departementene/ud/vedlegg/nord/whitepaper_abstract2020. pdf.

⑥ https：//vnk. fi/documents/10616/334509/Arktinen+strategia+2013+en. pdf/6b6fb723-40ec-4c17-b286-5b5910fbecf4.

稳定以及环境监测与研究等作为优先事项，强调在北极开展国际合作与尊重国际法的重要性，通过加强与北极理事会观察员和各类主体在环境和气候领域的合作，致力于在北极实现《2030 年可持续发展议程》的各项目标。①

冰岛在《关于冰岛北极政策的议会决议》中提出包括加强国际合作、支持在《联合国海洋法公约》框架下开展北极合作与治理等在内的 12 项原则。② 而冰岛在担任北极理事会轮值主席国期间（2019—2021 年）颁布的《共同建设可持续发展的北极》工作政策，强调了北极海洋环境、北极气候和绿色能源解决方案等优先事项。③ 显然，该决议的核心原则在工作政策中得到了延续，开展国际合作、保护北极生态环境仍是冰岛的核心目标之一，冰岛致力于打造一个可持续发展的和平北极、安全北极。

2018 年以来，中国、英国、德国、日本和欧盟等国家和组织相继发布了北极政策，相较于北极国家，非北极国家更加关注多边合作，注重借助多边合作机制共同应对北极治理问题，强调维护北极秩序稳定的重要性。中国、日本、韩国等“北极利益攸关国”希望通过政策内容展现各自参与北极事务的目标与行动，特别是参与北极生态环境治理保护的决心和措施，④以获得更多的国际认可，拓展北极事务参与范围。

无论是环北极国家还是北极域外国家，对于北极生态环境的治理和气候变化的应对都表现出要强化国际协同合作，扩大国际合作平台与范围的意愿，集全球之力共同应对日益恶化的北极生态环境和不断变暖的全球气候问题，这从政策层面为构建北极海洋生态安全协同治理机制奠定了基础。同时，也不能忽视北极域内大国对国家北极利益的维护，协同治理需要各方政

① https：//www. government. se/country-and-regional-strategies/2011/10/swedens-strategy-for-the-arctic-region/.

② http：//library. arcticportal. org/1889/1/A-Parliamentary-Resolution-on-ICE-Arctic-Policy-approved-by-Althingi. pdf.

③ https：//www. government. is/library/01-Ministries/Ministry-for-Foreign-Affairs/PDF-skjol/Arctic%20Co uncil%20-%20Iceland's%20Chairmanship%202019-2021. pdf.

④ 《〈中国的北极政策〉白皮书（全文）》，中国政府网，http：//www. scio. gov. cn/zfbps/32832/Document/1618203/1618203. htm；韩立新、蔡爽、朱渴：《中日韩北极最新政策评析》，《中国海洋大学学报（社会科学版）》2019 年第 3 期。

策的支持，北极大国未来的政策走向或是一个重要的变数。

**表 1　主要国家的北极政策分析**

| 国家 | 对协同治理的态度 | 未来治理方向或目标 | 潜在冲突 |
| --- | --- | --- | --- |
| 美国 | 否认非北极国家的身份界定；<br>支持盟友合作；<br>非广泛性国际合作 | 侧重资源开发还是环境保护尚无定论 | 强化军事存在；<br>开展军事演习；<br>地缘冲突风险 |
| 加拿大 | 支持国际合作；<br>寻找新的合作方法 | 应对气候变化；<br>保护北极生态环境；<br>制定新的国际规则 | 加强盟友合作；<br>提高北极防御力量 |
| 俄罗斯 | 发展双、多边关系；<br>强化在气候应对、生态保护和资源开发方面的合作 | 应对气候变化；<br>保护北极环境安全；<br>开展互利的经济合作 | 强化军事存在；<br>管控北极航道；<br>美国主要竞争对手；<br>地缘冲突风险 |
| 挪威 | 强化盟友合作；<br>以国际合作解决北极问题；<br>强化与中俄两国在北极生态环境治理方面的合作 | 推动节能减排；<br>治理海洋微塑料 | 加强盟友合作；<br>支持北约演习 |
| 芬兰 | 强化国际合作，维护北极地区稳定；<br>积极参与区域与全球合作 | 应对气候变化；<br>加强北极保护；<br>建立自然保护区网络 | —— |
| 瑞典 | 开展国际合作应对北极问题；<br>强调北极理事会重要地位 | 应对气候和环境变化；<br>维护北极安全与稳定；<br>开展环境监测与研究 | —— |
| 冰岛 | 加强与各方合作；<br>建立一个更强大的北极理事会 | 治理北极海洋环境；<br>发展绿色能源；<br>应对气候变化 | —— |
| 中国 | 坚持“尊重、合作、共赢、可持续”原则，积极参与北极事务 | 深化北极认知；<br>保护北极环境；<br>利用北极资源；<br>维护北极和平 | “近北极国家”身份认同；<br>部分国家北极战略的抵触 |

资料来源：笔者自制。

## 三　北极海洋生态安全协同治理困境分析

面对北极海洋生态安全问题，各国通过不同治理机制和国家政策开展治理行动，治理机制的运行与国家北极政策的出台在很大程度上有利于北极海洋生态安全协同治理工作的开展，但也要看到整体向好的治理趋势中仍然存在需要应对的治理困境。

### （一）“逆全球化”使协同治理面临形势困境

自第一次工业革命以来，人类社会经历了两次全球化浪潮，同时也见证了三次逆全球化思潮。[①] “逆全球化”可以看作全球化进程的反转，是一种与全球化进程相抵制和冲突的趋势，具有明显的排外主义，拒绝参与广泛的国际合作。“逆全球化”出现的根本诱因源于全球化红利在国家之间、国家内部的分配不均，[②] 相关参与方利益受损，引发民粹主义和极端国家主义思潮，部分国家和地区开始对全球化这种“高度依存”的全球治理模式提出质疑。特别是受全球公共卫生形势影响，国家经济复苏与治理能力提升面临严峻挑战，全球公共产品供给锐减，国际合作发展受挫，导致全球治理赤字问题凸显，“逆全球化”趋势加剧并不断冲击和解构全球化时代形成的合作共赢、协商共治等既有价值观，使国际合作呈现更大的不确定性与风险性，国际社会的治理变革在疫情冲击下显得尤为迫切，迫切需要全球公共产品供给的北极地区治理赤字更加凸显。美国特朗普政府时期一直拒绝将气候变化列为北极理事会的议事内容，并强调中国和俄罗斯的“北极威胁论”，提出“权力和竞争的新时代”在北极的到来；对于中国“近北极国家”的定位和建设“冰上丝绸之路”的计划，美国特朗普政府以多种方式对上述内容进行恶意揣测甚至诋毁，试图将中国打造成北极的“威胁制造者”；挪威颁布《新奥尔松科考站研究战略》旨在强化对斯匹次卑尔根群岛的控制与对《斯匹次卑尔根群岛条约》各缔约国的约束，收缩缔约国既有的权利，并将斯瓦尔巴机场由“国际级”降为“国内级”，不仅有违《斯匹次卑尔根群岛条约》规定的“无歧视原则”和“公平原则”，而且含有配合美国战略、防范

---

① 盛斌、黎峰：《逆全球化：思潮、原因与反思》，《中国经济问题》2020 年第 2 期。

② 万广华、朱美华：《“逆全球化”：特征、起因与前瞻》，《学术月刊》2020 年第 7 期。

中国在北极发展之意。[1] 这些都在削弱北极地区全球治理的合作基础，不利于北极治理公共产品的多渠道供给，加剧北极竞争态势。

### （二）北极海洋生态安全治理的国际合作困境

国际合作是国家间基于共同利益或价值追求进行的一种政策、措施的协同。从根本上讲，国际合作是国际社会对公共区域进行协同治理的重要前提和抓手，因此，对北极海洋生态安全治理国际合作困境的讨论集中在以北冰洋核心区公海为主的北极公域。

国际合作多体现为多元主体的集体行动，集体行动困境便成为制约国际合作的主要因素，集体行动困境理论把集体的共同利益看作一种公共产品，每个人都有权利使用，而集体行动中存在“搭便车”现象，理性个人只想获取利益而不付出代价，从而导致“集体不行动”，最终每个人都没有获利。[2] 集体行动困境说明个人理性不是实现集体理性的充分条件，集体行动未必能导致集体利益或公共利益。北极海洋生态安全治理国际合作就面临着集体行动困境，每个国家都能认识到北极资源环境及海洋生态安全的重要性，但基于北极海洋生态安全的国际公共产品属性，北极海洋生态安全治理国际合作中的“搭便车”现象同样存在，导致在此过程中责任分担与利益分配的不均衡。以北极资源开发为例，俄罗斯、挪威、加拿大和美国等北极国家纷纷在其管辖的北极范围内开采油气和矿产资源，此类举措必然会对北极生态环境造成影响，但不同的是俄罗斯、挪威和加拿大同时也意识到气候变化对北极生态环境的影响，支持共同应对北极变暖和生态环境的恶化，以实现北极可持续发展。而美国特朗普政府一直拒绝承认气候变化，并在2019年举行的北极理事会部长级会议上拒绝将气候变化写入会议文本，拒绝谈论气候变化对北极生态环境的影响，并宣布退出《巴黎气候协定》，不再履行相关生态环境治理责任。尽管拜登政府重返《巴黎气候协定》并关

---

① 郭培清：《挪威斯瓦尔巴机场降级事件探讨》，《人民论坛·学术前沿》2018年第11期。

② 陈潭：《集体行动的困境：理论阐释与实证分析——非合作博弈下的公共管理危机及其克服》，《中国软科学》2003年第9期。

停了相关区域资源开发项目，但这种“治理责任转嫁”行为对北极海洋生态安全治理是一种阻碍。每个国家都是理性的，在治理成本与收益呈现不对等关系且缺少足够措施加以纠正时，会反过来削弱相关治理主体的积极性，造成逐利避责的局面，最终导致北极海洋生态安全治理的低效化。

### （三）北极海洋生态安全治理面临技术困境

北极处于地球最北端，恶劣的自然条件决定了在北极地区开展活动困难重重，必须以先进的科学技术为支撑，才能实现有效的北极海洋生态安全治理。但现实是匮乏的科技使北极海洋生态安全治理面临多重技术困境：第一，高纬度地区工业生产排污技术缺乏，源头污染难以有效防治。北极地区资源丰富，尤其是煤炭、石油和天然气等能源资源，以及金刚石、铜和铀等矿产资源。但相关国家在高纬度地区的资源开采作业受技术水平限制，导致在资源开采的同时无法有效处理工业生产中造成的原油、固体废弃物等污染，匮乏的污染源防治技术使北极海洋生态安全形势变得严峻。第二，严寒地区船舶航行技术不高。一方面，破冰船技术水平较低。全球范围内掌握破冰船技术的国家较少，破冰船总体数量有限，从某种程度上说，进入北极成为少数掌握破冰船技术国家的“特权”。同时破冰船普遍存在船体结构强度不够、动力系统续航能力不强、船舶配套设备抗低温能力较差、船舶燃料环保性较低的问题。[①] 另一方面，掌握高水平航海技术的人才较少。北极气候环境恶劣，突发极端天气较多，在船舶航行过程中遇到突发状况需要具有专业航海技术的人员及时正确的反应，确保航行安全。第三，北极海洋空间规划综合能力缺失。海洋空间规划是一项重要的海洋综合管理工具，以维护海洋生态系统安全为基本原则，解决各类用海矛盾，是治理海洋生态安全的重要手段。但北极海洋空间规划面临着规划体系不成熟、规划主体不明确和规划技术支撑不足的问题，[②] 导致北极地区海洋空间规划发展缓慢，技术水

① 郎舒妍：《极地船舶发展动态及展望》，《船舶物资与市场》2018 年第 5 期。

② 杨振姣：《海洋生态安全视域下北极海洋空间规划研究》，《太平洋学报》2020 年第 1 期。

平相较于一般海洋空间规划也较低。第四，北极生态监测预警技术不足。生态环境监测与生态灾害预警是治理生态问题的重要依据，但北极地区恶劣的自然环境使许多精密监测仪器无法运行，难以依靠现有技术搭建北极生态环境监测网络。

## （四）北极海洋生态安全治理面临法律困境

相较于南极治理已经形成的“南极条约体系”，北极治理一直未能形成统一的类“南极条约体系”，各项条约之间独立运行，缺少统筹整合，在规则适用领域、适用要求、遵循原则等方面难免会出现相互掣肘或“管理真空”的问题。分散化的条约、尚不明确的北极法律地位，为北极准确适用国际法律蒙上了一层阴影。一方面，国际法对于北极的适用具有模糊性，①《联合国海洋法公约》中关于 200 海里外大陆架划界问题是北极大陆架划界问题中难度最大、最为复杂、处理结果溢出效应最大的问题，②北极国家纷纷对 200 海里外大陆架提出管辖权声明，但受北极恶劣的气候、极地勘探技术等的限制，北极国家至今无法提供足够的证据证明其主张的 200 海里外大陆架的范围，大陆架主张范围相冲突会进一步引发北极国家在大陆架划界中的纠纷，继而动摇国家间的合作基础。与此同时，《联合国海洋法公约》第 234 条在“冰封区域”的界定中赋予了北冰洋沿岸国开展单边环境管辖的法律权利，沿岸国是否能够真正依据《联合国海洋法公约》开展北极航道生态环境防治工作，抑或是借环境保护之名实行航道控制尚不明确，国际“硬法”在北极治理中难以发挥应有效果，法律的模糊性可能会导致有关国家钻法律漏洞，极力拓展本国的北极权益范围，恶化北极治理态势，影响协同治理的合作基础。另一方面，历史悠久的《斯匹次卑尔根群岛条约》虽为国际社会共同研究治理北极提供了合作样板，但因其仅适用于斯匹次卑尔根群岛，且并未涉及北极其他区域的相关事务，故无法发挥作用。③更因挪

① 卢静：《北极治理困境与协同治理路径探析》，《国际问题研究》2016 年第 5 期。

② 章成：《北极海域的大陆架划界问题——法律争议与中国对策》，《国际展望》2017 年第 3 期。

③ 杨华：《中国参与极地全球治理的法治构建》，《中国法学》2020 年第 6 期。

威与各缔约国对《斯匹次卑尔根群岛约》中关于挪威对群岛管辖权范围的划定存在争议，双方各执一词，[①] 可以预见，这种争议将会持续存在，为后续国家间的协同合作埋下隐患。此外，北极海洋生态安全治理更多是依靠呈现“软法”性质的规则对治理行为加以规定，对于各参与方来说缺乏强制性，难以形成有效的行为规范，而且《极地规则》等相关强制性规范只能在北极海洋生态治理的部分领域产生效力，治理效果间的差异会影响北极海洋生态安全协同治理能力的提升。

## 四　北极海洋生态安全协同治理策略

随着北极竞争的“白热化”和安全形势的日趋严峻，协同治理成为北极海洋生态安全实现善治的首要且必然的选择。通过政治、法律和技术等多层面、多维度的协同，以及北极事务中多元治理主体的共同参与、不同子系统间的协同和共同规则的制定，在开放的北极系统中实现共赢和实现整体利益，[②] 并借鉴现有治理机制体现出的主体地位平等、相互尊重和共同参与等特点，进一步提出北极海洋生态安全协同治理策略（见图 1）。

### （一）以“共赢共享”为导向，推动构建“海洋命运共同体”

在北极海洋生态安全治理中，各国应该充分认识到北极关乎人类共同命运，建立共同利益观与责任观，以海洋命运共同体倡导的“共赢共享”为导向，引导各国跳出国家主义的思维困境，从国际社会共同利益的角度审视北极海洋生态安全协同治理对于人类社会发展的积极意义，倡导域内外国家公平分配北极治理中的权利与责任，建立互信、互尊、互助的合作共生关系，以承认和尊重彼此权利为合作的法律基础，以相互理解和信任为合作的

---

① TorbjØrn Pedersen, “The Svalbard Continental Shelf Controversy: Legal Disputes and Political Rivalries,” *Ocean Development & International Law*, Vol. 37, No. 339, 2006, pp. 339–358.

② 朱宝林、刘胜湘：《协同治理视阈下的北极治理模式创新——论中国的政策选择》，《理论与改革》2018 年第 5 期。

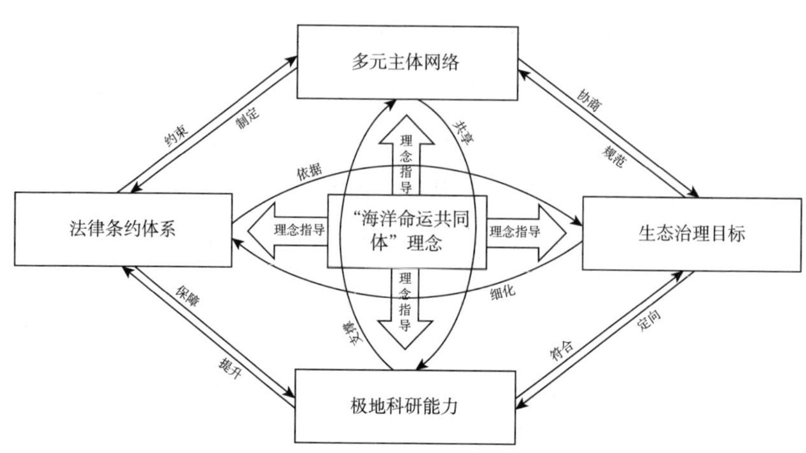


**图 1　北极海洋生态安全协同治理策略关系简图**

注：图中“海洋命运共同体”为理念指导，多元主体网络协商形成极地生态治理目标、制定极地治理法律条约并据此共享极地科研能力；极地生态治理目标可为多元主体行动、极地科研发展指明方向并对极地法律条约内容进行目标化呈现；极地科研能力可为多元主体参与提供技术支撑，使相关活动符合极地生态治理目标并提升法律条约的贯彻实施能力；极地法律条约体系能够约束多元主体行为形成强制力，为极地科研发展和生态治理目标的制订提供保障和基本依据。

资料来源：笔者自制。

政治保障，以共同研究和解决跨区域问题为合作的主要方向，以北极的和平、稳定和可持续发展为合作的共同目标。① 各治理主体在北极治理的不同领域中实现资源共享，加强交流合作，以解决共同问题为导向，治理方式上互商互谅、利益诉求上兼容并包，② 在灾害预警、事故救援、信息共享、主体合作和法律完善等方面协同推进，探索理念指导下的国际北极海洋生态安全治理合作平台建设的可行性措施，共同弥合北极海洋生态安全治理的现实

① 丁煌、朱宝林：《基于“命运共同体”理念的北极治理机制创新》，《探索与争鸣》2016 年第 3 期。

② 白佳玉：《中国积极参与北极公域治理的路径与方法——基于人类命运共同体理念的思考》，《人民论坛・学术前沿》2019 年第 23 期。

缺陷，打造健康的北极海洋生态系统，实现从“北极海洋生态安全共同体”到“海洋命运共同体”建设。

## （二）明确治理主体，构建多元治理主体网络

北极海洋生态安全关系着人类社会的生存与发展，每个国家、每个组织都有义务和责任参与北极海洋生态安全协同治理工作。总的来说，北极海洋生态安全治理主体主要包括主权国家、政府间国际组织、民间组织和跨国公司等，每个主体各尽其职，构成系统化的北极海洋生态安全治理主体网络。第一，主权国家发挥治理主导作用。主权国家是全球问题特别是全球环境治理问题的主体，在政策制定、机制构建方面是重要的主导力量。就北极问题而言，北极国家是处理北极事务的核心主体，然而随着北极问题的不断“外溢”，中国、日本和韩国等域外北极利益攸关国在北极治理中的作用逐渐显现出来，共同构成北极海洋生态安全治理的主体网络。在北极海洋生态安全治理中，特别是环北极国家，应该积极展开多边谈判、磋商，制定相应的制度规则来防治北极海洋生态环境污染。此外，还应充分尊重域外国家的北极参与权，将其纳入北极治理多元主体网络体系，集各国之力共同应对北极海洋生态安全治理难题。第二，政府间国际组织发挥综合协调作用。政府间国际组织是在条约和宗旨规定的范围内，由国家或政府基于某个特定目标而创设的常设机构。它不受国家权力的管辖，依据国际法与相关条约赋予的权利和义务，拥有参与国际事务活动的独立地位。在北极海洋生态安全治理中，应充分发挥北极理事会、国际海事组织、联合国环境规划署、世界气象组织和国际北极科学委员会等组织的作用，以有效处理好北极生态、环境保护等综合性国际议题。第三，民间组织发挥专业支持作用。一方面要发挥国际环境民间组织的作用。该类组织是由不同国家的人员组织起来，具有非政府性、非营利性、志愿性，是专门从事环境保护工作的国际自治组织，如世界自然保护同盟、世界自然保护基金、绿色和平组织、地球之友等。国际环境民间组织拥有广泛的群众基础，其非营利性和非政府性使其能够致力于全人类的环境保护事业，加之其在环境保护领域专业性比较强，能够有效弥补

其他组织的不足，进而更好地促进生态环境保护。另一方面，要有效保障北极原住民组织（如萨米人理事会、因纽特人北极圈理事会）在北极治理中的参与权与利益诉求，发挥其专业性强、参与意愿强和立场中立等优势，提升其在北极事务中的影响力。北极海洋生态安全治理应发挥多元协同共治的主体优势，借助既有合作平台构建国际协同治理机构，给予各主体更多参与权、决策权，逐步拓展北极事务参与范围，充分利用各方力量推进北极海洋生态安全协同治理，消解北极治理的“制度困境”。

### （三）加强多边谈判，明确生态治理目标

北极特殊的地理位置和自然环境条件以及明显的“政治化”趋势，使得北极事务敏感复杂，北极地区国家博弈日益复杂激烈。各主体间应强化国际多边谈判，制定具体可行的北极海洋生态安全治理目标，引导治理机制协同发力。第一，强化谈判合作，积极提供生态治理公共产品。一方面以制度供给为切入点，在尊重地区国家和国际组织的前提下实现积极推进制度框架由“区域性”向“国际性”转变，从多层面提出改进方案；另一方面提供文化供给，以提升北极居民海洋生态安全意识为核心，结合北极国家相关文化建设措施，共同打造文化传播体系，向域内外国家和国际组织输出北极海洋生态保护的知识内容，提升国际认同度。第二，明确资源开发利用边界和底线。域内外国家应依据底线思维，借助资源评估数据和生态环境监测技术，以保障北极可持续发展为前提，谈判商定北极公域资源开发的最大范围与资源最大开采量，以生态保护为目的，设立北极海洋生态保护的“国际红线”，平衡资源开发与生态保护的关系。第三，发挥治理主体的海洋生态监督作用。倡导各国遵循相互制衡原则，发挥各参与主体的监督功能，搭建起多元主体参与的立体监督网络，共同监督北极海洋生态安全状况，每一主体既是监督者也是被监督者，在切实履行海洋生态保护治理职责的前提下充分发挥生态监督作用，避免相关责任方“投机取巧”、推卸责任，形成准入约束、开发限制、监督制约的标准体系，推动北极海洋生态安全治理取得实质性进展。

### （四）强化法律制定，完善生态治理法律体系

完善北极治理的相关法律法规，维护全人类共有财产已经刻不容缓，应从国际与国内两个角度开展多方面、全方位的立法工作，以推动和完善北极海洋生态环境保护法律体系的构建。一方面，着力完善现有国际性海洋法律体系。首先，国际海洋生态安全法律体系的完善应以《联合国海洋法公约》为根本，《生物多样性公约》《极地规则》《国际集装箱安全公约》《偏僻海域营运客船航行计划导则》等普适性国际权威规范和《北极海洋油污防治与应对合作协定》《北极冰封水域船舶操作指南》《北极海空搜救合作协定》《加强北极国际科学合作协定》，以及即将实施的北极黑炭治理协定等具有针对性的国际权威规范为框架，同时在国家管辖范围外区域海洋生物多样性（以下简称 BBNJ）的养护与可持续利用的谈判进程中，商讨制定北极 BBNJ 的养护与可持续利用规定，[①] 在明晰北极海域权属规定，减少用海争端的基础上，从生物保护、航道管控和环境污染防控等方面加强北极海洋生态保护工作。其次，针对目前北极海域开发与航道利用所引发的新问题，在原有法律体系框架下补充完善北极海上油气开发、北极核污染治理，以及综合性环境保护协定等方面的法律法规。最后，为保证生态保护法律实施效力，还应完善《联合国海洋法公约》及相关习惯法理性、公正的解释程序，提高国际海洋法律体系的现实适用性与规范效率。另一方面，应加强国家层面的北极生态环境政策战略制定。参与北极海域活动的各国应依据国家发展实际与北极生态环境现状，以北极海洋生态安全治理的协议、法规为基础，具体制定本国北极海洋生态环境研究政策战略，保持国内政策战略对国际协议的灵活适用性，使两者保持同步。构建起层次鲜明、功能一致的北极海洋生态安全协同治理法律框架。

① 袁雪、廖宇程：《基于海洋保护区的北极地区 BBNJ 治理机制探析》，《学习与探索》2020 年第 2 期。

### （五）开展多领域合作，提升协同治理科技水平

北极恶劣的自然气候条件决定了防治北极海洋生态环境污染需要较高的科技水平。相比中、低纬度地区的海洋生态安全治理，北极海洋生态安全治理所需的各项技术尚不成熟。因此，世界各国应该加强沟通交流，开展科技、经济等多领域的合作，大力提高北极海洋生态安全治理所需的科学技术水平。首先，遵循“科技无国界”的原则，促进国际科技交流与合作，推进治理大数据共享数字化、智能化。各国政府应该出台相应政策，鼓励国内专家、学者参与国际性科研工作；同时吸引国外专家学者来本国进行相关科研工作，强化世界范围内的科技合作，不断创新技术方法、突破原有的技术难题，实现国际共同的科技进步。其次，各国应携手共建北极生态动态监测体系，共同提升北极灾害应急救援技术水平，建立生态灾害联防联控工作机制，实现各国救援互联互通，增强北极综合适应能力。最后，各国应保持足够的资金投入，推进北极地区基础设施建设，改善科研工作者与原住民的基本生活条件，缓解北极治理赤字现状，增加北极公共产品供给，同时要给予北极科研团队充足的科研资金以保障极地科考工作的顺利开展。北极海洋生态安全治理是全世界各国人民共同的责任，各国都应该摒弃争端、相互尊重、平等协商，以开放友好的姿态积极参与北极海洋生态安全的协同治理。

## 五　结语

全球气候变暖与各国日渐增多的北极活动，使北极海洋生态安全面临自然环境变化与人类活动影响的双重压力。北极是全人类的北极，北极海洋生态安全治理是北极治理的重要一环，更是推进“冰上丝绸之路”建设的安全基石。中国发布的《中华人民共和国国民经济和社会发展第十四个五年规划和2035年远景目标纲要》中明确提出要参与北极务实合作，建设“冰

上丝绸之路”，强化在海洋生态环境监测保护等领域的合作，[①] 积极拓展与北极国家、原住民组织和非北极国家在国际组织框架下的协同合作，共同治理北极生态环境、维护北极稳定。可以预见，中国将在北极海洋生态安全治理中发挥建设性作用，以“冰上丝绸之路”建设为契机，进一步深化与北极域内外国家的国际合作，并借此吸引更多国家参与其中，共同打造“北极蓝色伙伴关系”，构建开放包容、具体务实、互利共赢的国家关系，形成更加稳定的北极治理新秩序。中国积极参与北极海洋生态安全治理议题既是出于对国家生存环境的考量，也包含着对构建“海洋命运共同体”的目标追求，是中国为维护本国合理的北极利益、提升国际话语权而作出的必要努力。

北极海洋生态安全治理不仅对非传统安全治理意义重大，而且是对复杂国际环境下北极治理赤字的重要补充，切实发挥“协同式参与”的作用，推动国际社会达成以“共商共建共享共赢”为基础的一系列策略正当其时。以此引导各国搁置争议，消除疑虑，克服北极海洋生态安全协同治理进程中诸多困境，加强科技合作，开展多边谈判，完善相关法律、条约内容，构建北极协同治理主体网络，鼓励多主体多渠道提供公共产品，缓解全球治理赤字对北极治理的负面影响，保障北极海洋生态安全协同治理的有效开展，继而实现北极海洋生态环境的安全稳定与可持续发展，推动北极良性治理进程。

---

① 《中华人民共和国国民经济和社会发展第十四个五年规划和 2035 年远景目标纲要（全文）》，中国政府网，http：//www.gov.cn/zhuanti/shisiwu/chrome/index.html#！/section/content_9。

# 《联合国海洋法公约》视角下的北极航道问题与中国策略

董利民*

**摘　要：** 随着国际社会对北方海航道和西北航道重视程度的大幅上升，这两条海上通道在适用《联合国海洋法公约》规定之通行制度和“冰封区域”条款时的争议日益凸显。对《联合国海洋法公约》的解释和适用存在不同意见，是引起北极航道问题的重要原因。尽管相关争议焦点是法律问题，然而国际政治的现实远比法律本身复杂。合理运用《联合国海洋法公约》并树立针对北极航道争议的底线思维，进而在此基础上做灵活调整，应是中国制定相关政策的总体思路。中国可主张北方海航道和西北航道是国际海峡，并从有利于维护航行权益的角度对《联合国海洋法公约》第234条进行解释。同时，中国也需在不突破底线的基础上，根据国际情势对政策作出适当调整。

**关键词：** 《联合国海洋法公约》　北方海航道　西北航道　北极航道

《联合国海洋法公约》（以下简称《公约》）作为“海洋宪章”，在北

* 董利民，法学博士，中国海洋大学国际事务与公共管理学院讲师，主要研究方向为国际海洋法、极地政治与法律。

极治理中扮演着关键角色，北冰洋沿岸国家也曾多次强调重视《公约》的作用。随着全球气候变暖和北极冰川融化加剧，北方海航道和西北航道发展前景逐渐明朗化，国际社会对其重视程度大幅上升已是不争的事实。与此同时，这两条海上通道在适用《公约》规定的通行制度以及“冰封区域”条款时的争议也日益凸显。中国是北极事务的重要利益攸关方，也是《公约》缔约国。中国2018年发布的北极政策白皮书指出，《公约》是中国参与北极治理的重要权利依据。据此，在《公约》框架下理解有关北极航道的争议，是提升中国在该框架内参与北极治理能力和水平的重要途径。考虑到国际政治的现实远比法律本身复杂得多，诸多法律争议的背后实则是各国在政治、经济乃至军事等多个层面的利益争夺与较量。这也意味着，中国需要从国际法与国际政治双重视角看待北极航道争议问题。本文拟首先在《公约》规定的基础上分析有关北极航道法律地位问题与《公约》第234条的解释和适用存在的争议，进而结合国际政治的利益视角，提出中国的应对策略。

## 一　北极航道的法律地位问题

北极航道的法律地位争议早已有之，以美国为首的海洋大国与加拿大、苏联/俄罗斯就西北航道和北方海航道的法律地位及其通行制度进行过多次交锋。近年来，随着气候变暖和北极冰川融化的加剧，北极航道特别是北方海航道的发展前景日益明显，各国纷纷将目光投向该地区，使航道的法律地位问题再次引起关注。无论是从经济还是从战略角度看，北方海航道和西北航道对中国而言都具有重要意义。厘清这两条航道的法律地位，是中国对其进行利用的重要前提。

### （一）《公约》规定的通行制度

第三次联合国海洋法会议谈判的结果之一，是国家管辖海域范围的大幅增加，使包括航行自由在内的传统海洋自由受到侵蚀，引起海洋大国的警觉。为解决美国、英国等海洋大国对海洋自由的需求与沿海国扩大管辖权之间的矛盾，本次会议的谈判试图尽量实现双方利益的平衡，《公约》的诸多规定都是这种妥协与平衡思维下的产物。其中包括针对不同海域规定的通行制度。具体而言，《公约》规定了四种通行制度。第一，所有国家的船舶，在沿海国领海（第17条）、部分内水（第8条）、部分用于国际航行的海峡（第45条）以及部分群岛水域（第52条），享有无害通过权。无害通过制度仅适用于外国船舶，而不适用于飞机（第17条）；潜水艇和其他潜水器则必须在海面上航行，并且展示其旗帜（第20条）。一般而言，沿海国不应妨碍外国船舶无害通过领海，但有权在必要时暂时停止（第25条）。第二，对于大部分用于国际航行的海峡，适用过境通行制度（第37条）。第三，《公约》第四部分专门对群岛国及其权利、义务作出规定，并规定了群岛海道通过制度。群岛海道通过制度适用于外国船舶和飞机，沿海国不应妨碍与停止（第53、54条）。第四，根据《公约》规定，任何国家的船舶和飞机，在公海和专属经济区内都享有航行以及飞越自由（第58、87条）。表1以更为直观的方式展示了《公约》规定的四种通行制度。

**表1　《公约》规定的通行制度**

| 通行制度 | 无害通过制度 | 过境通行制度 | 群岛海道通过制度 | 航行、飞越自由 |
| --- | --- | --- | --- | --- |
| 适用范围 | ①领海<br>②部分内水<br>③部分用于国际航行的海峡<br>④部分群岛水域 | 用于国际航行的海峡 | 群岛海道 | ①公海<br>②专属经济区 |
| 适用对象 | 船舶 | 船舶、飞机 | 船舶、飞机 | 船舶、飞机 |
| 适用要求 | ①继续不停<br>②迅速进行<br>③无害 | ①继续不停<br>②迅速进行 | ①继续不停<br>②迅速通过 | 航行、飞越自由 |
| 沿海国权利和义务 | ①沿海国不应妨碍无害通过<br>②必要时可暂时停止 | ①不应妨碍<br>②不应停止 | ①不应妨碍<br>②不应停止 | —— |

资料来源：笔者根据《公约》整理。

北方海航道和西北航道是否具有国际海峡的法律地位，进而适用过境通行制度，是北极航道法律地位争议的焦点。基于此，有必要对过境通行制度做进一步了解。由于《公约》将领海宽度由 3 海里扩展至 12 海里，致使 100 多个重要海峡成为“领海海峡”。[①] 若这些海峡适用领海“无害通过制度”，将对既有的国际海峡制度造成冲击。为确保这类海峡的通行自由，《公约》基于国际法院在“科孚海峡案”中的判决以及海洋法的发展，[②] 专门规定了适用于国际海峡的过境通行制度。根据《公约》第 37 条对用于国际航行的海峡的定义，[③] 确定这类海峡需符合地理标准和功能标准，即该海峡在地理上满足位于“公海或专属经济区的一个部分和公海或专属经济区的另一部分”之间，在功能上需“用于国际航行”。过境通行是指：所有船舶和飞机均有权以继续不停和迅速过境为目的，航行或飞越国际海峡。[④]《公约》第 38~40 条规定了船舶和飞机在过境通行时享有的权利和应当履行的义务。船舶或飞机在行使过境通行权时，必须毫不迟延地通过或飞越海峡；不得对沿岸国主权、领土完整或政治独立进行任何武力威胁或使用武力，或以违反国际法原则的方式进行武力威胁或使用武力；除因不可抗力或遇难而有必要外，不从事其通常方式所附带发生的活动以外的任何活动；遵守关于海上安全、船舶污染和航空安全等方面的规则。[⑤] 为确保航行安全和环境保护，《公约》还要求海峡沿岸国与海峡使用国在航行安全以及防止船舶污染方面进行合作。[⑥]《公约》第 40 条禁止包括海洋科学研究和水文测量的船舶在内的外国船舶，在未获得海峡沿岸国准许的情况下，于过境通行时从事研究和测量活动。[⑦]

对过境通行制度与无害通过制度进行比较，有助于我们更好地理解前者。两者的主要区别在于：无害通过制度仅适用于船舶，飞机并不享有在领

① 姜皇池：《国际海洋法》，学林文化事业有限公司，2004，第 517~518 页。

② Corfu Channel Case (United Kingdom v. Albania), Judgment of April 9th, 1949, Interna tional Court of Justice Reports 4, p. 28.

③ 《联合国海洋法公约》第 37 条。

④ 《联合国海洋法公约》第 38 条第 2 款。

⑤ 《联合国海洋法公约》第 39 条。

⑥ 《联合国海洋法公约》第 43 条。

⑦ 《联合国海洋法公约》第 40 条。

海的无害通过权，潜水艇或其他潜水器也必须在海面上航行并展示其旗帜。除根据《公约》第45条适用于国际海峡的无害通过制度外，其他海域的无害通过均可被沿岸国于必要时暂时停止。过境通行制度适用于“所有船舶和飞机”，潜水艇和其他潜水器也可以直接从用于国际航行的海峡水下穿过而无须浮出水面，海峡沿岸国不得妨碍过境通行，也没有暂停过境通行的权利，该规定直接反映了海洋大国对航行自由的关注。相较无害通过制度，过境通行制度赋予了海峡使用国更多的自由。据此，缔约国根据《公约》享有的过境通行权介于公海航行自由和领海无害通过权之间，诚如上文所述，这是第三次联合国海洋法会议召开期间，海洋大国与海峡沿岸国谈判妥协的产物。①

## （二）北极航道的法律地位争议

北极航道是指穿越北冰洋，连接太平洋与大西洋的海上通道，② 包括穿越加拿大北极群岛之西北航道、穿越欧亚大陆北冰洋近海之东北航道，以及穿越北冰洋中部之中央航道。其中，东北航道和西北航道的主要部分分别位于俄罗斯和加拿大之沿海海域，东北航道中连接白令海峡与俄罗斯西北喀拉海的部分又被称为北方海航道。由于诸多岛屿和群岛的存在，北方海航道与西北航道均非由单一的通道组成。③ 具体而言，北方海航道自西向东途经5个海域和10个海峡④。俄罗斯也将北方海航道划分为传统（沿岸）航道、高纬度航道、中央航道和近极点航道四条主要航道。⑤ 根据北极理事会2009

① Karin M. Burke and Deborah A. DeLeo, "Innocent Passage and Transit Passage in the United Nations Convention on the Law of the Sea," *The Yale Journal of World Public Order*, Vol. 9, 1983, pp. 390-391.

② 郭培清等：《北极航道的国际问题研究》，海洋出版社，2009，第1页。

③ Arctic Council, Arctic Marine Shipping Assessment 2009 Report, p. 18.

④ 5个海域分别为楚科奇海、东西伯利亚海、拉普捷夫海、喀拉海和巴伦支海，10个海峡分别为德朗海峡、桑尼科夫海峡、德米特里·拉普捷夫海峡、红军海峡、扬斯克海峡、绍卡利斯基海峡、维利基茨基海峡、马托奇金海峡、喀拉海峡和尤格尔海峡。

⑤ Arctic Council, Arctic Marine Shipping Assessment 2009 Report, p. 23；王泽林：《北极航道法律地位研究》，上海交通大学出版社，2014，第14~16页。

年发布的《北极海运评估报告》，西北航道则主要由穿越加拿大北极群岛的5~7条航道组成。①

俄罗斯认为，北方海航道是该国历史上形成的国家交通干线。北方海航道水域为毗连该国北方海岸的水域，包括内水、领海、毗连区以及专属经济区。② 对于其中的海峡，除明确依据“历史性权利”主张桑尼科夫海峡、德米特里·拉普捷夫海峡为该国内水外，③ 若根据苏联第4450号法令、俄罗斯第4604号法令划定的直线基线以及《公约》第8条，北方海航道途经的大部分海峡也构成其内水。④ 《俄罗斯联邦内水、领海和毗连区法》规定，北方海航道的航行应遵守俄罗斯联邦法律和规章、为此制定的航行规则以及俄罗斯参加的国际条约。⑤ 按照俄罗斯的主张，这些被划为内水的海峡最多也仅能根据《公约》第8条第2款适用无害通过制度。⑥ 此外，苏联/俄罗斯还根据《公约》第234条制定了多部法律和规章，对北方海航道的航行进行管理和控制。

加拿大主张西北航道是其内水，该国享有完全的主权。加拿大并不禁止西北航道用于国际航行，但坚持通过国内立法加强对航行的管理，以确保航

① Arctic Council, Arctic Marine Shipping Assessment 2009 Report, pp. 20-21; R. K. Headland, "Transits of the Northwest Passage to end of the 2019 Navigation Season," https://www.spri.cam.ac.uk/resources/infosheets/northwestpassage.pdf.

② "On Amending Certain Legislative Acts of the Russian Federation Regarding State Regulation of Merchant Shipping in the Northern Sea Route", https://rg.ru/2012/07/30/more-dok.html.

③ Michael Byers and James Baker, *International Law and the Arctic*, Cambridge University Press, 2013, pp. 144-149; "Aide-Memoire from the Soviet Ministry of Foreign Affairs to the American Embassy in Moscow, July 12, 1964," *Limits in the Seas*, No. 112, 1992, p. 20.

④ "4604. Declaration," https://www.un.org/Depts/los/LEGISLATIONANDTREATIES/PDFFILES/RUS_1984_Declaration.pdf; "4450. Declaration," https://www.un.org/Depts/los/LEGISLATIONANDTREATIES/PDFFILES/RUS_1985_Declaration.pdf; 王泽林：《北极航道法律地位研究》，上海交通大学出版社，2014，第58页。

⑤ Federal Act on the Internal Maritime Waters, Territorial Sea and Contiguous Zone of the Russian Federation, Article 14.

⑥ 《联合国海洋法公约》第8条第2款：如果按照第七条所规定的方法确定直线基线的效果使原来并未认为是内水的区域被包围在内成为内水，则在此种水域内应有本公约所规定的无害通过权。

行安全和环境保护。[①] 按照加拿大的观点，西北航道既不能适用领海无害通过制度，也不适用国际海峡之过境通行制度。外国船舶在西北航道通行时，需要遵守加拿大之国内法。目前，加拿大已经通过诸多国内立法与规章对西北航道进行管理。

俄罗斯与加拿大关于北极航道法律地位的立场，首先遭到了美国的质疑。作为海洋大国，美国向来积极维护其海洋权利。美国曾在向苏联的外交照会中，明确坚持桑尼科夫海峡、德米特里·拉普捷夫海峡是用于国际航行的海峡，适用过境通行制度。[②] 小布什政府发布的《第 66 号国家安全总统指令/第 25 号国土安全总统指令》强调维护北极地区航行和飞越自由符合美国利益。该指令强调西北航道是国际航道，北方海航道中包括用于国际航行的海峡，过境通行制度适用于这些海峡。[③] 2013 年奥巴马政府发布的《北极地区国家战略》（National Strategy for the Arctic Region），继续强调美国在北极地区享有的海洋自由，包括在西北航道和北方海航道的航行与飞越自由。[④] 截至目前，美国政府的这一立场并未发生变化。除美国外，欧盟、丹麦、挪威、冰岛等国际组织和国家也纷纷强调维护其在北极航道的权利，并主张在《公约》的框架内行使各项权利。[⑤] 值得注意的是，它们的政府均未像美国政府那样，非常明确地指出西北航道与北方海航道的法律地位（见表 2）。

---

① Government of Canada, "Canada's Arctic and Northern Policy Framework," https://www.rcaanc-cirnac.gc.ca/eng/1560523306861/1560523330587.

② "Aide-Memoire from the Soviet Ministry of Foreign Affairs to the American Embassy in Moscow, July 12, 1964," *Limits in the Seas*, No. 112, 1992, p. 20.

③ The White House, National Security Presidential Directive/NSPD—66, Homeland Security Presidential Directive/HSPD—25, January 9, 2009.

④ The White House, National Strategy for the Arctic Region, December 2016, p. 9.

⑤ 王泽林：《北极航道法律地位研究》，上海交通大学出版社，2014，第 14~16 页；Yue Yu, "Research of Legal Status and Navigation Regime of Arctic Shipping Lanes," Master's thesis, Faculty of Law, University of Akureyri, 2016, pp. 51-57.

**表 2　主要国家和地区对于北极航道法律地位的立场**

| 国家/地区 | 航道 | 立场 |
|---|---|---|
| 加拿大 | 西北航道 | 西北航道属于该国内水，不适用无害通过制度以及过境通行制度 |
| 俄罗斯 | 北方海航道 | 北方海航道水域包括该国内水、领海、毗连区以及专属经济区 |
| | | 根据历史性权利，明确主张桑尼科夫海峡、德米特里·拉普捷夫海峡为其内水 |
| 美国 | 西北航道 | 西北航道是国际航道 |
| | 北方海航道 | 桑尼科夫海峡、德米特里·拉普捷夫海峡是用于国际航行的海峡，适用过境通行制度 |
| | | 北方海航道中包括用于国际航行的海峡，这些海峡适用过境通行制度 |
| 欧盟、丹麦、挪威、冰岛等 | 西北航道<br>北方海航道 | 维护其根据《公约》享有的权利 |

确定航道的法律地位是颇为关键的问题，这将对相关的通行制度产生直接影响。西北航道和北方海航道都是由诸多海峡构成的海上通道，这些海峡的法律地位将直接影响这两条航道的通行制度。若西北航道和北方海航道属于用于国际航行的海峡，按照《公约》规定，便适用过境通行制度，船舶和飞机享有更多自由。尽管《公约》第 234 条允许沿海国出于保护冰封区域的海洋环境，可制定和执行非歧视性的法律和规章。然而，该条同时也要求沿海国的法律和规章应当适当顾及航行。[①] 截至目前，国际社会尚未就这些问题达成共识。

## 二　《公约》第234条的解释和适用争议

《公约》第 234 条的谈判与达成是平衡多方利益的结果，致使该条内容留下诸多不清晰之处。该条本就被认为是《公约》中最为模糊的条款，[②] 使

① 《联合国海洋法公约》第 234 条。

② Alexander Proelss (ed.), *United Nations Convention on the Law of the Sea: A Commentary*, Hart Publishing, 2017, pp. 1573-1574.

其解释和适用存在不少问题。近年来，《公约》第 234 条解释和适用争议引起诸多关注。

### （一）《公约》第234条的历史与解析

北极地区的极端气候状况，使其海洋环境更易遭受难以恢复的污染和破坏，这一情况受到加拿大和苏联的重视。20 世纪 70 年代初，加拿大以环境保护为由，通过了《北极水域污染防治法》（Arctic Waters Pollution Prevention Act，AWPPA）。加拿大的环境保护措施也成为其加强对北极水域管控的突破口，不过此举遭到诸多质疑。以该法的规定为蓝本，加拿大此后积极寻求《公约》对冰封区域作出规定。加拿大以环境保护为由加强对北极水域管控的做法遭到质疑，平衡冰封区域沿海国（主要为加拿大、苏联）的管辖权与其他国家维护自由航行权之间的利益，[①] 是第三次联合国海洋法会议期间针对《公约》第 234 条谈判面临的主要障碍。在加拿大的极力推动下，经过与苏联、美国谈判，《公约》第十二部分第 234 条专门对“冰封区域”作出了规定。

《公约》第 234 条的规定，[②] 主要包括沿海国在专属经济区内冰封区域的特别管辖权以及对行使该权利的限制两个方面的内容。首先，为了防止、减少和控制船舶的航行危险，以及船源污染对冰封区域海洋环境造成的污染和损害，第 234 条允许沿海国单方面制定和执行在其专属经济区内冰封区域适用的国内法，而且这些国内法可不受一般国际规则与标准之限制。[③] 这意味着，沿海国有权制定比国际法更为严格的法规和标准。该条在《公约》

---

① Shabtai Rosenne and Louis B. Sohn（eds.），*United Nations Convention on the Law of the Sea 1982：A Commentary*，Vol. 5，Martinus Nijhoff Publishers，1989，p. 393.

② 《联合国海洋法公约》第 234 条：沿海国有权制定和执行非歧视性的法律和规章，以防止、减少和控制船只在专属经济区范围内冰封区域对海洋的污染，这种区域内的特别严寒气候和一年中大部分时候冰封的情形对航行造成障碍或特别危险，而且海洋环境污染可能对生态平衡造成重大的损害或无可挽救的扰乱。这种法律和规章应适当顾及航行和以现有最可靠的科学证据为基础对海洋环境的保护和保全。

③ Yoshifumi Tanaka，*The International Law of the Sea*（3rd edition），Cambridge University Press，2019，p. 383.

第十二部分中具有非常独特的地位，是这部分唯一赋予沿海国在其专属经济区内制定和执行非歧视性法律和规章的条款，以保护冰封区域的海洋环境。[①] 其次，由于其他国家担心沿海国被赋予的此等特殊权利影响航行自由，第 234 条还从地理范围、程度以及非歧视三个方面，对沿海国行使该权利作出了限制。就适用的地理范围而言，沿海国制定与执行的规章被限定于专属经济区范围内的冰封区域。就程度而言，第 234 条要求沿海国的国内法既应当适当顾及航行，还要以现有最可靠的科学证据为基础。与此同时，该条明确要求沿海国的法律和规章应当是非歧视性的。不仅如此，按照《公约》第 236 条的规定，沿海国行使第 234 条的权利时，还应受到其他国家享有的主权豁免的限制。具体而言，沿海国的法律和规章，不适用于其他国家的军舰、海军辅助船、为国家所拥有或经营并在当时只供政府非商业性服务用的其他船只或飞机。[②]

### （二）《公约》第234条的解释和适用争议

由《公约》第 234 条的解释和适用引发的争议，主要包括该条的适用范围以及缔约国之国内法与第 234 条的冲突两个方面。

（1）适用范围方面的争议

冰封区域。《公约》第 234 条将适用的地理范围规定为专属经济区范围内“冰封区域”。首先，《公约》对专属经济区的宽度有明确规定，即从领海基线量起不超过 200 海里。[③] 此处的关键问题在于“冰封区域”的界定。尽管第 234 条是关于“冰封区域”的规定，但实际上《公约》并未对“冰封区域”做出明确定义，这就使得对“冰封区域”本身的认定存在不确定性。根据第 234 条，冰封区域内的“特别严寒气候和一年中大部分时候冰封的情形对航行造成障碍或特别危险，而且海洋环境污染可能对生态平衡造

① Shabtai Rosenne and Louis B. Sohn (eds.), *United Nations Convention on the Law of the Sea 1982: A Commentary*, Vol. 5, Martinus Nijhoff Publishers, 1989, p. 393.

② 《联合国海洋法公约》第 57 条。

③ 《联合国海洋法公约》第 57 条。

成重大的损害或无可挽救的扰乱”。从“特别严寒气候”“一年中大部分时候冰封的情形”的使用，可以看出该条尝试提出某种判断标准。这意味着，冰封区域至少应当是气候特别严寒，并且一年中大部分时候被海冰覆盖。然而，“特别严寒气候”“一年中大部分时候”本身仍然十分模糊。其次，第三次联合国海洋法会议的谈判代表并未能预见到气候变化对《公约》适用的影响。随着全球气候变暖和北极冰川融化的加剧，“特别严寒气候”可能逐渐减少乃至消失，“冰封区域”也可能面临因冰川融化而导致无法实现“一年中大部分时候冰封”，甚至是全部融化的情形。在这种情况下，第 234 条将面临如何适用，乃至能否继续适用的问题。针对该问题，学界已经展开讨论，并形成两种主要观点。部分学者依据《维也纳条约法公约》对《公约》第 234 条进行的解释，重点突出该条保护海洋环境之目的。在这些学者看来，第 234 条是为保护北极地区海洋环境而构建的独特法律机制，目的在于保护脆弱的海洋环境。冰川融化加剧了该地区海洋环境的脆弱性，如果第 234 条的适用因冰川融化发生改变，显然不利于海洋环境的保护，背离了该条的目的和宗旨。因此，第 234 条的适用无须因冰川融化而发生改变。① 然而，基于同样的解释方法，重点关注航行权利，则能得出相反的结论。尽管缔约国出于环境保护的原因同意了第 234 条的规定，然而值得注意的是，该条还意在实现环境保护和航行权利的平衡。为此目的，虽然该条赋予沿海国额外的管辖权，但这一权利的行使受到诸多条件限制，② 其中就包括“特别严寒气候”以及“一年中大部分时候冰封”，特别是需要“适当顾及航

---

① Viatcheslav Gavrilov, Roman Dremliuga and Rustambek Nurimbetov, “Article 234 of the 1982 United Nations Convention on the Law of the Sea and Reduction of Ice Cover in the Arctic Ocean,” *Marine Policy*, Vol. 106, 2019, pp. 1-5; Roman Dremliuga, “A Note on the Application of Article 234 of the Law of the Sea Convention in Light of Climate Change: Views from Russia,” *Ocean Development & International Law*, Vol. 48, No. 2, 2017, pp. 128-133; Armand de Mestral, “Article 234 of the United Nations Convention on the Law of the Sea: Its Origins and Its Future,” in Ted L. McDorman (ed.), *International Law and Politics of the Arctic Ocean: Essays in Honor of Donat Pharand*, Brill, 2015, p. 124.

② Kristin Bartenstein, “The ‘Arctic Exception’ in the Law of the Sea Convention: A Contribution to Safer Navigation in the Northwest Passage?” *Ocean Development & International Law*, Vol. 42, No. 1-2, 2011, p. 30.

行”。不仅如此，第 234 条还要求沿海国的法律和规章应当“以现有最可靠的科学证据为基础”。当科学证据表明适用第 234 条的条件已经不存在时，沿海国所获之额外权利自然不应继续保留。[①] 至少，沿海国应当以现有的科学证据为基础，对其法律和规章作出修正。[②] 很显然，上述两种解释将产生完全不同的适用结果，前者有利于沿海国的管控措施长期化，后者则有助于其他国家维护在该区域的航行权利。

适用水域之争。根据《公约》第 234 条，沿海国法律和规章适用之地理范围是“专属经济区范围内”冰封区域。尽管《公约》对专属经济区本身有着明确规定，然而由于 200 海里内的水域还被划分为领海、毗连区、专属经济区，还包括适用“过境通行制度”的国际海峡，使得国际社会对“专属经济区范围内”的解释存在分歧。第一种解释突出专属经济区的海区特征，认为“范围内”仅指专属经济区本身。加之第三次联合国海洋法会议有关《公约》第 234 条的谈判并未讨论该条是否适用于国际海峡。据此，该条的适用范围仅限于专属经济区本身，不包括领海和用于国际航行的海峡。[③] 另一种解释则突出专属经济区的 200 海里界限特征，认为“范围内”是指 200 海里之内的所有水域。根据这种解释，《公约》第 234 条应适用于 200 海里内的所有水域，包括领海、专属经济区以及用于国际航行的海峡。[④]

---

① 冯寿波：《〈联合国海洋法公约〉中的“北极例外”：第 234 条释评》，《西部法律评论》2019 年第 2 期。

② Yoshifumi Tanaka, *The International Law of the Sea* (3rd edition), Cambridge University Press, 2019, pp. 383-384.

③ Yoshifumi Tanaka, *The International Law of the Sea* (3rd edition), Cambridge University Press, 2019, pp. 383-384; D. M. McRae and D. J. Goundrey, "Environmental Jurisdiction in Arctic Waters: The Extent of Article 234," *University of British Columbia Law Review*, Vol. 16, 1982, p. 221; Alan E. Boyle, "Marine Pollution Under the Law of the Sea Convention," *American Journal of International Law*, Vol. 79, 1985, pp. 361-362.

④ Donat Pharand, "The Arctic Waters and the Northwest Passage: A Final Revisit," *Ocean Development & International Law*, Vol. 38, No. 1-2, 2007, pp. 47-48; Kristin Bartenstein, "The 'Arctic Exception' in the Law of the Sea Convention: A Contribution to Safer Navigation in the Northwest Passage?" *Ocean Development & International Law*, Vol. 42, No. 1-2, 2011, p. 29; Yoshifumi Tanaka, *The International Law of the Sea* (3rd edition), Cambridge University Press, 2019, pp. 383-384.

前一种解释将沿海国的管辖权限制在专属经济区本身的范围内，意味着尽管沿海国依据《公约》第234条享有超出一般专属经济区的管辖权，但此等权利不应超过沿海国对其领海享有之权利，[①] 也不得适用于国际海峡，这就对沿海国的管辖权构成一定限制。若按照后一种解释，则显然不存在该问题。

（2）俄罗斯和加拿大国内法与《公约》第234条的冲突

《公约》达成后，第234条被俄罗斯和加拿大视为制定有关北极水域法律规章的主要国际法依据。[②] 两国分别制定国内法，在保护海洋环境的同时，也意在加强对该区域的管控。俄罗斯和加拿大根据《公约》第234条，以环境保护为由加强管控的措施，势必影响其他国家在该地区的航行权利，引起这些国家的关注与抗议。其中，多数国家为《公约》缔约国。美国虽然尚未批准《公约》，但也承认第234条为习惯法。[③] 实际上，美国在反对加拿大和俄罗斯加强对航道管控的问题上向来十分积极。

早在1969年“曼哈顿号”事件后，[④] 加拿大便以环境保护为由，制定了《北极水域污染防治法》。加拿大在该法的基础上积极推动《公约》第234条的谈判，使第234条也被称为“加拿大条款”或者“北极例外条款”。《公约》第234条的达成，为加拿大《北极水域污染防治法》提供了国际法依据。《北极水域污染防治法》适用于北纬60度以北、西经141度以内、加拿大陆地向海200海里内的“北极水域”，包括加拿大的内水、领海和专属经济区。[⑤] 该法禁止任何人、船舶在北极水域或者可能使废弃物进

① 刘惠荣、李浩梅：《北极航行管制的法理探讨》，《国际问题研究》2016年第6期。

② Roman Dremliuga, “A Note on the Application of Article 234 of the Law of the Sea Convention in Light of Climate Change: Views from Russia,” *Ocean Development & International Law*, Vol. 48, No. 2, 2017, pp. 131–133.

③ Ted L. McDorman, “A Note on the Potential Conflicting Treaty Rights and Obligations between the IMO's Polar Code and Article 234 of the Law of the Sea Convention,” in Ted L. McDorman (ed.), *International Law and Politics of the Arctic Ocean: Essays in Honor of Donat Pharand*, Brill, 2015, p. 143.

④ 郭培清等：《北极航道的国际问题研究》，海洋出版社，2009，第65~104页。

⑤ Arctic Waters Pollution Prevention Act, Article 2.

入北极水域的地点处置废弃物，违反者将承担民事责任。[①] 美国政府曾照会加拿大，对《北极水域污染防治法》提出质疑，认为加拿大此举将使航行活动受到限制，为其他国家违反海洋自由原则开创先例。[②] 2010 年制定的《加拿大北方船舶交通服务区规章》（Northern Canada Vessel Traffic Services Zone Regulations），进一步针对北极水域建立了船舶通行的强制报告制度。该规章要求以下三类船舶在进入加拿大北方船舶交通服务区时必须进行报告，这三类船舶分别为：总吨位为 300 吨以上的船舶；从事拖带或顶推另一船舶的船舶，并且两者的总吨位在 500 吨或以上；转载污染物的船舶。报告内容包括船舶进入交通服务区之前报告航行计划、进入服务区后报告位置、停泊或者驶离服务区后的最终报告、船舶在偏离航行计划时的偏航报告。[③] 该强制报告制度再次引起包括美国在内的多国关注和抗议。[④] 美国在向加拿大发出的照会中指出，该规章违反了《公约》第 234 条规定之“适当顾及航行”和“非歧视”义务，而且并未依据“最可靠的科学证据”。此外，根据《公约》第 236 条，外国军舰、海军辅助船、为国家所拥有或经营并在当时只供政府非商业性服务用的其他船只或飞机享有豁免权，《加拿大北方船舶交通服务区规章》并未对此作出规定。[⑤] 国际海事组织、波罗的海国际航运公会（BIMCO）等机构也对加拿大制定该规章提出了质疑。[⑥]

在苏联时期，外国船舶进入其北极水域前需获得该国商船部批准，遵守其航行规则并付费。根据 1990 年《北方海航道航行规则》，船舶通过维利

① Arctic Waters Pollution Prevention Act, Article 6.

② “Documents concerning Canadian Legislation on Arctic Pollution and Territorial Sea and Fishing Zones,” *International Legal Materials*, Vol. 9, No. 3, 1970, p. 605.

③ Northern Canada Vessel Traffic Services Zone Regulations, Articles 3, pp. 6-9.

④ Yoshifumi Tanaka, *The International Law of the Sea* (3rd edition), Cambridge University Press, 2019, pp. 383-384.

⑤ Elizabeth R. Wilcox (ed.), *Digest of United States Practice in International Law* 2010, Oxford University Press, 2010, pp. 516-517.

⑥ Michael Byers and James Baker, *International Law and the Arctic*, Cambridge University Press, 2013, p. 166; “Maritime Body Condemns Canada's New Arctic Shipping Rules,” https://nunatsiaq.com/stories/article/98789_maritime_body_condemns_canadas_new_arctic_shipping_rules/.

基茨基海峡（Vilkitskogo Strait）、绍卡利斯基海峡（Shokalsky Strait）、德米特里·拉普捷夫海峡（Laptev Strait）和桑尼科夫海峡（Sannikov Strait）时，必须接受强制破冰引航。① 该规则随后受到质疑，部分学者认为其超出了《公约》第234条赋予沿海国的权利的范围。② 为推动北方海航道的开发和利用，俄罗斯于2013年出台了新版《北方海航道航行规则》，取消了强制破冰引航的规定，转而以许可证制度和非强制性引航服务取代。根据该规则，所有在北方海航道航行的船舶，都需提前向北方海航道管理局提交申请，并在驶入和离开航道前向管理局报告。③ 针对俄罗斯新修订的《北方海航道航行规则》，美国曾专门发出外交照会提出质疑。美国在照会中认为，俄罗斯单方面要求船舶在北方海航道航行需获得许可的规定，违反了《公约》第234条规定之“适当顾及航行”义务。不仅如此，该照会还指出，随着北极地区气候变化，美国甚至质疑《公约》第234条能否继续作为俄罗斯制定《北方海航道航行规则》的国际法依据。④ 时任荷兰外交大臣弗兰斯·蒂莫曼斯（Frans Timmermans）也认为，俄罗斯有关北方海航道的规章不应过分限制航行自由。⑤

为保护北极地区的海洋环境，《公约》第234条赋予冰封区域的沿海国

① Правила плавания по трассам Северного Морского Пути. Утверждены Министерством морского флота СССР 14 сентября 1990 г. Статья 7.4. https://pandia.ru/text/80/156/32367.php.

② R. Douglas Brubaker, “Regulation of Navigation and Vessel-source Pollution in the Northern Sea Route: Article 234 and State Practice,” in Davor Vidas (ed.), *Protecting the Polar Marine Environment: Law and Policy for Pollution Prevention*, Cambridge University Press, 2000, p. 242.

③ Ministry of Transport of Russia: Rules of Navigation in the Water Area of the Northern Sea Route, January 17, 2013.

④ “Digest of United States Practice in International Law 2015,” https://2009-2017.state.gov/s/l/2015/index.htm, pp. 526-528.

⑤ “Questions from members Van Tongeren and Van Ojik (both GroenLinks) to the Ministers of Foreign Affairs and of Infrastructure and the Environment about the threats from the Russian coastguard to the address of the Greenpeace ship Arctic Sunrise, Answer given by Minister Timmermans (Foreign Affairs) also on behalf of the Minister of Infrastructure and the Environment,” https://zoek.officielebekendmakingen.nl/ah-tk-20132014-136.html?zoekcriteria=%3Fzkt%3DEenvoudig%26pst%3D%26.

超出一般专属经济区的管辖权。与此同时，该条也对沿海国行使该权利作出诸多限制，从而维护其他国家在该地区的航行权利。近几十年来，俄罗斯和加拿大以保护环境为由，出台了严格的法律和规章，在环境保护之余大大增强了对这些水域的管控。两国的举措不可避免地对其他国家在该地区的航行权利产生影响，自然引起国际社会高度关注。上述分析表明，双方争议的焦点，主要集中在俄罗斯和加拿大制定和执行的国内法是否已经超出《公约》第 234 条授予沿海国权利的范围。[①] 随着北极变暖以及冰川的融化，北极航道将受到越来越多的重视，围绕《公约》第 234 条的解释和适用的争议，也将更加突出。

## 三　中国的策略选择

《公约》作为“海洋宪章”，既是缔约国参与北极治理的权利依据，也是实现包括北冰洋在内的全球海洋治理的重要法律框架。本文针对《公约》框架下北极治理的两个焦点问题，即北极航道的法律地位与《公约》第 234 条的解释和适用进行了研究。分析表明，一方面，国际社会对《公约》的解释和适用存在不同意见，是引起北极航道问题的重要原因；另一方面，尽管本文的研究焦点是法律问题，然而国际政治的现实远比法律本身复杂。本文认为，合理解释《公约》，在此基础上根据国际情势作出灵活的调整，是中国制定相关政策的总体思路。

### （一）北极航道的法律地位

北方海航道和西北航道的独特性在于，它们均是由许多狭窄的海峡连接而成，而非由单一通道组成。由于航道的通行制度与其法律地位密切相关，国际社会对这两条航道法律地位的关注和争议，关键在于以此来确定所适用

① Alexander Proelss（ed.），*United Nations Convention on the Law of the Sea：A Commentary*，Hart Publishing，2017，p. 1570.

的通行制度。对沿海国而言，若这些海峡为其内水，显然更加易于管控。其他国家则当然希望这些海峡具有国际海峡地位，从而适用相对自由的过境通行制度。根据《公约》对用于国际航行的海峡的定义，此种海峡需在地理上符合“在公海或专属经济区的一个部分和公海或专属经济区的另一部分之间”，以及在功能上满足“用于国际航行”两项标准。其中，地理标准相对容易判断，北方海航道和西北航道中的海峡也符合该标准。问题的关键在于功能标准的认定。由于《公约》并未明确规定海峡应当“实际用于”还是“潜在用于”国际航行，从而导致国际社会对功能标准产生分歧，[①] 尚无统一定论。对于北方海航道和西北航道而言，沿海国和其他国家很可能从维护自身海洋利益出发，分别选择“实际用于”或者较为宽泛的“潜在用于”标准判定海峡的法律地位，双方很难在短时间内就此达成一致。

随着北极航道开发和利用前景的日益明朗化，其对中国的经济及战略的重要性持续上升。与此同时，北极航道的法律地位及其通行制度的确定仍将是非常棘手的问题。在中国海洋实力不断增强的背景下，北极航道适用相对自由的过境通行制度，当然更加符合中国利益。从这个角度看，根据地理标准和较为宽泛的功能标准，主张北方海航道和西北航道的相关海峡为用于国际航行的海峡，进而适用过境通行制度，对中国而言当然是最优选择。然而需要注意的是，国家利益的组成是多维度的，政策选择往往需要对诸多方面加以综合考虑。从国际政治的角度看，其他国家若明确主张北方海航道和西北航道为用于国际航行的海峡，势必对其与加拿大、俄罗斯的外交关系产生影响，这也是欧盟、丹麦、挪威和冰岛等组织或国家仅模糊表示维护其根据《公约》享有的权利的逻辑。中国当前采取的也正是这种策略，既尊重北极国家对其管辖范围内海域的管辖权，同时也认为应当根据《公约》等国际

---

① Donald R. Rothwell, “International Straits and Trans-Arctic Navigation,” *Ocean Development & International Law*, Vol. 43, No. 3, 2012, p. 270; Hugo Caminos, “The legal régime of straits in the 1982 United Nations Convention on the Law of the Sea,” *Collected Courses of the Hague Academy of International Law*, Vol. 205, 1987, pp. 142-143；李志文、高俊涛：《北极通航的航行法律问题探析》，《法学杂志》2010年第11期；屈广清主编《海洋法》，中国人民大学出版社，2005，第106页。

条约和一般国际法对北极航道进行管理，特别是保障各国依法享有的航行自由以及利用北极航道的权利。[①] 不过，将国家间关系作为政策选择的依据往往要面对外交关系发生变动的问题，因此，政策的选择需要根据外交关系作动态调整，而中国的航行利益则不会因外交关系的变动而发生改变。既然能够依据《公约》的地理标准和功能标准判定这两条航道为用于国际航行的海峡，中国自然可以依据国际法对此予以支持。

对于北方海航道和西北航道法律地位的最终解决，由于目前尚不存在能够确定海峡法律地位的国际权威机构，在没有国际法院或法庭裁决的情况下，决定性因素很可能是国际共识，特别是在一个特定海峡中利益相关最大国家之间所达成的共识。这些国家在战略及经济利益上并非一致，因此在达成共识的过程中考量的不仅仅是法律因素，还包括政治、经济等多方面的考量，即海峡法律地位的确定不只是法律过程，还是政治和外交过程。[②] 若将来其他国家能够与俄罗斯、加拿大达成共识，确定西北航道和北方海航道是用于国际航行的海峡并适用过境通行制度，当然最符合中国利益。然而，现实情况恐将与前述理想相距甚远，特别是顾及外交关系、国际政治的现实等因素，而且北极航道法律地位问题的解决在当前也并不急迫，因此中国需要在不突破底线的基础上，对政策作出适当调整。中国在《中国的北极政策》白皮书中既表示尊重沿海国权利，又强调需保障各国依法享有的航行自由和利用北极航道的权利，就是在维护航行权益和利用北极航道权利的基础上，作出的灵活应对。将来在情势发展到航道的法律地位迫切需要解决时，沿岸国与其他国家很可能仍然坚持各自的主张。在这种情况下，受第三次联合国海洋法会议期间各方通过谈判妥协达成《公约》的启发，搁置争议并推动达成某种平衡各方利益的协议，或许是可行选择。

### （二）《公约》第234条的解释和适用问题

加拿大与俄罗斯对北极水域提出的主权诉求，遭到以美国为首的其他国

---

① 《中国的北极政策》，新华网，http：//www.xinhuanet.com/politics/2018-01/26/c_1122320088.htm。

② Joshua Owens、邓云成：《论白令海峡的法律地位》，《中国海洋法学评论》2011 年第 2 期。

家的反对。面对这种情况，加俄两国开始寻求通过其他方式加强对北极水域的管控，海洋环境保护成为突破口。多年来，俄罗斯和加拿大依据《公约》第 234 条赋予沿海国对冰封区域的特殊管辖权，在保护海洋环境的同时，也大大加强了对北极水域的管控。本文研究表明，《公约》第 234 条已经成为加拿大与俄罗斯加强北极水域管控的重要国际法依据。然而，国际社会针对该条的解释和适用仍然存在争议，主要集中在该条的适用范围以及沿海国的国内法与《公约》第 234 条的冲突两个方面。

针对《公约》第 234 条的解释和适用的争议，中国首先需要解决的并非争议本身，而是界定自身的利益和立场。进而在此基础上，选择相应对策。随着中国远洋实力的不断提升，对航行自由需求的增加符合这一发展的逻辑。因此，维护根据国际法享有的航行权益，将是中国未来长期关注的重点。对《公约》第 234 条适用范围的解释，主要存在两种观点，且至今尚无定论。从维护中国航行权益的角度看，中国当然应当主张于我有利的解释。首先，《公约》第 234 条适用的地理范围越小，意味着沿海国依据该条实施的管辖措施的区域相应减少，其他国家在该水域的航行便享有更多自由。据此，在气候变暖和北极冰川融化加剧的背景下，主张《公约》第 234 条对冰封区域的界定应随气候变化进行调整，当然更加符合中国利益。其次，对于沿海国与其他国家就《公约》第 234 条适用水域存在的争议，即仅适用于专属经济区本身，还是适用于领海、专属经济区，以及用于国际航行的海峡等 200 海里内的所有水域，同理，主张《公约》第 234 条仅适用于专属经济区本身的解释更加符合中国利益。

与此同时，《公约》第 234 条的谈判历史表明，该条是平衡沿海国管辖权与其他国家航行权的结果。换言之，第 234 条试图兼顾环境保护与航行自由双重目的，对其解释和适用自然也应当注意这一特征，仅仅关注其中之一将会导致片面之嫌。中国在维护航行权益的同时，应当充分认识到保护冰封区域海洋环境的必要性。实际上，这也是第三次联合国海洋法会议期间，各国代表同意达成第 234 条的重要原因。加拿大和俄罗斯在通过国内法加强对冰封区域的管控保护海洋环境的同时，当然也需顾及其他国家在该水域的航行权益。然而，随着俄罗斯和加拿大依据该条对北极水域管控的不断加强，势必影响到其他国家的航行权益，由此引起沿海国的管控措施是否符合《公约》第 234 条规定的争议。既然《公约》第 234 条在赋予沿海国特殊管辖权的同时，也对该权利的行使施加了限制，这就意味着俄罗斯与加拿大通过国内法保护冰封区域海洋环境的措施存在一定限度。争议的存在表明，当前各国显然尚未就该限度的范围与边界达成共识。随着中国国际地位的提升，国际社会对中国在维护国际海洋法治、保护海洋环境等方面的期待将持续增加，届时可考虑推动在沿海国与其他国家之间就《公约》第 234 条的解释和适用达成某种共识。考虑到加拿大与俄罗斯仍然存在以海洋环境保护为由加强管控的主张，对中国而言，至少在相关共识达成之前，仍然应当以积极争取维护自身航行权益为主要目标。

# 第四部分
# 海洋治理的中国经验

## 海洋综合管理推进何以重塑？*

### ——基于海洋执法机构整合阻滞（2013~2017）的组织学分析

王　刚　宋锴业**

**摘　要：** 作为一种超越分散管理的重要备选机制，海洋综合管理在很长一段时间内得到学界的广泛认同。然而，海洋综合管理在实践层面却展现出了完全不同的逻辑。2018 年以来，中国海

* 本文得到国家社会科学基金重大专项“海洋强国战略下的海洋文化体系建构研究”（项目编号：19VHQ013）、国家社会科学基金重点项目“面向全球海洋治理的中国海上执法能力建设研究”（项目编号：17AZZ009）、山东省社科规划研究项目“新时代山东省风险应对与应急管理体系建设研究”（项目编号：21CZZJ02）的资助。本文原载《中国行政管理》2021 年第 8 期。

** 王刚，中国海洋大学国际事务与公共管理学院教授，中国海洋大学海洋发展研究院研究员；宋锴业，山东大学政治学与公共管理学院助理研究员。

洋管理体制改革重塑了2013年改革所确立的“综合管理”的改革思路，昭示着中国的海洋治理进入新纪元。为何2018年以来的改革要对2013年确立的海洋综合管理的改革思路改弦易张？本文聚焦于海洋执法机构整合阻滞的组织学分析，立足于2013~2017年中国海洋执法机构整合过程，从组织层次序列情境中相互联系的政治体制、职能机关、机构性质等方面挖掘了海洋综合管理重塑的组织机理，明确了当前中国海洋行政体制改革思路重塑的缘由及其科学性。研究挑战了国际和国内文献中的一种趋势，即将海洋领域中的综合管理视为一种协调战略。而海洋综合管理思路的重塑过程为体制改革提供了重要启示。

**关键词：** 海洋综合管理　海洋管理体制　海洋执法　机构整合

## 一　问题提出

海洋管理体制改革一直是海洋管理学界所讨论的一个焦点议题，在这一议题的讨论中一个基本共识是海洋管理需要从分散管理走向综合管理。分散执法的弊端，学界已经进行了卓有成效的研究。[①] 海洋执法体制的改革和执法队伍的整合也几乎成为学界的共识。[②] 有关海洋综合管理的研究成果，在海洋管理学界可谓很多。概括而言，其改革思路无外乎体现在两个方面：一是提升国家海洋局的层级和权力，或者成立更高规格的海洋管理机关；二是整合分散的海洋执法队伍，实现统一的海上执法。2012年党的十八大报告

① 徐祥民、李冰强等：《渤海管理法的体制问题研究》，人民出版社，2011。

② 阎铁毅、吴煦：《中国海洋执法体制研究》，《学术论坛》2012年第10期。

明确提出“建设海洋强国”，从而使海洋行政管理体制改革的力度和广度都进一步加大。基于党的十八大对海洋强国战略的重视以及海洋管理学界多年来的学术呼吁，在2013年的国务院机构改革后，国家成立了高规格的国家海洋委员会，将5支海洋执法队伍中的4支合并[①]，成立了统一海洋执法的中国海警局，从而将中国海洋执法的五支队伍推进到了两支队伍时代[②]。在2013年的国务院机构改革方案中，除了国家海洋局没有得到实质性层级提升外，海洋综合管理的理念，国家几乎照单全收。但是在2013～2017年5年的改革实践中，这一改革的成效并不明显。体现海洋综合管理理念的海洋执法整合，没有实现实质性推进。尽管在中央层面，4支执法队伍进行了整合，但是在地方层面，一直没有实现实质性的整合。部分的沿海省市成立了地方的海警局，但更多是名称的改变，在实际的海洋执法中，还是各自为政，没有达到中央设计的改革目标和整合程度。海洋管理部门执法处某处长表示，“这一改革就变成了一锅夹生饭”（访谈编号：20160821）。

在2018年的国务院机构改革中，海洋行政管理体制改革理念得到大幅度的重塑：国家海洋局被合并进新成立的自然资源部，国家海洋局作为一个国家机构已经“消亡”（尽管自然资源部对外还保留国家海洋局的牌子）；海洋资源开发与海洋生态保护的职能也分别纳入自然资源部和生态环境部之中；中国海警局纳入武警序列，从而具有军队的属性。尽管从表面看2018年的海洋执法依然延续了两支队伍的局面，但是其机构改革的逻辑却完全不同。海洋综合管理的基本义理是秉承生态系统一体化的思路，海洋的各个领域、地域都统归一个部门管理（明确而言，就是归属国家海洋局管理），从而打破陆域管理的基于职能、地域划分的职能管理、地方区划管理。2018年以来的改革中，综合管理的思路被调整，海洋管理进一步延续了陆域的职

① 2013年的国务院机构改革方案实施之前，我国的五支海上执法队伍分别是：隶属公安部的中国海警，隶属国家海洋局的中国海监，隶属农业部的中国渔政，隶属交通部的中国海巡，以及隶属中国海关的海上缉私队。

② 2013年整合的海洋执法队伍，除了隶属交通部的中国海巡之外，其他四支整合成为中国海警，从而构成了中国海警与中国海巡并列的局面。

能管理（海洋管理学界称之为行业管理）的模式。

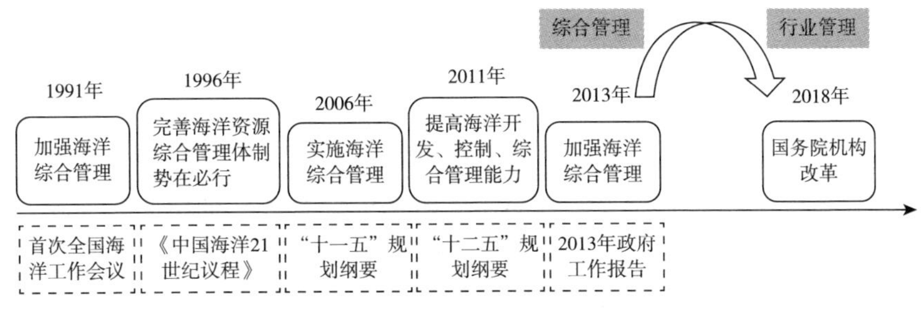


**图 1　海洋综合管理的调整与跃迁**

资料来源：笔者自制。

以上讨论引出本文的基本研究问题：2013~2017 年的海洋管理体制尤其是海洋执法体制改革，为何在 2018 年的国务院机构改革中得到相反的重塑？从海洋行政管理体制改革的角度而言，2018 年为何要放弃 2013 年所确定的海洋综合管理思路，而代之以另一种思路（行业管理）？深入剖析这一问题，有利于探究我国海洋管理体制改革的深层逻辑，从而对未来的改革走向保持清醒认识。值得注意的是，2018 年海洋管理体制改革之所以改弦易张，一个重要原因是占据重要位置的海洋执法机构整合面临困境，甚至是整合阻滞。因此，本文将聚焦 2013~2017 年海洋执法机构整合阻滞的分析，从而达到见微知著、管中窥豹的目的，以期洞悉海洋综合管理重塑的深层机理，明确 2018 年以及以后海洋治理理念重塑的根源，为探究新时代海洋治理的新思路、新逻辑提供增益性的启发。

本文的经验材料来自 2013~2017 年对相关部门领导及其工作人员的调研和访谈，部分资料在 2019 年的回访过程中，又进行了充实。具体调研部门包括原国家海洋局及其分局的相关人员、原地方海洋与渔业厅（局）相关人员、地方海关的相关人员。本研究调研和访谈的最高领导层级为副厅级领导。对于更高层级的访谈，受条件限制，没有实现。

## 二　文献回顾与分析框架

### （一）文献回顾

综合管理是海洋管理领域中最重要的研究主题之一。海洋综合管理是指国家通过各级政府对海洋（主要集中在毗邻管辖海域）的空间、资源、环境和权益及其开发利用与保护所进行的全面的、统筹协调的管理活动。[①] 早期大量研究大多关注海洋综合管理的必要性和重要意义，常见的观点大致有以下两类。一种观点是从综合管理与传统行业管理的关系入手，分析综合管理的内涵、特征与意义。西辛·塞恩认为综合管理一般来说不是取代行业管理，而是对行业管理的补充，在比行业管理更高的管理层次，政策综合执行效果往往最好；[②] 另一种观点则侧重于提出综合管理的改革方案与思路。崔旺来等认为综合管理模式是发挥海洋行政管理体制竞争力的前提条件。国家要进一步加强海洋事业发展的综合协调管理，设立权责层次较高的海洋行政管理部门，沿海各级政府、涉海各部门要积极做好配合工作。[③] 在理论演进层面，已有研究的问题在于，综合管理优于行业管理的理论预设遭到现实层面的极大挑战。针对近年来海洋综合管理改革的实践困境，有研究从部门统合的角度指出，在中国海洋综合管理进程中，各个涉海部门内部关系与相互之间的关系还是没有在改革中得以协调，职能与职权没有理顺清楚。[④] 进而，有研究有针对性地提出需要从法律和制度层面进一步强化海洋管理协调机制的构建。[⑤] 这些研究未从根本上解释综合管理陷入困境的根源，一些未

---

① 吕彩霞：《海洋综合管理问题探讨》，《中国软科学》2001 年第 6 期。

② B. Cicinsain, “Sustainable Development and Integrated Coastal Management,” *Ocean & Coastal Management*, 1993（1-3）：11-43.

③ 崔旺来、钟丹丹、李有绪：《我国海洋行政管理体制的多维度审视》，《浙江海洋学院学报（人文科学版）》2009 年第 4 期。

④ 史春林：《中国海洋管理和执法力量整合后面临的新问题及对策》，《中国软科学》2014 年第 11 期。

⑤ 阎铁毅、付梦华：《海洋执法协调机制研究》，《中国软科学》2016 年第 7 期。

被观察到的机制仍在隐蔽地影响海洋管理的综合进程。对海洋主管部门的田野调查驱使笔者进一步思考综合管理背后更深层次的理论问题：综合管理所面临的困境及其改革思路重塑的根源是什么?

这一问题的难点在于对其分析视角的选定，对于海洋综合管理这一改革思路为什么会重塑，可以从多个角度加以解释。目前，有关政府的机构运作及上下级关系的研究成果颇为丰富，这些研究通常是解释政策执行阻滞的研究契机。众多研究发现，影响中央政府（上级政府）推行政令的因素有很多,[①] 越是到基层，其政令的影响力和适用性就越差。下级政府并不总是切实执行上级政策，而是在利益权衡中有选择地执行。[②] 然而，这些研究不能充分解释中国海洋综合管理为何会重塑这一核心问题。如，周雪光、练宏构建“控制权”的理论以分析政府内部的运作及其权力关系。[③] 这一理论指出，下级政府会与上级政府进行博弈，将自己的意志和利益融合进改革和政策中。但是，在海洋综合管理推行过程中，上级政府一旦强力推行政令，地方政府会进入“准退出”模式，不再与上级政府博弈，从而严格执行上级政令。何艳玲、汪广龙的研究也表明，当下级政府意识到上级强力推行的意志时，会积极行动，贯彻上级政策意图。[④] 练宏则从“带帽”竞争以及注意力方面，对政府内部的组织运作进行了揭示。其构建了“党委政府—政府—职能部门”逐级递减的权力影响力。[⑤] 但在海洋执法改革中，其规格不可谓不高。其“带帽”权力已达最高——中央成立国家海洋委员会来统筹协调海洋重大事项。

---

① Jean C. Oi, *Rural China Takes off*: *Institutional Foundations of Economic Reform*, Berkeley: University of California Press, 1999.

② Kevin J. O'Brien, Lianjiang Li, "Selective Policy Implementation in Rural China," *Comparative Politics*, 1999 (2): 167-186.

③ 周雪光、练宏：《政府内部上下级部门间谈判的一个分析模型——以环境政策实施为例》，《中国社会科学》2011 年第 5 期；周雪光、练宏：《中国政府的治理模式：一个“控制权”理论》，《社会学研究》2012 年第 5 期。

④ 何艳玲、汪广龙：《不可退出的谈判：对中国科层组织“有效治理”现象的一种解释》，《管理世界》2012 年第 12 期。

⑤ 练宏：《注意力竞争——基于参与观察与多案例的组织学分析》，《社会学研究》2016 年第 4 期。

那么，在高位推动和介入的情况下，为何这一机构改革变成了“夹生饭”？显然，海洋执法机构整合阻滞的内在机理超越了目前的解释。

## （二）分析框架：组织层次序列情境下的综合管理

鉴于既有的理论对解释海洋综合管理这一特定的机制欠缺充分的解释力，本文重新提炼出一个适用于解释综合管理困境的新的框架（见图 2）。事实上，横向行政体制改革一直是我国政府机构改革的重点，其职能部门之间的整合几乎贯穿了中国行政体制改革的整个历程。有研究将中国的体制改革概括为“政治体制改革化约为行政体制改革，行政体制改革落实为机构改革，机构改革承载国家治理现代化的重任”①。进一步而言，横向的职能部门机构改革承载国家治理体系和治理现代化的重任。因此，深入剖析中央横向职能部门的机构改革逻辑，是洞悉我国行政体制、政治体制以及治理体系建设堂奥的关键。而在横向的职能部门机构改革中，海洋行政管理体制的改革成为窥探改革逻辑的最佳窗口。本文从组织学角度，对海洋综合管理最具核心作用的海洋执法机构改革进行分析。鉴于组织的层次和序列可以划分为政治体制、职能机关、机构性质，因而本文立足政治体制的宏观视域、立足职能机关的中观视域、立足机构性质的微观视域三个层次构建了一个整合性的分析框架（见图 2）。这一分析框架由三个相互联系的部分构成。首先，中国政治体制中的多重嵌套体制建构了海洋综合管理推行的宏观环境；职能机关的组织结构与运作特征则构成了中观运作结构；而具体的海洋机构的性质和定位也会影响海洋综合管理的执行推进。这一整合性的分析框架最大程度体现了海洋综合管理的组织化和过程化特征。

1. 政治体制与机构关系

中国的政治体制与西方有着截然不同的制度基础。中国特色社会主义制度的核心就是坚持中国共产党的领导。与之相应，中国形成了党政嵌套的体制。众多研究已经针对中国的党政体制展开了细致的研究。陈柏峰概括了党

① 颜昌武：《机构改革与现代国家建设：建国以来的中国》，《学海》2019 年第 2 期。

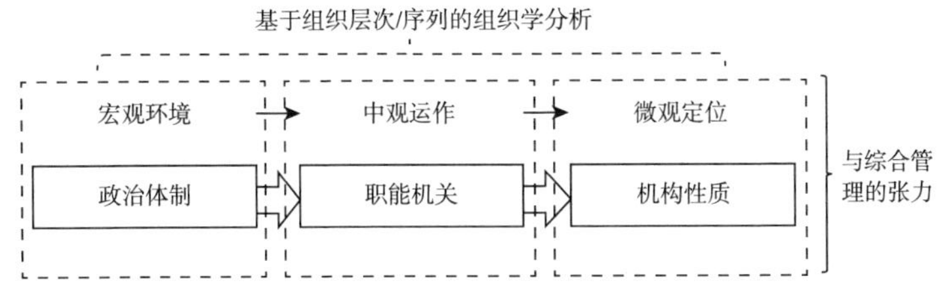


**图2　一个整合性的分析框架**

资料来源：笔者自制。

政体制下条条、块块、政治伦理三个维度如何塑造基层执法。① 颜昌武指出，党政体制下的中国行政国家建设，具有其独有的特色与路向。② 因此，要理解中国的政治体制，需要从党政嵌套的角度挖掘。实际上，中国的“嵌套”体制在一些领域更为复杂，具体到执法领域，形成了“党、政、军”三者嵌套的体制。从“党政军”等体制嵌套的角度去认知中国的政治体制，是洞悉海洋执法机构整合阻滞的关键。此外，中国作为广土众民的大国，在国家治理中面临集权与分权、政策统一性与执行灵活性等矛盾的平衡。学界对此提出很多富有见地的理论概括。这些理论视角不同，但都指出中国在保持政治统一的情况下，具体治理体制和机制的多样性和灵活性。③ 尽管没有美国的“碎片化”（fragmentation）那么严重，但也造成机构之间关系的复杂化，形成特殊竞争的关系模式，从而影响了机构之间的整合。因此，多重“嵌套”体制使不同机关在机构属性、人员编制、权力运行上，都面临着更为复杂的局面。在海洋执法体制中，这种“嵌套”体制和关系

① 陈柏峰：《党政体制如何塑造基层执法》，《法学研究》2017年第4期。

② 颜昌武：《党政体制下的中国行政国家建设：特色与路向》，《暨南学报（哲学社会科学版）》2019年第7期。

③ 周黎安：《行政发包制》，《社会》2014年第6期；O. Blanchard, A. Shleifer, “Federalism with and without Political Centralization: China Versus Russia,” *IMF Staff Papers*, 2001 (1): 171-179；曹正汉、冯国强：《地方分权层级与产权保护程度——一项“产权的社会视角”的考察》，《社会学研究》2016年第5期。

模式，是理解海洋综合管理思路转变的重要切入视角。

2. 职能机关组织结构与运作特征

在多重“嵌套”体制的宏观环境下，职能机关的中观运作结构也有重要影响。目前的行政体制是“条条”与“块块”相结合的组织结构。其中，“条条”主要指中央政府以及地方政府所设立的各个职能部门，“块块”则指各级地方政府。“条条”所代表的职能部门是职能管理的组织体现。职能管理模式源于18世纪亚当·斯密的“劳动分工原理”。将分工原理首先应用于管理的代表人物是弗雷德里克·温斯洛·泰勒与亨利·法约尔。泰勒倡导对工作流程进行系统分析，制造工作被分为设计、加工、装配和测试四种活动；法约尔则指出，管理包含计划、组织、指挥、协调和控制五大职能。统而论之，职能管理体制是基于职能分工的传统管理体制，又称为等级制组织。它是以命令控制为主要特征，按照纵向职能为主、横向协调为辅的原则建立的一种管理体制。在职能管理体制内部，重视中心任务部门的工作和完整预算体系的建立。职能管理是科层制组织的基本组织架构，也是现代国家政府运作的组织基础。随着国家治理现代化的推进，职能管理不断得到优化和强化。有研究者总结了职能管理优化的三个特点：第一，强调部门职能事项信息的结构化和系统化；第二，强调职能事项各属性的粒度精细化和记录的动态性；第三，注重政府工作流程的优化和显性化。[①] 但是，立足于职能管理的职能机关也成为影响海洋执法机构整合的组织基础。其整合阻滞，既有来自组织职能机关本身的组织架构属性，也有我国当前治理模式的运行特性。

3. 机构性质与管理定位

学界所推崇的海洋执法机构整合秉持了海洋综合管理的理念。海洋综合管理的思想渊源，可以追溯到20世纪30年代的美国。基于对海洋管理综合性与统一性的了解，利用海洋资源与环境方面的扩展，以及各类海上活动的

① 孟庆国：《简政放权背景下创新政府职能管理的方法路径》，《国家行政学院学报》2015年第4期。

新变化，部分美国学者提出海洋综合管理建议。在此基础上，有关综合管理的理念不断发展。20 世纪 80 年代，基于生态系统的管理（Ecosystem-Based Management）和大海洋生态系统（Large Marine Ecosystem）应运而生，得到国际海洋学术界和管理部门的广泛关注和认可。[①] 我国学界对此积极回应，"海洋综合管理""海洋区域管理（区域海洋管理）""基于生态系统的海洋（综合）管理""海岸带综合管理"等关键词成为海洋管理研究的核心主题。其基本观点是海洋具有一体化与流动性，需要海洋行政主管部门进行统筹规划的海洋综合管理。这一理念对于提高海洋管理的科学化，实现海洋环境与资源的保护具有重要作用。而海洋综合执法，统一海上执法队伍，也成为海洋综合管理必不可少的组成部分。

如果跳出海洋管理的视野局限，以一种更为宏观的角度来看待海洋管理学者们所提出的改革设想，学界对海洋综合管理的改革思路对其他机构改革构成挑战，也与其他一些部门的改革思路相抵牾。[②] 例如，学界认为我国环境保护不利的原因之一在于环境保护部门的弱势地位，改变这一环境保护不利状况的策略之一就是提高环境保护部门的权威，统一环境保护职能。[③] 而统一环境保护的职能，也意味着要将海洋环境与资源保护职能纳入环境保护部的职能范畴之内。这与海洋综合管理的思路恰恰相反。实际上，如果从其他职能部门的角度而言，海洋综合管理本身是对其他职能部门职能的割裂。矛盾的根源在于，对海洋行政主管部门（原国家海洋局）的机构性质认知存在偏差。海洋行政主管部门与其他职能管理部门的最大区别在于，前者是按地域标准划分的管理，而后者是按职能标准划分的管理。因此，产生权责与职能划分之间的"非此即彼"矛盾在所难免。

---

① C. N. Ehler，B. Cicin-Sain，K. Goldstein，Workshop on Improving Regional Ocean Governance in the United States，2002.

② 王刚、袁晓乐：《我国海洋行政管理体制及其改革——兼论海洋行政主管部门的机构性质》，《中国海洋大学学报（社会科学版）》2016 年第 4 期。

③ 王清军、Tseming Yang：《中国环境管理大部制变革的回顾与反思》，《武汉理工大学学报（社会科学版）》2010 年第 6 期。

## 三　为什么综合管理的思路陷入困境?

### （一）多重“嵌套”的政治体制与综合管理推进之间的张力

党政嵌套的体制使机构之间的隶属关系、人员编制等方面形成了复杂多样的差异化。而海洋执法机构不可避免地涉及中国的“党政军嵌套”体制，更为复杂多元。从中央到地方，党委在机构中处于核心地位。中央的核心地位，也使各个政府职能部门、执法机构和军事机构对党的组织形成向心力。政府机构改革涉及其中，会无形中增加机构改革的难度。海洋执法机构整合所涉及的职能部门之间的机构属性差异表现在以下几个方面。

首先，在2018年的国务院机构改革之前，四个海洋执法机构所隶属的职能部门的机构属性并非完全一致。公安部、农业部属于国务院组成部门，海关总署属于国务院直属机构，而国家海洋局则是隶属于国土资源部的国家独立局。这三种机构性质在权力属性上存在一定的差异。国务院组成部门的负责人具有参加国务院全体会议的权力，因此其在权力序列中更为靠前，这就可以解释为何将国家环境保护总局升格为环境保护部（2018年的国务院机构改革，进一步整合为生态环境部）是对环境保护领域的重视。公安部作为重要的职能部门尽管也属于部级层次，但默认的惯例是实行“超配”，从而实现权力的层级分化。从这个意义上而言，这四个职能部门可能涉及四种权力关系和机构定位。

其次，这四个职能部门与上级的隶属关系也不尽相同。尽管它们都是国务院的下属职能部门，但是与上级的隶属关系也存在差异。尤其是2013年执法机构整合涉及的公安部海洋边防部队的整合，关涉中国党、政、军三元的体制，更为复杂。公安部管辖的警察及武警部队是国家赖以维持秩序的暴力机构，是国家的“刀把子”，在“党、政、军”嵌套的国家体制之中，其与上级的隶属关系更为复杂。在2018年的国务院机构改革之前，武警部队接受国务院与中央军事委员会的双重领导，并且也要接受中央政法委的节制，从而与上级形成了多元的隶属关系。这一多元隶属关系涉及党对军队的领导定位，从而引发了另一个更为深层的话题讨论：整合后的海洋执法队伍，其机构定位应该是“行政执法队伍”抑或“军事化组织”？换言之，整合后的中国海警，应该是警察，还是海军？这一机构的性质定位将对中国海洋维权的方式、性质和力度等产生相当重要的影响，而相关部门的配合并不顺畅。

再次，四支海洋执法队伍中的人员编制也不尽相同。我国目前政府机构中，存在多种人员编制共存的现象。在国家实行人员编制严格控制的情况下，各个行政机构要完成大量的行政事务，不可避免地存在人员短缺的现象，因此，在正式的国家编制员额基础上，各个机构通过编外人员的增设、借调，以弥补人员编制不足的困境。现实中，一般把党政机关使用的人员编制称为行政编制，将机构自筹经费吸纳的人员编制称为事业编制。不同机构的人员编制种类是存在差异的，除了种类的不同之外，行政编制与事业编制的比例也相差巨大。如果整合事业编制占比较大的执法机构，意味着整合后的执法机构要承担更多的自筹经费，以保证人员的稳定。这无形中会加大整合的困难。正如国家海洋局执法处某处长所言，“整合的四支执法队伍编制成分太复杂……这也给整合增加了不少难度”（访谈编号：2016101301）。

最后，四支海洋执法队伍所属的职能部门内部，上下级之间的权力关系也存在差异。其权力关系主要包括三种形式：一是领导与被领导，如上下级政府之间、本级政府和本级职能部门之间、直属机构部门上下级之间；二是指导与被指导，如上级职能部门和下级职能部门之间、地方政府与所在地的直属机构之间；三是双重领导，即既受本级政府领导，又受上级职能部门领导。三种不同的权力关系，使职能部门与地方政府的关系存在较大差异。这涉及海洋执法机构整合的另一个影响因素：沿海地方政府。对于需要接受地方政府领导的职能部门而言，地方政府可以对其施加影响，从而维护本区域的利益。博弈的主体越多，利益越多元，越难以达成博弈的均衡，在机构整合中，也就越增加机构整合的难度。

## （二）职能部门的特征与综合管理推进之间的张力

1. 职能部门的强化造成了职能部门的强势

从某种意义上而言，职能管理不仅是科层制进行“分工”管理的结果，也是中央政府、上级政府加强对下级政府控制的组织基础和手段。但面对大量纷繁复杂的社会事物，中央政府关注的是具有战略性、全局性的事物，大量专业事物需要依靠职能部门进行中央控制或者上级控制。有研究发现，政府的“条条”权力在增加，“块块”权力在弱化。① 即职能部门的权力不断得到加强，地方政府的权力在削弱。中央职能部门的权力加强通常通过以下五种方式实现：一是改变权力关系属性，将上下级职能部门关系的“业务指导权”改为“行政领导权”，即实现中央职能部门的垂直型管理，这一权力改革趋势在20世纪90年代中期开始大规模实施；② 二是进行直属机构的设立，从而实现对地方事务的统筹和直接介入，例如水利部设立的“长委”“黄委”，原国家海洋局设立的北海分局、东海分局、南海分局等；三是通过“项目制”的运作，促使地方政府“跑部钱进”，实现中央职能部门权力加强的目的；四是将大量涉及本职能的地方事项收归中央职能部门审批，通过审批权实现本职能部门权力的加强和通达；五是通过在下级职能部门设立督察局、专员等，实现对下级的督查和监督。③

实际上，职能部门的权力加强，是中央对地方政府控制加强的有机组成部分。尽管中央掌握了地方的人事任免权④，但是中央依然需要通过职能部门的审批、项目等方式，对地方政府的日常运作实现控制。中央职能部门对地方政府的控制，具有日常性和专业性，也是科层控制最为重要的组成部分。中央在依靠职能部门控制地方的同时，不可避免地造成各个职能部门的

① 陈家建、张琼文、胡俞：《项目制与政府间权责关系演变：机制及其影响》，《社会》2015年第5期。

② 李振、鲁宇：《中国的选择性分（集）权模式——以部门垂直管理化和行政审批权限改革为案例的研究》，《公共管理学报》2015年第3期。

③ 沈荣华：《分权背景下的政府垂直管理：模式和思路》，《中国行政管理》2009年第9期。

④ 中国省级、副省级干部的任命提名权，掌握在中央组织部手中。

强势。尤其是随着大部制改革的推进，中央职能部门不断整合和膨胀，从而使其扩展自己的职能和权力成为一种组织本能。在这种职能和权力扩展的组织格局之下，海洋执法机构整合所涉及的公安部、农业部、海关总署、国家海洋局等职能部门，都很难具有剥离相关执法职能和队伍的组织自觉，从而具有一种延迟和推诿机构整合的组织内在惯性。政府内部存在博弈关系，由于中央政府需要依靠职能部门实现中央控制，在中央政府与职能部门的博弈过程中，职能部门也具有了一定的话语权和博弈筹码，这延迟了中央推行海洋执法机构整合的力度。

上述讨论强调的是，职能部门的强化造成职能部门的强势，相关部门很难具有剥离相关执法职能和队伍的自觉，从而具有一种延迟和推诿整合的惯性。在上述逻辑之外，另一个隐秘而重要的问题在于，当前，“逆权势化”的整合路径以及政治锦标赛等，使执法机构整合很容易引起被整合部门的抵制。

一方面，职能部门的强势，不仅表现在对地方政府的控制加强和对中央政府具有博弈的筹码方面，也表现在职能部门之间权势的差异化和层次化。海洋执法机构整合涉及的公安部、农业部、海关总署、国家海洋局等部门，尽管在性质上都是中央政府的职能部门，但是四者呈现“公安部—农业部—海关总署—国家海洋局”权势逐渐递减的层次性①。海洋执法队伍整合阻滞的一个重要原因在于整合的方向是“逆权势化”。2013～2017 年的海洋执法队伍整合目标，是将公安部、农业部、海关总署的海洋执法队伍整合进国家海洋局的执法队伍，从而实现海洋权益维护和执法力量的加强。这与上述四个职能部门的权势相反。国家也考虑到这一局面，为缓解这一操作可能带来的问题，着手在人事上进行了调整，例如新成立的中国海警局首任局长由时任公安部副部长担任，国家海洋局局长出任政委。新成立的中国海警局尽管接受国家海洋局的领导，但需要接受公安部的业务指导。中央的这一人事安排，尚未对整体的职能权势逆差化进行全面覆盖。公安部、农业部、海关总署对国家海洋局的强势，使这一整合缺乏内在动力和外部压力。

① 其为何呈现这样递减的关系，具体内容可以参见下文对机构属性的论述。

另一方面，周飞舟发现很多职能部门在其行政周期内所制定的自认目标和工作指标普遍高于上级政府所设定的目标，从而使任务目标层层加码。[①]在此基础上，周黎安指出，在当前政治晋升模式中，官员通过指标的胜出，使其在任职周期内尽可能积累政治资源，从而达到职务晋升的目的。[②] 由此，官员为了自身晋升，一般将同类机构视为竞争者，同级之间相同领域之间的部门很难合作。后来的研究进一步提炼了这种特性，发现职能部门的竞争对手具有内在的自我设定。省司法厅将公安厅、检察院作为自己的竞争对手，它们之间很少有实质性合作。这是因为在同一政府层面，相同层面的政府官员间存在晋升竞争，其业务具有可比性，因此其他机构的业务增长会对自己形成巨大压力，其合作就较为困难。[③]

上述理论可以印证海洋执法机构整合的阻滞。四个海洋执法机构隶属的四个职能部门，都是国务院下设的职能机构，它们之间的业务的确存在相似性。如果自己部门的执法队伍被整合进其他部门的执法队伍，无疑是对自己业务开展的不利，而助长了其他部门的业务增长。在当前的“政治锦标赛”模式下，执法机构整合很容易引起被整合部门的抵制，海洋执法机构整合阻滞也在情理之中。

2. 职能划分的特性使得职能部门之间的分化重组很难一蹴而就

如果说第一个方面论述的职能部门强化，是一种“政治”的体现和权力格局的塑造，那么，职能部门强化还具有“科学”的体现以及科层制治理的必然要求。职能部门的权力得到加强，有利于缓解地方行政中的公权私用、地方保护、市场分割等问题。它在约束地方政府的治理边界以及规范行政运作方面，具有不可替代的作用。拥有信息的下级政府总是倾向于有选择性地发出对自己有利的信号，以便获得更多的报酬和利益。[④] 而且现实中发

① 周飞舟：《锦标赛体制》，《社会学研究》2009 年第 3 期。

② 周黎安：《中国地方官员的晋升锦标赛模式研究》，《经济研究》2007 年第 7 期。

③ 练宏：《注意力竞争——基于参与观察与多案例的组织学分析》，《社会学研究》2016 年第 4 期。

④ 狄金华：《政策性负担、信息督查与逆向软预算约束——对项目运作中地方政府组织行为的一个解释》，《社会学研究》2015 年第 6 期。

送的信息总是具有某种模糊性，而模糊性是指在同样信息条件下人们会有不同的解释和理解。① 更为重要的是，信息的模糊性，使得人们的不同理解和解释不因信息的增加而改变。② 这就使得具有辨析信息的能力举足轻重。职能部门几乎都是按照某种特定职能而设立的管理部门，其在本职能领域内对其管理的业务具有无可比拟的技术优势。这种技术优势可以很好地辨析地方政府发送的信息包含多少正确的信息、多少错误的信息，从而对地方政府实现有效的约束。但不可否认的是，职能的划分并非按照逻辑上严格的划分标准设定的，逻辑学上一些基本的划分规则，如“划分必须按照同一标准”“划分后的子项应该互不相容”等，在职能设立时并不能得到严格执行。现实中的职能划分，更多的是根据客观需要设立。这不可避免地造成职能部门之间的职能交叉。现代社会的高速发展又使职能的设立面临模糊化。在这种情况下，如何合理地设定以及重构职能间的关系是一个“科学”问题。将其他职能部门的涉海执法整合进入国家海洋局主导的中国海警局，的确保证了海洋执法的完整性和科学性，但也是对其他职能部门职能的割裂。以农业部渔业管理为例，其职能的完整性和科学性体现在对内陆江河渔业、沿海渔业资源的全面管理基础之上。而其海洋执法的剥离，并不利于其全面职能的实现。在这个意义上，海洋执法机构整合的阻滞是各个职能部门基于自身职能完整性的反应。在保证自身职能管理得到有效实施时，各个职能部门才可能剥离一些非关键性的职能。对于“海洋”这一越来越重要的领域，各职能部门都力图加强在此方面的职能管理。

3. 多维的治理模式使职能机关对整合采取观望态度

以科层制为组织架构的科层制治理是我国最基本的国家治理模式。但在此基础上，又嵌套了多种维度的治理模式。学界对中国国家治理模式的理论概括，可以总结为三种最为基本的治理模式：科层制治理、运动型治理、项

① L. B. Mohr, J. G. March, J. P. Olsen, “Ambiguity and Choice in Organizations”, *American Political Science Review*, 1976 (3): 408-1035.

② J. G. March, *A Prime on Decision Making How Decision Happens*, New York: Free Press, 1994.

目制治理。[①]

科层制治理是以职能分化的部门设置为组织基础，以制度化、常规化为特征。[②] 它是职能管理赖以运作的治理基础，体现了国家治理的"行政性"。但科层制治理也存在其固有的弊端。为纠正科层制治理的痼疾，运动型治理成为中央常用的一种纠偏方式。[③] 而且党政双重体制之间的螺旋式晋升流动让官员具备了科层管理经验与政治敏感，能够在科层制治理与运动式治理之间进行管理模式的切换。[④] 与运动型治理呼应的则是项目制治理的不断推广，它也成为政府打破科层制治理痼疾的一种行之有效的运作方式。[⑤]

那么，三种治理模式的并存，是如何影响海洋执法机构整合的呢？三种治理模式的运作存在差异，造成这三种治理模式之间的张力。多维的治理模式使得行政系统内部的官员首先对国家政策的出台会进行治理模式的归类和定位。对于涉及海洋执法机构整合的职能部门官员而言，他们对国家出台的海洋执法机构整合政策，是属于科层制治理的常规性政策，还是属于运动型治理的动员政策，并没有很好地理解和把握。恰如国家海洋局执法处某处长所指出的，"国家尽管成立了国家海洋委员会，但只是成立了一个秘书处，并没有对海洋执法整合进行明确的指导。我们也拿不准国家对海洋执法整合是一种什么样的态度，是坚决贯彻？还是权衡当前的海洋权益维护局面，而出台的应对政策"（访谈编号：2016101203）。显然，涉及其中的行政部门官员，担忧海洋执法机构整合政策可能只是国家的运动型治理，对其长效性存在质疑。而运动型治理之下，经常发生政策变通和变化。[⑥] 行政官员对此

① 对于中国的治理模式，学界还有很多卓有洞见的理论概括。例如"行政发包制""政治锦标赛""控权论"等。这些是对中国独特的科层制治理的微观描述和理论提炼，尚不足以成为与科层制治理相并列的治理模式，且与本文此部分的理论论述关系并不紧密，因而本文只是比较上述三种治理模式。

② 陈家建：《督查机制：科层运动化的实践渠道》，《公共行政评论》2015 年第 2 期。

③ 周雪光：《运动型治理机制：中国国家治理的制度逻辑再思考》，《开放时代》2012 年第 9 期。

④ 周雪光：《从"黄宗羲定律"到帝国的逻辑：中国国家治理逻辑的历史线索》，《开放时代》2014 年第 4 期。

⑤ 渠敬东：《项目制：一种新的国家治理体制》，《中国社会科学》2012 年第 5 期。

⑥ 刘骥、熊彩：《解释政策变通：运动式治理中的条块关系》，《公共行政评论》2015 年第 6 期。

持观望也就不足为奇。

既有研究肯定了运动型治理的效果，为何在海洋执法机构整合中，它却造成整合阻滞呢？进一步研究发现，当运动型治理与科层制治理存在责任归属嵌套时，效果是最好的。即行政官员在执行运动型治理政策时，其放弃的科层制治理政策不会影响到其评价和奖励，行政官员会很乐于执行运动型治理政策，从而获得晋升，这是运动型治理“政治吸纳行政”的组织基础；但是如果存在责任不嵌套，甚至分离，则效果将大打折扣。甚至运动型治理会冲击科层制治理的目标，行政官员就会存在不配合。调研中，原海洋与渔业厅的一位处长就谈道，“对于我们（指渔业管理和执法，作者注）而言，最根本的还是管理好海洋渔业资源，进行有效的渔业执法。我们的船本来就少，违规偷捕的太多了。我们对海洋执法整合支持得再好，但如果影响了我们自己的渔业执法本职工作，也会受到批评的”（访谈编号：2017021304）。

除运动型治理与科层制治理之间的张力，项目制治理也对海洋执法机构整合造成影响。项目制治理的运行，使得下级政府和官员对上级的项目扶持形成天然依赖，对于政策的执行，寄希望于上级的财政和专项基金的配套。Q 市海关某科长就认为，“海洋执法整合这么重要的一个政策，国家应该配套大规模的整合资金才对。没有相配套的项目资金，哪能达到有效整合的效果”（访谈编号：2017101202）。显然，我国目前的项目存在碎片化的状况。[①] 何种政策应该嵌套何种项目，配套何种规模的资金，并没有严格规定。即使有明确的规定，仍可能导致资源分配不均。[②]

综合而言，科层制治理、运动型治理、项目制治理等多维的治理模式本来是国家为了实现特定治理目标的多样化手段，但是在海洋执法机构整合中，这种多维的治理模式在当前的职能机关定位下反而对其有效整合产生了阻滞。

---

① 豆书龙、王山、李博：《项目制的复合型碎片化：地方治理的困境——基于宋村项目制的分析》，《公共管理学报》2018 年第 1 期。

② 陈家建：《项目制与基层政府动员——对社会管理项目化运作的社会学考察》，《中国社会科学》2013 年第 2 期。

### （三）海洋行政主管部门的机构性质及管理定位与综合管理推进之间的张力

如上所述，中国是“条块”结合的管理体制。“条条”表示中央职能部门，通过职能和业务划分的标准，对全国范围内涉及本领域的业务进行管理和统筹。而“块块”表示地方政府，是国家便于管理而进行的一种行政区划的设置。“条条”与“块块”的设置原则显然是不同的。“条条”是依据国家统治重点以及社会经济发展的需求而设立，是以“职能”及“业务”为划分标准，“条条”之间存在边界的模糊以及交叉，在所难免。而“块块”往往是以“地域”为划分标准，在同一层级的划分中一定遵循“非此即彼”的划分标准，同级“块块”之间的边界是明确的。概括而言，按照地域标准划分的“块块”——地方政府具有以下两个特点：一是地方政府有着非常明确的管辖疆域，其边界是固定和明确的；二是地方政府在管辖疆域内行使“综合性”的管理职能和权限，是一种“综合管理”。按照职能和业务标准划分的“条条”——（中央）职能管理部门具有以下两个特点：一是职能管理部门的管理地域范围涵盖国家疆域所能及的范畴；二是职能管理部门在自己的职能范畴内行使“业务性”的管理职能和权限，是一种“行业管理”。

原国家海洋局是我国的海洋行政主管部门，从成立之初至现在，原国家海洋局都被定性为国家的“条条”管理而非“块块”管理。虽然部门的隶属关系发生了一定的变化，但是国家海洋局作为国家“条条”——职能管理部门的性质定位从来没有改变。国家海洋局一直作为中央的职能管理部门实现对海洋的职能和业务管理，尽管其职能和业务在不同的历史时期有着一定程度的变化。

但是矛盾之处在于，作为“条条”的原国家海洋局，尽管作为职能管理部门，但是其管理范畴的划定并不同于一般的职能管理部门，它的管理范畴是建立在全国海域的基础上。海域（sea area），原指包括水上、水下在内的一定海洋区域。海域已成为与陆域（land area）相并称的概念，其是国土组成部分的理念逐渐受到人们的认可。实际上，按照海域划定管理范畴已经属于按“地域”划分管理疆域的划分方法。因此，海洋行政主管部门的矛盾之处就在于，其部门性质定位为“条条”——职能管理部门，但是其划分的标准却是“块块”——地方政府。这种矛盾在现实中就表现为原国家海洋局“综合管理”与“行业管理”的冲突：按机构的性质定位，作为国家的职能管理部门，国家海洋局只拥有海洋领域内国家分设的相关管理职能，尽管其相关职能随着海洋重要性的凸显而不断调整和扩容，但没有将全部海域内的管理事项都纳入其中。而按照部门划分“地域”标准，国家海洋局的管理范畴是全部的海域，理应统筹海域内的所有事务。这就是作为海洋行政主管部门的原国家海洋局在海洋管理中处于尴尬境地的根源所在：按照地域划分的标准，国家海洋局有权对海域内的一切事物享有管理权限。海洋交通、海洋环境、海洋治安等管理职能应纳入国家海洋局的管理范畴内。学界所提出的海洋综合管理从某种程度上而言，正是对这一状况的设想。但将国家海洋局定位为职能管理部门时，国家海洋局只能对属于自己职能范畴内的事项进行管理，无权分割其他职能管理部门的管理权限。存在其他职能管理部门与国家海洋局“共同管理”海洋的状况较难避免。

在辨析完海洋行政主管部门——原国家海洋局矛盾的机构性质定位之后，再回到本文对海洋执法机构整合阻滞的分析上，有关这方面的矛盾也就呼之欲出。作为以“海域”分配管理范畴的国家海洋局，具有“统筹”“综合”海域内海洋执法的抱负，一直力图整合其他部门分割的海洋管理权限；而其他职能管理部门基于自己的职能业务，需要将自己的职能权限通达到全国范围——诚然，也包括海域。由于其他的职能部门与国家海洋局同属“条条”的职能部门定位，它们之间不可能建立固定的“领导与指导”相交叉的权责关系，所以海洋执法机构整合，对国家海洋局是一种科学化的“综合”，但是对其他部门而言，则是自己管理部门和权力的一种“割裂”，带来管理业务和权责的不完整。在这种矛盾的组织定位架构下，其他海洋执法队伍对海洋执法机构整合阻滞也就可以得到解释。

## 四 结论与讨论

我国海洋管理体制改革几经波折。20 世纪 60 年代国家海洋局设立，成立之初的国家海洋局，在性质上定位为国务院的职能机构，但是由海军代管。此后，国家海洋局的隶属关系几经变化：从国务院下设的统筹规划管理全国海洋工作的国务院直属机构，到由国家科学技术委员会管理的海洋职能管理部门，到隶属国土资源部的国家独立局，以及到目前合并进入自然资源部，其隶属关系、职能划分、性质定位一直处于探讨之中。2018 年的国务院机构改革，是对以往半个多世纪海洋管理、海洋体制的一次大扬弃、大变革。也昭示着我国海洋治理新纪元的到来。国家海洋局从机构序列中消亡，其海洋资源开发、海洋环境保护的主要职责，代之以自然资源部与生态环境部承接，这说明国家意识到海洋治理需要跳出以往的思维窠臼，进行全新的设计，彰显出全新的海洋治理理念。这一过程实现了两个重要转变：一是实现海洋自然资源使用与生态环境保护的制衡；二是实现海洋环境独有特性与生态环境共有特性的兼容。这一新的海洋治理理念，将开发与保护、制衡与统筹、独特与共有实现了良好结合，体现了新时代海洋治理新理念。同时，这种新的治理理念也给海洋管理实践的新发展留下一定空间。海洋管理的方式和机制相应地趋向于分别应对不同时期的海洋管理和海洋发展战略的具体需求。这些都在某种程度上促生着政府机构、体制机制发生着变革。

本文的研究可以引出两个一般性和普遍性的讨论。

第一，体制改革应以治理效能的提升作为重要前提。国际和国内相关文献的一种主流趋势认为，综合管理是协调战略的结果。本文对海洋综合管理的分析展示了综合管理的困境是如何在组织中构建出来的，综合管理思路的实现意味着以其他职能管理的割裂为代价，在改革实践中可能遇到巨大的阻力。关于这一点，早在 20 世纪 90 年代初期，皮特（G. Peet）就指出，因为海洋系统过于复杂，难以用一种单一的海洋综合管理系统来管理，但是，“各国都应该朝着建立这样的一个系统而努力，在这个系统中，作为海洋综合管理概念基础的各种原则，在某种程度上可用于政策框架的制定”。[①] 正是在这一意义上，无论是回归行业管理还是迈向综合管理，包括海洋行政管理体制在内的体制改革需要以治理效能的提升作为基础和前提。正如党的十九届四中全会通过的《中共中央关于坚持和完善中国特色社会主义制度、推进国家治理体系和治理能力现代化若干重大问题的决定》指出，要把我国制度优势更好地转化为国家治理效能。在体制改革层面，治理效能的提升对改革的方向具有重要的参考价值。

第二，体制改革应注重宏观体制、中观结构与微观机制的协调统筹。以海洋综合管理推进管理体制改革的进程，可以发现，体制改革需要放在整个国家治理框架内考虑和统筹，并与国家的战略定位相呼应。如果将与海洋有关的空间、资源、环境和权益及其开发利用相关的管理活动构建为综合管理的对象，则需要调整围绕着海洋综合管理的组织和制度体系，以便使其能统筹与上述活动相关的资源。2018 年以来，中央层面的前瞻性的改革事实上就彰显了这一特性：其改革与以往机构改革相比的一个显著区别在于，其不仅仅涉及行政机关的机构改革和调整，同时实现了党、政、军机构改革的关联，促进了中国整个政治体制的优化。在此背景之下，中国海警局完全调整为军队性质，从而有效化解了 2013~2017 年海洋执法机构整合的阻滞（见图 3）。

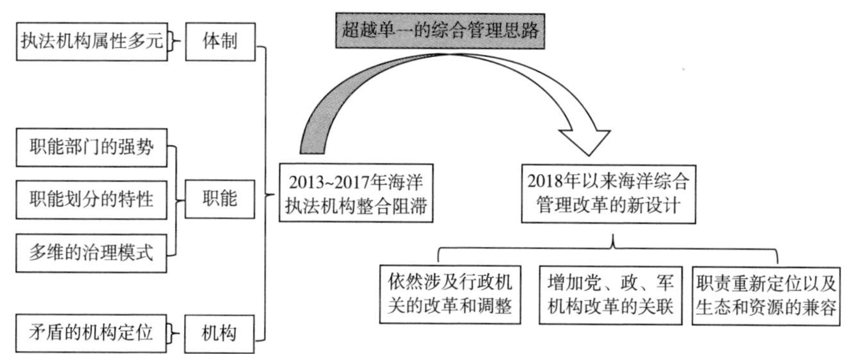


**图 3　中国海洋综合管理推进逻辑的转变与重塑**

资料来源：笔者自制。

① G. Peet, “Ocean Management in Practice,” in Paolo Fabbri (ed.), *Ocean Management in Global Change*, London: Elsevier Applied Science, 1992.

诚然，2018 年后的海洋治理，还存在一些亟须解决的新问题、新矛盾。但是鉴于 2013~2017 年海洋综合管理推进的现状，国家快速调整海洋管理体制改革思路，使得我国海洋治理呈现新的逻辑，这从侧面证明我国行政体制改革不断优化，其科学性、先进性不断凸显。而深入探究海洋执法机构整合阻滞的机理，对更深刻地认识新时代海洋治理的新思路，以及把握未来海洋治理的新动向，都具有重要的理论意义和实践价值。在后续的研究中，有必要进一步关注和解释在 2018 年国务院机构改革之后，沿海地方政府跟进中央机构改革的进程，以进一步梳理影响地方政府跟进中央机构改革的因素和机理。

# 中国海上执法职责体系：历史变迁、实践模式与建设方向

崔　野*

**摘　要：** 海上执法职责体系是政府职责体系的组成部分之一，其构建状况将直接关乎海上执法能力的高低和海洋强国的建设进度。新中国成立以来，我国海上执法职责体系逐步由初期的大体同构演变为当下的高度异构。这种高度异构性不仅体现于纵向的央地维度，在横向的地区维度同样存在，且在2018年的政府机构改革中衍生出了集中模式、半集中模式、分散模式等三种类型。展望未来，我国海上执法职责体系应以“异同并举”为发展方向，即在维持中央与省级职责异构的同时，考虑在沿海省级行政区之间“适度回归”职责同构。

**关键词：** 海上执法职责体系　职责同构　职责异构

海上执法作为维持海上生产秩序、维护国家海洋权益的基本手段，日益受到党和政府及社会各界的普遍关注，在国家政策议程中的地位迅速提升。而海上执法效能的高低强弱，很大程度上取决于其职责体系是否健全与科学。由此，优化和完善海上执法职责体系便成为我国加快建设海洋强国、推进海洋治理现代化的一项重要任务。

* 崔野，法学博士，中国海洋大学国际事务与公共管理学院讲师。

新中国成立后，特别是2018年的政府机构改革以来，我国的海上执法职责体系进入一个新的发展阶段，既取得了很多新的成绩，也带来了一些新的问题。迄今为止，此次改革已4年有余，但与之相关的研究仍比较贫乏和滞后，缺少对改革进展的持续追踪及地方实践的细密梳理，海上执法职责体系领域尚有诸多问题有待探讨。

## 一 研究回顾与问题的提出

政府职责体系是中国特色社会主义制度的重要组成部分，也是推进国家治理现代化的有力抓手。国内学术界对政府职责体系的研究可追溯至南开大学朱光磊、张志红两位学者于2005年发表的《“职责同构”批判》一文。在该文中，作者虽未直接使用政府职责体系的概念，但开创性地提出了“职责同构”这一术语并构建了其分析框架，触及了政府职责体系研究的核心内容，开辟了一个新的研究领域。自此之后，学术界关于政府职责体系的研究在数量上快速增长、在范围上不断扩大、在观点上愈发深刻，政府职责体系研究逐渐成为政治学、公共管理学等学科中的“热点话题”。

近年来，学术界主要是从两大角度对政府职责体系进行研究。一种角度是立足于政府职责体系本身来阐释其若干基本问题，包括概念界定、理论基础、分析框架、发展历程、现实困境、完善路径等。在这一研究角度中，学者们重点讨论了政府职责体系的内涵与外延，并形成了狭义与广义两种理解。在狭义上，政府职责体系是各层级政府应完成的工作任务的总和；[①] 在广义上，政府职责体系是一个涵盖了政府机构设置、权责配置以及政府内各要素间运行关系的综合性概念。[②] 易言之，政府职责体系是一个以职责为核心，以机构、制度、体制、机制、过程等要素为补充的复杂系统。相较而

① 吕同舟：《构建政府纵向职责体系的三个问题性视角》，《中国机构改革与管理》2017年第7期。

② 谭羚雁、张小兵：《公安机关纵向职责同构：历史梳理、路径依赖与体系重构》，《中国人民公安大学学报（社会科学版）》2021年第6期。

言，广义上的理解更加全面，有助于我们抓住政府职责体系的本质而不至于顾此失彼。政府职责体系研究中更为重要的一个角度，是从职责同构与职责异构这一经典的分析框架来展开。正如有学者所言，在政府职责体系建设中，职责同构是无法绕开的核心问题。[①] 所谓职责同构，是指“在政府间关系中，不同层级的政府在纵向间职能、职责和机构设置上的高度统一、一致。通俗地讲，就是每一级政府都管理大体相同的事情，相应地在机构设置上表现为‘上下对口，左右对齐’”[②]。这一模式的产生既有其合理性和优势，也诱发了职责不清、条块矛盾加剧、行政成本上升、公共物品供给赤字、地方积极性减弱等弊病。有鉴于此，部分学者将与职责同构相对的另一模式，即职责异构视为政府职责体系建设和央地关系改革的基本趋势。[③] 但随着理论研究的深入，职责同构本身的批判性在下降，这个词已经成为一个中性的解释性用语，甚至出现了对职责同构批判的“再批判”这一观点。[④] 换句话说，在中国的国情下，职责同构与职责异构均有一定的合理性及适用范围，不宜将二者简单地对立起来。[⑤] 越来越多的学者赞同不必过分拘泥于对职责同构的单纯批判，而应当透过职责同构与职责异构的二分争论，揭示行政组织的设立与运作逻辑，这种透彻的观察更有助于探析产生上述弊端的深层原因并找到解决出路。

上述研究成果，尤其是职责同构与职责异构这一组概念的提出，不但为我们观察和解释政府职责体系及府际关系等问题提供了一个新颖的视角，更为政府治理实践贡献了丰富的智慧和支持。但也要看到已有研究至少还有两大不足：一是多为从宏观层面讨论政府职责体系的整体概貌，缺少对某一微

---

① 邱实：《同构视阈下的政府职责体系构建——理念转向、支撑条件与路径探索》，《南开学报（哲学社会科学版）》2021 年第 6 期。

② 朱光磊、张志红：《“职责同构”批判》，《北京大学学报（哲学社会科学版）》2005 年第 1 期。

③ 徐双敏、张巍：《职责异构：地方政府机构改革的理论逻辑和现实路径》，《晋阳学刊》2015 年第 1 期。

④ 张志红：《中国政府职责体系建设路径探析》，《南开学报（哲学社会科学版）》2020 年第 3 期。

⑤ 张克：《合理设置地方机构的路径选择》，《行政管理改革》2018 年第 11 期。

观领域的细致分析；二是几乎全部从纵向维度来探究各个层级政府间的职责体系，不同地区之间的横向比较研究仍是一个空白。

将政府职责体系的概念引申到海上执法领域，便形成了海上执法职责体系。简单地讲，海上执法职责体系是政府职责体系的组成部分之一，是指由各级、各类海上执法机构依法行使的全部执法职责，按照一定的逻辑关系和制度安排相互耦合而成的系统。在海上执法职责体系中，职责无疑是最为核心的元素，但仅有这一元素远远不够，还必须以机构为载体和依托，以体制将职责及其实施载体串联起来。也就是说，职责以及与之密切联系的机构、制度、体制、机制等元素共同构成了海上执法职责体系。海上执法职责体系研究的任务便是对这些元素的配合状态作出实然性的描述与应然性的设计。

本文借鉴政府职责体系研究中的职责同构与职责异构这一分析框架，并拓展了其应用维度，即不仅用于央地维度的纵向对比，也用以分析各沿海省级行政区之间的横向比较，以期深化对我国海上执法体制改革现状的认识，并延展政府职责体系的研究范围。

## 二　我国海上执法职责体系的变迁历程

新中国成立以来，党和政府不断加大对海上执法的重视程度，海上执法职责体系经历了从无到有、从弱到强、从粗具规模到日臻完善的发展过程。概括而言，以 2013 年的国务院机构改革为时间节点，我国的海上执法职责体系由大体同构逐步走向高度异构。

### （一）从无到有：海上执法职责体系的大体同构

2013 年的国务院机构改革对我国海上执法职责体系产生了重大影响，促使其转变了发展方向。在此次机构改革之前，我国海上执法职责体系的变迁可划分为如下三个阶段。

1. 海上执法职责体系的萌芽阶段(1949~1978年)

新中国成立初期，党和政府将更多的注意力放在了国民经济恢复与陆地边界防卫上，海洋更多地被视为一种安全防御屏障与资源供给之地，未能对其施以积极的管理。在这一阶段，我国的海上执法职责体系初步创立并曲折前行。这一阶段内的海上执法以海上交通执法为主，执法职责的类别比较单一，海洋渔业执法、海洋环境执法、海域使用执法、海洋资源执法等执法活动尚未大规模出现。在执法机构的设置上，我国在当时并未建立足够的海上执法队伍，海上执法职责更多地是由海军代为履行。① 1953 年，政务院批准在交通部下设中华人民共和国港务监督局，并在沿海港口设立港务监督机构，以“中华人民共和国港务监督”的名称对外统一行使海上交通安全监督管理职能，② 其中包含了少量的海上交通执法职责。1964 年 7 月，国家海洋局成立并由海军代管，但其职责仅为海洋环境监测、海洋资源调查、海洋公益服务、海洋资料整编等，并不涉及海上执法的内容。职责的有限与机构的残缺，决定了彼时实行的是分散的行业执法体制，即海上执法依附于陆上相关行业的管理部门，将海洋资源分门别类地与陆地资源一并管理，行业色彩十分浓重。这种分散的执法体制也延伸到了地方，即该阶段内地方层面的海上执法以海域巡航、海上警戒、武装防卫等海洋维权性质的执法活动为主，且多由海军承担，仅在海上交通领域内上下对应设置了一些专业执法机构。

概言之，在综合国力薄弱的特定背景下，海洋维权、海上防卫等更加紧迫的工作耗费了国家投入海洋领域中的大部分资源，加之当时的海上生产作业与海上对外交往并不那么频繁，使得海上执法在这一阶段未能进入国家海洋政策的主流议程之中。在萌芽阶段内，从中央至地方的海上执法职责体系均比较粗糙，结构化特征尚不明显。但相较而言，“简单式同构”一词可以笼统地描述出这一时期我国海上执法职责体系的大致特征。

2. 海上执法职责体系的成长阶段(1978~1998年)

1978 年底召开的党的十一届三中全会作出了改革开放的伟大决策，开

---

① 贾宇、密晨曦：《新中国 70 年海洋事业的发展》，《太平洋学报》2020 年第 2 期。

② 邢丹：《中国海上执法力量变迁记》，《中国船检》2013 年第 4 期。

启了中国特色社会主义现代化建设的新征程。海洋作为连通中国与世界的桥梁，受到党和政府的更多关注，海洋事务和海上对外交往也日益增多。在多重利好因素的助推下，新中国成立初期的海上执法职责体系的粗糙状态得到改善，并在20世纪的最后20年内步入了茁壮成长的新阶段。

在这一阶段，我国海上执法职责体系的成长首要体现为专业海上执法机构的建立，即海洋环境监测、渔政、边防海警三部门。1980年9月，国务院、中央军委联合批转国家科委和海军《关于改变国家海洋局领导体制有关问题的报告》，决定自1980年10月1日起由国家科委代管国家海洋局。1982年8月23日通过的《海洋环境保护法》赋予国家海洋局海洋环境管理职能，国家海洋局由此成为海洋行政管理部门。同日，中国海监的前身"中国海洋环境监视监测船队"成立，由国家海洋局管理，负责履行《海洋环境保护法》中规定的巡航、监视与执法职责。与此同时，海洋渔业执法也在这一时期迎来新的发展契机。1978年，国务院成立国家水产总局，下设渔政局，主管渔业资源保护、渔航安全保障、渔船检验等工作。1979年，国家水产总局下发文件，明确了渔政船只的名称、标识、编号、任务等事宜，标志着渔政队伍的初步建立。1986年颁布的《渔业法》确立了全国渔政队伍的法律地位并赋予其执法权，一支专业化的渔政队伍逐渐成长。自改革开放后，福建、广东等沿海地区的海上走私活动频发，海上违法犯罪案件增多。为维护海上治安秩序，海军于1982年抽调部分人员组建海上公安巡逻队并于1988年更名为"中国公安边防海警部队"，隶属于公安部边防管理局，编制列入中国人民武装警察边防部队序列，[①] 负责办理海上治安案件和刑事案件。与专业海上执法机构建立相伴的是，海上执法职责也在该时期得到拓展，纳入了海洋环境执法、海洋渔业执法、海上缉私执法、海上治安维护等现代社会中常见的海上执法类别。在此时，我国仍实行分散的行业执法体制，海洋、渔政、公安、交通、海军等部门分别在各自业务范围内承担执法职责，多部门治理的现象开始显现。但相比于萌芽阶段内海上执法力量

① 裴兆斌：《新时代海警制度的移植与本土化》，《社会科学辑刊》2020年第5期。

的严重不足，多支执法队伍的并存还是有着重大的积极意义。最后，地方层面的海洋、渔政、边防海警等执法队伍也在这一阶段内陆续组建，特别是中央机构编制委员会于1995年9月印发的《国家海洋局北海、东海、南海分局机构改革方案》中要求"将海岛、海岸带及其近海海域的海洋工作下放给地方政府"，地方海洋管理机构与海上执法力量得以起步并壮大。

大体来看，经过改革开放后20年的发展，我国的海上执法职责体系基本摆脱了新中国成立初期的粗糙轮廓，海上执法的职责与机构均大幅完善。无论是在纵向维度还是在横向维度，海上执法职责体系均呈现关系更为复杂、要素更为完整的同构化特征。

3. 海上执法职责体系的强化阶段（1998~2013年）

1998年是我国海上执法职责体系建设历程中的重要年份。在这一年，海洋管理体制纳入国家顶层设计之中，海上执法职责体系自此快速强化，成为国家海洋工作的关键一环。

在这一阶段，海上执法职责体系的强化集中表现为执法机构由三个部门演变为五个部门。其一，1998年的国务院机构改革规定由新组建的国土资源部管理国家海洋局，国家海洋局正式成为国家海洋行政主管部门，这为中国海监的诞生奠定了基础。1998年10月，中央机构编制委员会办公室批准国家海洋局组建中国海监总队，下设3个海区总队和11个省级总队及其支队。2001年10月通过的《海域使用管理法》授权中国海监代表中央和地方各级海洋行政主管部门行使对我国管辖海域巡航监视、查处海上违法行为的职责。2006年7月，中国海监开始在东海执行定期维权执法巡航任务，并于2007年将定期维权巡航执法范围扩大到我国的全部管辖海域。[①] 其二，农业部于2000年5月成立中国渔政指挥中心，下辖3个海区总队，负责全国渔业执法行动的指挥协调与重大渔业违法案件的调查处理，开展专属经济区、协定水域和公海渔政巡航执法。其三，在海洋环境监测、渔政、边防海

① 林全玲、高中义：《中国海监维权执法的形势分析与策略思考》，《太平洋学报》2009年第9期。

警三部门之外，“中国海事”和“海关缉私”也在该时期登上历史舞台。1998年11月，国务院组建交通部海事局（对外称中华人民共和国海事局，简称“中国海事局”），实行垂直管理体制，履行水上交通安全监督管理、防止船舶污染、航海保障等行政管理和执法职责。同年，党中央、国务院决定改革缉私体制，组建海关缉私警察队伍。1999年1月，海关总署走私犯罪侦查局（后更名为海关总署缉私局）和海关缉私警察队伍一同诞生。海关缉私警察实行海关总署和公安部双重垂直领导、以海关领导为主的管理体制，负责查缉涉税走私犯罪案件。自此，我国海上执法机构由五个部门组成的格局形成，并一直延续至2013年的国务院机构改革之前。在地方层面，不仅中国海监和中国渔政在三大海区设立了直属的执法总队，各沿海地区也组建了与中央相对应的执法队伍，如由属地政府管理的海监队伍、渔政队伍和边防海警队伍，以及由中国海事局和海关总署垂直管理的海事队伍和缉私警察队伍等。从各支执法队伍的名称中可以看出，这一阶段的海上执法依旧实行分散的行业执法体制，且分散的程度有所增强。

在这一阶段，我国海上执法职责体系的同构化特征格外突出，各层级、各地区、各领域内的职责配置与机构设置方式极为相似。从无到有、从简单式同构到更为精密的同构，构成了2013年国务院机构改革之前我国海上执法职责体系变迁的鲜明脉络。

简而言之，从新中国成立至党的十八大召开的这60多年里，我国海上执法职责体系建设的主基调是扩大“增量”，即不断新设海上执法机构、扩展海上执法的职责范围、制定更多的海洋法律制度等，海上执法职责体系的主体框架因而更加丰富，这在当时特定的历史条件下是有其必然性与合理性的。然而，对“增量”的片面追求也削弱了对“存量”的调适，海上执法职责体系的缺陷日渐显露：一是林立的海上执法机构和分散的海上执法体制带来了海上执法职责的重叠与交叉，各自为政的问题非常突出，[①] 海上执法

① 王世涛、石化东：《论我国海上执法体制的改革与完善——从东北亚海上执法模式比较研究的视角》，《法学杂志》2016年第11期。

成效大打折扣。表 1 汇总了五个部门的职责重叠情况。二是中央政府和地方政府海上执法目标的侧重点其实并不完全一致，前者更加重视全局性、宏观性、长远性的议题；后者则聚焦于微观的区域性、事务性工作。既然在理论上中央政府和地方政府的执法目标不尽相同，那么二者理应在机构设置和职责配置上有所区别。显然，同构化的纵向职责体系与这一理想状态相去甚远，并且有悖于公共物品供给的效率原则。[①] 这些缺陷的存在，为海上执法职责体系的后续改革埋下了伏笔。

**表 1　五个部门的海上执法职责表（部分）**

| | 中国海监 | 中国海事 | 中国渔政 | 边防海警 | 海关缉私 |
|---|---|---|---|---|---|
| 海洋环境保护 | √ | √ | √ | √ | |
| 海洋权益维护 | √ | | √ | √ | |
| 船舶检查 | | √ | √ | √ | |
| 海上走私缉拿 | | | | √ | √ |
| 渔场海域使用 | √ | | √ | | |
| 海上治安 | √ | | | √ | |
| 管辖海域巡航 | √ | | √ | √ | √ |

资料来源：王琪、王刚、王印红、吕建华编著《变革中的海洋管理》，社会科学文献出版社，2013，第 157 页。

## （二）持续改革：海上执法职责体系的高度异构

鉴于原有的海上执法职责体系诱发了诸多弊病，与海洋强国战略不相匹配，党和政府将海上执法议题列入 2013 年的国务院机构改革之中，并在 2018 年的机构改革中继续推进。由此，原本大体同构的海上执法职责体系开始松动，渐趋呈现高度异构的特征。

1. 同构的松动：海上执法职责体系的初步调整（2013~2018年）

2012 年 11 月，党的十八大确立了海洋强国战略，吹响了全面经略海洋的冲锋号。毫无疑问，党中央对海洋的强烈关注会对政府的政策重心产生直

① 于洋：《海洋环境保护纵向职责体系研究》，《太平洋学报》2016 年第 6 期。

接影响，促使政府调整海洋管理体制。同时，2012 年前后正值我国海洋维权形势最为严峻之时，日本“钓鱼岛国有化”、中菲黄岩岛对峙等一系列事件对海上维权执法提出了迫切的要求。内部动力与外部压力的交织，使得重构海上执法职责体系成为必然的选择，海上执法改革顺势而生。

为贯彻落实党的十八大作出的战略部署并有效回应海洋维权的现实需求，2013 年的国务院机构改革将海洋管理与海上执法列为重点内容，其改革措施有三项：一是将国家海洋局及其中国海监、公安部边防海警、农业部中国渔政、海关总署海上缉私警察的队伍和职责整合，重新组建国家海洋局，由国土资源部管理。二是赋予重新组建后的国家海洋局实施海上维权执法、监督管理海域使用、保护海洋环境等职责，并明确国家海洋局以中国海警局的名义开展海上维权执法，接受公安部的业务指导。三是设立国家海洋委员会，负责研究制定国家海洋发展战略、统筹协调海洋重大事项，并规定国家海洋委员会的具体工作由国家海洋局承担。

在本轮机构改革中，“大部制”的烙印十分清晰。中央层面的海上执法机构经过整合后形成海警队伍与海事队伍共同治理的格局，结束了长期以来无休止的理论纷争和利益协调，实现了中国海上执法机构的初步整合，[①] 有效缓解了多头执法这一痼疾。但客观地讲，此次改革对海上执法职责体系的调整其实并不彻底，它只是在中央层面实现了整合，省级及以下的海上执法队伍还是维持原状，在对内执法时仍是各原班人马履行其原本职责，[②] 海上综合执法体制未能建立。

笔者之所以将该时期的海上执法职责体系归结为同构的松动，是出于以下两点原因：其一，海上执法职责体系已开始出现一定的异构色彩，过往的上下同构特征逐渐解体。如中央层面的海上执法机构经过整合后形成了海警与海事共同治理的格局，而在地方层面除海警和海事外，海监、渔政、海关

① 王世涛：《部门行政法的理论基础与体系建构——以海事行政法为视角》，《中国海商法研究》2020 年第 4 期。

② 史春林、马文婷：《1978 年以来中国海洋管理体制改革：回顾与展望》，《中国软科学》2019 年第 6 期。

缉私等执法队伍依旧存在。其二，彼时的海上执法职责体系并不是对既有模式的完全摒弃，同构性特征仍在沿海地区有所保留。例如，在省级及以下各层次中，各地海上执法队伍的设置情况还有着很大的相似性，海监、渔政、海关缉私、边防海警等队伍在多数地区继续设立并以自身的名义开展执法行动。

2. 异构的加深：海上执法职责体系的再次变革（2018年至今）

2017 年召开的党的十九大明确要求“坚持陆海统筹，加快建设海洋强国”，但与之相对的是，我国的海上执法体制仍不健全，执法能力亟待增强。故而，海上执法议题再次被提上 2018 年政府机构改革的议程中，海上执法职责体系的异构趋势也在此之后更加突出。

2018 年政府机构改革对我国的海上执法职责体系做了近乎重塑性的变革，相关举措包含如下三个方面：第一，将由原国家海洋局管理的海警队伍整体转隶至武警部队，组建武警部队海警总队，称中国海警局，由中央军委领导指挥，不再列国务院序列。第二，根据全国人大常委会的授权，中国海警局统一履行海上维权执法职责，包括执行打击海上违法犯罪活动、维护海上治安和安全保卫、海洋资源开发利用、海洋生态环境保护、海洋渔业管理、海上缉私等方面的执法任务，以及协调指导地方海上执法工作。第三，此次改革的原则之一为允许地方因地制宜地设置各自的党政机构。在中央的赋权下，多数沿海地区不再保留实体性的海洋管理机构，原本由这些机构管辖的执法队伍也走向了合并、撤销或重组。

在此次由上至下的机构改革后，高度的异构性成为我国海上执法职责体系最为醒目的特征，其在纵向的央地维度与横向的地区维度均有所体现。在纵向维度，海上执法职责体系的高度异构性可以从中央与省级、省级与地市级两个视角来观察。如前所言，在经过多轮改革之后，中央层面只保留了海警与海事，而省级层面则依旧维持着海警、海事、海监、渔政、海关缉私、海岸警察等多支队伍并存的局面，执法主体的数量远多于中央层面。即便是在同一个省级行政区的内部，省级与地市级的海上执法机构也有很大的区别。如海南在省级层面分设了省海洋监察总队与省渔业监察总队，是典型的半集中模式，而海口则在市市政管理局内下设海洋与渔业行政执法支队，职责的集中程度更为明显。在横向维度，多数沿海地区的海上执法内容仍以行业管理权限为界，各地海上执法队伍的名称、性质、职责、管理体制五花八门。例如，在沿海某省的 39 支海上执法队伍中，归属海洋渔业部门的有 17 支，归属农业农村部门的有 10 支，归属自然资源部门的有 4 支，单独设立海上执法队伍的有 1 支，还有的地方不设立海上执法队伍，[①] 职责异构的情况可见一斑。

综上所述，自新中国成立至今，我国海上执法职责体系经历了由大体同构至高度异构的两大发展阶段，且各个阶段内又可细分为若干不同的时期（见图 1）。总体来说，海上执法已成为我国政府职责体系中异构特征最为显著的领域之一，且这种异构还正在呈扩张之势。下文将重点从横向维度对我国海上执法职责体系的异构性和具体模式进行阐述与归类。

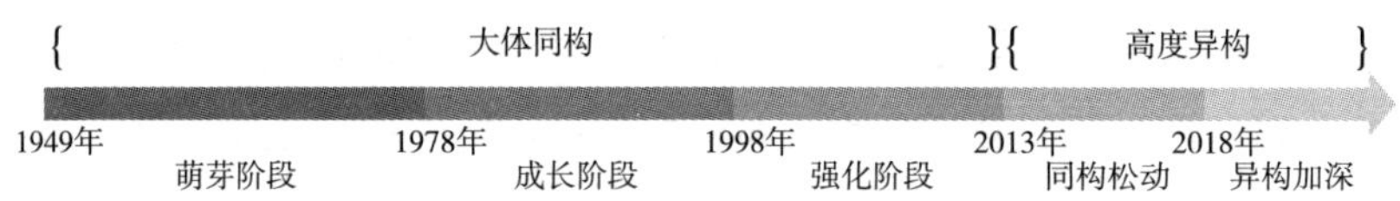


**图 1　我国海上执法职责体系的演变脉络**

## 三　我国海上执法职责体系的实践模式

上文总结了我国海上执法职责体系的变迁历程，但这种讨论只是在表层的抽象概述，更重要的是需落脚于时间与空间，详细论述在新一轮机构改革的背景下，现实中的海上执法职责体系发生了哪些变化、形成了哪些模式、产生了哪些影响。如此，方能对我国海上执法职责体系的异构性有一个更加深入的认识。下文立足于省级层面，以我国 11 个沿海省级行政区（不含

① 杨玉章：《整治海砂违采，行政执法机制待理顺》，《中国海洋报》2019 年 12 月 16 日，第 2 版。

港、澳、台）的自然资源、生态环境、农业农村、海洋这四大涉海管理机构及其管辖的海上执法队伍为研究对象，以探究最为核心的几类海上执法职责是如何在这些海上执法主体内设组合的，进而归纳出我国海上执法职责体系在实践中的发展现状与具体模式。①

## （一）集中模式：广东、山东、浙江、福建

所谓集中模式，即通常而言的海上综合执法，是指在省级政府层面设立一支海上执法队伍，由其统一行使海洋资源、渔业渔政、海洋环境等海上执法职责。广东、山东、浙江和福建 4 个省份均采用了这一模式，但彼此之间同中有异。

广东是最近推行集中模式的省份。2019 年 8 月，广东省政府颁布《关于开展海洋综合执法工作的公告》，规定“整合涉海地区海洋监察、海岛管理、渔政管理、渔港监督、渔船监督检验、海洋环境保护等执法职能，由县级以上海洋综合执法机构依法在其管辖海域集中行使行政处罚权以及与行政处罚相关的行政检查权、行政强制权。上述行政执法权由海洋综合执法机构集中行使后，各级农业农村、生态环境、自然资源等部门不得再行使”，自此拉开了广东海上综合执法体制改革的序幕。2020 年，广东将原省渔政总队（中国海监广东省总队）改设为省海洋综合执法总队，并成建制划归省农业农村厅管理，为副厅级部门管理机构，下辖三个直属支队，集中行使广东省权限范围内的涉海执法职责。

山东于 2010 年后开始建立海上集中执法模式。2011 年，山东组建省海洋与渔业监督监察总队，为省海洋与渔业厅所属的副厅级事业单位，承担渔政、渔港、渔业安全监督管理和海洋监察等工作。在 2018 年的政府机构改

① 本文在对我国海上执法职责体系的具体模式进行归类时遵循三条标准：一是聚焦于省级层面；二是聚焦于海洋资源执法、渔业渔政执法、海洋环境执法这三大最为核心的海上执法活动；三是聚焦于属地管理体制，即关注由省级政府及其自然资源、生态环境、农业农村、海洋等职能部门直接管辖的执法队伍。海警、海事、海关缉私等实行垂直管理体制的执法队伍因其“上下一致”的特征而被排除在讨论范围之外。

革中，山东将正厅级的省海洋与渔业厅降格为副厅级的省海洋局，原本由省海洋与渔业厅管理的省海洋与渔业监督监察总队随即转隶至省农业农村厅，并在2021年5月27日重组为山东省海洋与渔业执法监察局，负责集中行使海洋与渔业综合执法职责，指导监督全省海洋与渔业综合执法工作。此外，通过与省生态环境厅签订《行政执法委托书》，省海洋与渔业执法监察局取得了典型海洋生态系统、海砂等资源开发、废弃物海洋倾倒、离岸排污口等海洋生态环境执法权。

浙江是全国最早实施海上集中执法模式的省级行政区之一。早在2002年，原浙江省海洋与渔业局便组建了省海洋与渔业执法总队，综合行使海洋与渔业两大行业的行政处罚权，率先在省级层面实现了海上执法职责的大体集中。在2018年的政府机构改革中，浙江省海洋与渔业局被撤销，省海洋与渔业执法总队随即划归为省农业农村厅管理，并加挂“浙江省渔业应急处置指挥中心”的牌子，继续履行包括渔业资源保护、海洋资源开发利用、海洋生态环境保护、渔业无线电管理等在内的多种海上执法职责。

福建是较早实行海上集中执法模式的另一省级行政区。2004年5月，经福建省委机构编制委员会批复，原福建省渔政管理处、福建渔港监督局、福建渔业船舶检验局、福建省渔业无线电管理总站、中国海监福建省总队等执法机构合并组建福建省海洋与渔业执法总队，加挂“中国海监福建省总队”“中国渔政福建省总队”等牌子，由原福建省海洋与渔业厅管理。在2018年的政府机构改革中，省海洋与渔业厅被降格为省海洋与渔业局，职责缩减为统筹发展海洋经济、渔业渔港监督管理、维护海洋与渔业生产秩序等。但即便如此，福建还是维持了“海洋+渔业”的机构设置模式，这为其持续推进海上综合执法奠定了组织基础。目前，福建省海洋与渔业执法总队是隶属于省海洋与渔业局的行政执法机构，行使海洋监察、渔政管理、渔港监督、渔船检验、海域海岛、海洋环境等方面的综合执法职责。

从以上论述中可知，广东、山东、浙江、福建等四个省份均将海洋资源、渔业渔政、海洋环境这三类核心的海上执法职责交由一支队伍统一行使，这是将它们描述为集中模式的原因所在。但在这一共同点之外，粤鲁浙闽四地的做法也有一些细微的差别（见表2）。

**表2　粤鲁浙闽推行集中模式的异同比较**

| | 广东 | 山东 | 浙江 | 福建 |
|---|---|---|---|---|
| 机构名称 | 广东省海洋综合执法总队 | 山东省海洋与渔业执法监察局 | 浙江省海洋与渔业执法总队 | 福建省海洋与渔业执法总队 |
| 机构性质 | 行政机关内设机构 | 事业单位 | 事业单位 | 事业单位 |
| 机构级别 | 副厅级 | 副厅级 | 正处级 | 副厅级 |
| 成立时间 | 2020年 | 2011年 | 2002年 | 2004年 |
| 主管部门 | 省农业农村厅 | 省农业农村厅 | 省农业农村厅 | 省海洋与渔业局 |
| 管理体制是否变更 | 是 | 是 | 是 | 否 |
| 执法模式变化路径 | 半集中→集中 | 维持不变 | 维持不变 | 维持不变 |

资料来源：笔者整理。

## （二）半集中模式：天津、上海、广西、海南、辽宁

半集中模式是介于集中模式与分散模式之间的一种中间形态，是指将海洋资源执法、渔业渔政执法、海洋环境执法这三大海上执法职责中的两项交由一支执法队伍统一行使，另一项则由行业管理部门或执法队伍保留。天津、上海、广西、海南、辽宁应用了该模式。

天津的海上执法体制在2018年政府机构改革前后并无大的变动，总体上仍旧是由海监与渔政两支执法队伍分别承担本行业的执法职责。唯一的一点不同是，海监队伍的名称和管理体制因原天津市海洋局的撤销而有所调整，即不再保留中国海监天津市总队，组建天津市海监总队，为天津市规划和自然资源局管理的行政执法机构，负责对非法占用海域、擅自改变海域用途、非法围填海、损害无居民海岛及周边海域生态系统、海洋倾倒废弃物对海洋污染损害等行为的行政执法工作。除海监队伍外，天津的另一支海上执

法队伍为市渔政渔港监督管理处。该机构为天津市农业农村委员会管理的正处级事业单位，负责渔业捕捞、渔业船舶、渔业资源保护、渔业水域生态环境保护等渔业行政执法工作。

与天津相似，上海也在市级层面设立了两支主要的海上执法队伍，即上海市水务局执法总队（中国海监上海市总队）和上海渔港监督局（上海渔业船舶检验局）。前者为上海市水务局（上海市海洋局）所属的事业单位，负责对违反海域使用、海洋环境保护、无居民海岛保护与利用、海洋自然保护区等法律、法规或规章的行为实施行政处罚；后者为上海市农业农村委员会管理的正处级事业单位，执行渔港监督管理、渔业船舶检验、查处渔业违法案件等任务。值得一提的是，上海推行的半集中模式有其特别之处，表现为上海市水务局执法总队（中国海监上海市总队）在职责上具有海陆复合性，即海洋资源与环境执法只是其全部职责的一部分，而与供排水、河道有关的事项在其日常执法工作中也占据了相当的比重。

广西对海洋资源执法职责和海洋环境执法职责的配置方式与天津、上海相比并无二致，即将这两项职责一并赋予直属于自治区海洋局的中国海监广西壮族自治区总队，由其查处违法使用海域、损害海洋环境与资源、破坏海上设施、扰乱海上秩序等违法违规行为，职责的运转流程比较简洁和清晰。而在渔业渔政执法方面，广西共设立了两支执法队伍，即中国渔政广西壮族自治区支队和广西壮族自治区渔政指挥中心。这两支队伍都是自治区农业农村厅下属的事业单位，均承担取缔海洋涉渔“三无”船舶、清理整治违规渔具、登临检查渔船、打击海上非法捕捞、开展“中国渔政亮剑”系列专项执法行动等工作，由此也显示出广西在渔业渔政执法方面存在职责重叠和机构并立的现象。

辽宁的海上执法模式经历了由集中模式至分散模式再到半集中模式的独特历程。在 2018 年的政府机构改革之前，辽宁设立了省海监渔政局这一省属海上执法队伍，履行海域使用、海岛保护、海洋环境保护、渔政监督管理等执法职责，建立起了比较完备的海上集中执法模式。而在 2018 年的政府机构改革之后，辽宁省海监渔政局被划入辽宁省自然资源事务服务中心，相关执法权被收回至辽宁省自然资源厅、农业农村厅和生态环境厅，但这些涉海职能部门均未设立专门的海上执法队伍。在经过了一年多的“空窗期”之后，辽宁重新建立起了半集中式的海上执法模式。2021 年 1 月 25 日，辽宁省海洋与渔业执法总队挂牌成立，为辽宁省农业农村厅所属的县处级事业单位，承担渔业行政执法工作，并受辽宁省自然资源厅的委托承担海域海岛使用等相关执法工作，受辽宁省交通运输厅的委托承担渔业船舶检验等相关执法工作。需要指出的是，辽宁的海上执法职责体系仍有一大缺陷，即海洋环境执法职责处于“悬置”状态，尚无相应的执法队伍来履行这一职责。

相较于以上 4 个省级行政区，海南的做法更加特殊，即由集中模式“倒退”至半集中模式。具而言之，海南于 2011 年整合省渔业监察总队、中国海监海南省总队等 5 个机构，组建海南省海洋与渔业监察总队，隶属于原海南省海洋与渔业厅，统一行使海域使用监察、渔政渔港监督、海洋环境保护等职责，建立了省级海上综合执法体制。然而，这一集中的海上执法体制在 2018 年的政府机构改革后出现了变化。2019 年底，海南省委编委决定撤销省海洋与渔业监察总队，将其拆分为“海南省海洋监察总队”和“海南省渔业监察总队”。其中，前者为海南省自然资源和规划厅直属的正处级执法机构，负责查处违法用海、污染海洋环境、破坏海洋矿产资源和海岛自然属性的违法行为；后者为海南省农业农村厅直属的正处级事业单位，负责查处违反渔业法规以及渔业条约、协定的行为。至此，海南的海上执法体制完成了由集中模式向半集中模式的转变，开创了海上执法职责体系建设的另一趋向。

表 3 比较了津沪桂琼辽五地的异同之处。不难看到，这五个省级行政区的海上执法职责体系均为半集中式，在一定程度上实现了海上执法职责的综合行使。然而，半集中毕竟不等同于完全意义上的集中，其海上执法职责未能做到最大程度的整合，职责的重叠或空白依然存在，这是半集中模式的缺陷，其距离海上综合执法还有一段路要走。

**表 3　津沪桂琼辽推行半集中模式的异同比较**

| | 天津 | 上海 | 广西 | 海南 | 辽宁 |
|---|---|---|---|---|---|
| 海洋资源执法 | 天津市海监总队（a） | 上海市水务局执法总队（a） | 中国海监广西总队（a） | 海南省海洋监察总队（a） | 辽宁省海洋与渔业执法总队（a） |
| 渔业渔政执法 | 天津市渔政渔港监督管理处（b） | 上海渔港监督局（b） | 中国渔政广西支队（b）、广西渔政指挥中心（c） | 海南省渔业监察总队（b） | 辽宁省海洋与渔业执法总队（a） |
| 海洋环境执法 | 天津市海监总队（a） | 上海市水务局执法总队（a） | 中国海监广西总队（a） | 海南省海洋监察总队（a） | — |
| 主管部门 | a. 市规划和自然资源局<br>b. 市农业农村委员会 | a. 市水务局（市海洋局）<br>b. 市农业农村委员会 | a. 自治区海洋局<br>b/c. 自治区农业农村厅 | a. 省自然资源和规划厅<br>b. 省农业农村厅 | a. 省农业农村厅 |
| 管理体制是否变更 | a. 是<br>b. 否 | a/b. 否 | a. 否<br>b/c. 是 | a/b. 是 | a. 是 |
| 执法模式变化路径 | 维持不变 | 维持不变 | 维持不变 | 集中→半集中 | 集中→分散→半集中 |

## （三）分散模式：江苏、河北

分散模式也称专业模式，是指某些沿海省级行政区并未将各类海上执法职责加以整合并一体配置，而是由多个涉海行政机关或法定组织通过专业分工各自行使本领域海上执法职权的模式。① 江苏和河北目前实行的便是这一模式。

江苏现有两支省管海上执法队伍，即由江苏省自然资源厅管理的江苏省海域执法监督中心和由江苏省农业农村厅管理的中国海监江苏省总队，分别履行对口领域内的海上执法职责。江苏省海洋渔业指挥部成立于 1958 年，后逐渐加挂多块牌子。2018 年政府机构改革后，江苏省海洋渔业指挥部转隶至江苏省自然资源厅，并在 2021 年 10 月更名为江苏省海域执法监督中心，为江苏省自然资源厅的直属事业单位，负责全省海洋、海岛海域等执法工作。中

① 杨成：《海上执法模式研究》，《公安海警学院学报》2020 年第 6 期。

国海监江苏省总队的前身是于2000年成立的江苏省海监总队（江苏省渔政监督总队），现为隶属于江苏省农业农村厅的正处级事业单位，负责开展全省内陆、海洋渔政执法相关工作。同辽宁相似，江苏在属地层面缺少海洋环境执法职责的承担主体，海洋环境执法更多的是依靠驻地海警队伍来完成。

河北目前在省级层面设立了河北省海监保障中心和河北省渔政执法总队两支执法队伍，分别行使海洋资源执法职责与渔业渔政执法职责。河北省海监保障中心可追溯至1992年组建的中国海监河北省总队。2014年，该总队的独立建制被注销，改由河北省国土资源执法监察局加挂中国海监河北省总队的牌子。2019年，河北省国土资源执法监察局更名为河北省海监保障中心，为省自然资源厅的直属事业单位，负责承担全省海洋资源开发利用保护调查监测和海洋资源违法案件调查处理等的保障工作。河北省渔政执法总队的前身为河北省渔政处。2019年，河北省渔政处更名为河北省渔政执法总队，为隶属于河北省农业农村厅的事业单位，负责查处违反渔业生产秩序和破坏渔业资源的各类违法行为。除这两支海上执法队伍外，河北尚未设立由属地政府管理的海洋环境执法队伍。但2022年初印发的《河北省海洋生态环境保护“十四五”规划》提出“有序整合原海洋部门及其海监执法机构相关污染防治和生态保护执法队伍，组建海洋生态环境执法保障中心”，这表明河北或将成立独立的海洋环境执法队伍，其海上执法职责体系的分散程度也将进一步加深。

相比于集中模式和半集中模式，分散模式的实质在于海上执法职责的配置遵循的是行业性原则，而未实现跨部门转移。表4汇总了苏冀两地各自做法的异同点。且在这种模式下，江苏、河北的海洋环境执法职责均处于缺位或悬置的状态，海洋环境执法成效有待提升。

**表4　苏冀推行分散模式的异同比较**

| | 江苏 | 河北 |
|---|---|---|
| 海洋资源执法 | 江苏省海域执法监督中心 | 河北省海监保障中心 |
| 渔业渔政执法 | 中国海监江苏省总队 | 河北省渔政执法总队 |

续表

| | 江苏 | 河北 |
|---|---|---|
| 海洋环境执法 | — | — |
| 机构性质 | 均为事业单位 | 均为事业单位 |
| 主管部门 | 江苏省自然资源厅 | 河北省自然资源厅 |
| | 江苏省农业农村厅 | 河北省农业农村厅 |
| 管理体制是否变更 | 均变更 | 均未变更 |
| 执法模式变化路径 | 维持不变 | 维持不变 |

## （四）三种模式的共性特征

上文论述了我国 11 个沿海省级行政区在海上执法职责体系建设上的新近进展，并将高度异构式的海上执法职责体系分为集中模式、半集中模式与分散模式三类。顾名思义，不同的名称揭示了各自的显著差异，而除了差别之外，各种模式之间也含有一些共性特征。

一是异构特征鲜明并呈扩展之势。如前所述，异构性是我国海上执法职责体系的最大特征，这一点可从三大模式的名称上得到印证。而且，即便是在实施了同一种海上执法模式的地区中，彼此之间也在机构性质、队伍数量、管理体制、变化路径等方面有所不同。既然省级层面的海上执法职责体系都有如此明显的区别，那么对于数量众多、条件各异的市、县等基层地区来说，其职责异构的情况也就可想而知了。如威海和青岛等地相继成立海岸警察支队、大连组建海洋与渔业综合行政执法队等做法，便是省市之间职责异构的直观体现。

二是集中模式尚未占据主导地位。在已有的研究中，海上综合执法常被视为理想的改革方案。但迄今为止，这一设想并未如预期般转化为现实，海上综合执法体制既未成为主流趋势，也未占据压倒性的优势。在我国全部沿海省级行政区中，仅有粤鲁浙闽 4 个省份推行了海上集中执法模式，占比不到 40%。其中，鲁浙闽 3 地在较早之前就已经实施了集中模式，只有广东可以被认为是回应了学术界的期待，在最近加入海上综合执法的行列中。除了数量不足之外，海上集中执法模式的相对弱势地位还体现在变化路径上，即海南和辽宁均出现了由集中模式转变为半集中模式的“倒退”现象，这与海上综合执法的核心要义相悖。

三是海洋环境执法职责的“名实分离”。三种模式的另一共同点，是它们都未设立专职履行海洋环境执法职责的队伍。具体来说，中办、国办于2018年底印发的《关于深化生态环境保护综合行政执法改革的指导意见》明确要求“整合海洋部门海洋、海岛污染防治和生态保护等方面的执法权……组建生态环境保护综合执法队伍，并以本级生态环境部门的名义，依法统一行使污染防治、生态保护、核与辐射安全的行政处罚权以及与行政处罚相关的行政检查、行政强制权等执法职能”。但在现实中，各级、各地的生态环境部门几乎都不具有实施海洋环境执法的能力，甚至连最基本的执法船只和执法人员都不具备，因此不得不委托其他部门或队伍来开展海洋环境执法，从而出现了海洋环境执法职责的“名实分离”。从这个角度看，很多地区之所以将海洋环境执法职责进行转移并形成多样化的海上执法模式，实则是在客观条件约束之下的无奈之举。

### （五）对海上执法职责异构的总体评价

集中模式、半集中模式、分散模式是我国海上执法职责体系建设的三种典型思路，并存于当下的海上执法实践之中。这三大模式并无本质上的优劣之分，各有其适用场域。对这三大模式及其反映出的海上执法领域内的职责异构的评价，应坚持一分为二的辩证思维，从而对各种模式有一个准确的认识，并找到海上执法职责体系建设的合理方向。

行文至此，笔者尝试对我国海上执法职责体系的高度异构现状作出一个总体性评价。随着研究的深入，已经有越来越多的学者意识到即便职责同构确实诱发了一些弊端，但这并不意味着与其相对的职责异构就无可争议地成为我国政府职责体系建设的完美替代。在稳妥解决中国的职责同构问题时，并不能相应地把职责异构作为基本方案。[①] 也就是说，职责同构与职责异构各有所长，无法给出非黑即白、非此即彼的二分式判断，也没有放之四海而皆准的标准，而应放置于具体的情境中细致分析，如此才是科学、理性的态度。

在大多数的政府治理领域中，异构式的职责体系通常具有更佳的治理效果，这是很多学者的共识，如职责异构可以激发地方的活力和创造性、鼓励地方因地制宜、防止中央权力对地方利益的过度干预等。[②] 但在海上执法领域，海上执法职责体系优劣与否的评价标准，应当在于现有体系是否有利于海上执法职责的高效行使、是否有利于海上执法效能的提升。显然，在目前的实践中，海上执法职责异构带来的弊端还是更明显一些，如会增加机构间或省际执法协作的难度、诱发部门间的职责重叠、缺少高层权威的监督、与便民行政的理念不相适应等。如果说中央和地方之间由于公共物品供给目标的差异而形成职责异构还有一定的合理性的话，那么，我国 11 个沿海省级行政区的基本条件大同小异，但还分属于集中模式、半集中模式与分散模式，可能就会弊大于利。一言以蔽之，当下异构式的海上执法职责体系只是一个阶段性产物，伴随着行政执法体制改革的纵深推进，这一情况势必会有所改观。

## 四　异同并举：我国海上执法职责体系的建设方向

前文的分析指出，我国海上执法职责体系的最大特征，即在纵向维度与横向维度均呈现非常明显的异构性。这种职责异构虽有其长处，但也造成了机构林立、职责交叉、政出多门、协调困难等弊端，与我国海上执法实践的客观需求不甚相符。因此，需要回答的一个核心问题便是，在海上执法领域应如何选择和应用职责同构与职责异构这两种各有所长的结构模式？目前高

① 朱光磊、张志红：《“职责同构”批判》，《北京大学学报（哲学社会科学版）》2005 年第 1 期。

② 邹宗根：《职责旋构：纵向间政府关系的新思考》，《长白学刊》2013 年第 5 期。

度异构式的海上执法职责体系是否需要调整？如果需要的话，又应向什么方向变动？对这一问题给出答案，是本文力图完成的中心任务。

在这一问题上，笔者主张将“异同并举”作为我国海上执法职责体系建设和优化的框架性思路，即在中央政府与省级政府之间应维持当前的职责异构，而在省级及以下各级政府之间则应“适度回归”职责同构。图 2 和图 3 分别描述了我国海上执法职责体系的现状与本文设想的发展方向，下文将就这一观点作出详细的阐述。①

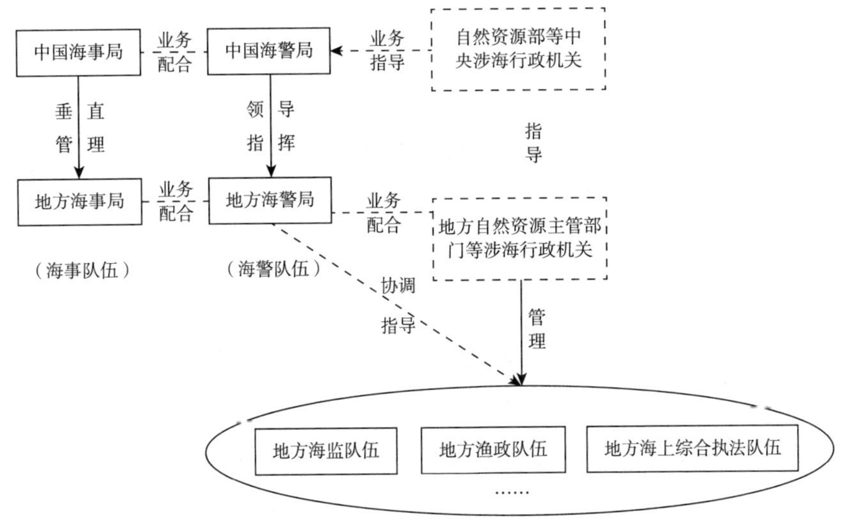


**图 2　我国海上执法职责体系的现状**

① 在图 2 和图 3 中，实线矩形代表实际履行海上执法职责的各支队伍，虚线矩形代表承担法定海上执法职责的涉海行政机关，实线箭头代表领导与管理关系，虚线箭头代表指导与监督关系，虚直线代表公务配合关系。另外，从图 2 中可以发现，在“地方队”中存在多支海上执法队伍，分别接受不同涉海行政机关的管理；而从图 3 中可知，设想中的“地方队”应只保留一支海上综合执法队伍，接受同级农业农村部门的领导（根据目前多地的共性做法，海上综合执法队伍一般由农业农村部门管理），并受其他涉海部门的委托，履行与海洋资源、海洋渔业、海洋环境等有关的行政处罚、行政检查、行政强制等多种执法职责。

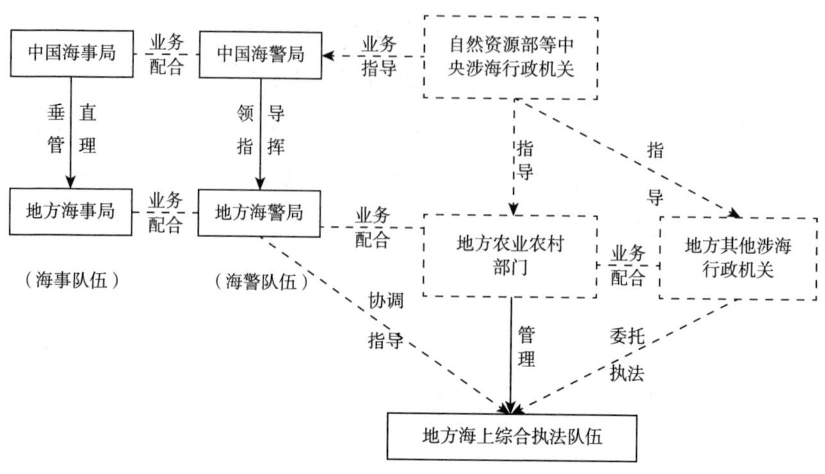


**图 3　我国海上执法职责体系的发展设想**

## （一）纵向维度：维持中央与省级的职责异构

在中央与沿海省级行政区之间，目前的职责异构依旧有着相当的合理性，可以且应当继续保持。之所以如此，是出于以下三点原因。

首先，央地职责重心的不同是维持职责异构的根本原因。海上执法在国家政策议程中的地位虽在快速上升，但不同层级的海上执法主体所侧重的任务重点和职责重心其实是有区别的：就中央而言，其更加重视宏观的、整体的管理与决策活动，如组织协调重大执法行动、制订年度执法计划、建立健全海上执法制度体系等，这些工作都是地方无法完成的；就地方而言，其更加聚焦于区域性、事务性、微观性的工作，如查处违法犯罪案件、开展常规执法行动、贯彻落实中央部署等，职责内容更加琐碎而庞杂。央地在职责重心上的差异决定了地方海上执法机构的设置不可能照搬中央，职责异构更具成本上和效率上的优势。

其次，我国现行的政策框架为中央和地方的职责异构预留了空间。早在2013年的政府机构改革中，国家就默示了海上执法体制的改革路线为仅仅整合中央层面的海监、渔政、边防海警、海关缉私等四支海上执法队伍，地方层面并未作强制的统一要求；而在2018年的政府机构改革中，这一改革思路有所延续，如《深化党和国家机构改革方案》将海洋领域的综合执法排除在国家的顶层设计之外，一些省级海上执法队伍的组建得到了中央编办的批复同意等。这些都表明当下的央地职责异构现状是在国家政策框架内的一种合规之举。

最后，央地的职责异构有助于发挥中央和地方的两个积极性，释放各自最大的潜力和动能。一方面，中央层面的机构整合及队伍转隶使自然资源部、农业农村部等涉海行政机关从繁杂的海上执法工作中脱身，而更加专注于政策制定、监管督导、协调指导等主责主业；另一方面，沿海地方政府对本地区的海上执法工作有着更加准确的了解，将机构设置的自主权更多地下放给省级及以下政府，可以更好地因地制宜，符合地方的实际需求。

### （二）横向维度：地方层面适度回归职责同构

不同于纵向上的维持职责异构，在横向维度内，尤其是在各沿海省级行政区之间，当务之急是消除机构林立、职责交叉的现象，以聚合海上执法资源，形成海上执法合力。为此，适度回归职责同构是一个较为可行的选择。

第一，包括海上执法在内的行政执法活动有别于一般的行政管理活动，它的刚性、统一性和规范性特征更强。当下的职责异构在实践中衍生了集中模式、半集中模式和分散模式，且各个地区、各支队伍的职责权限和组织建制五花八门，这无疑会损害法律的尊严。适度的职责同构有利于扭转各自为政的乱象，彰显法律实施的严肃性与权威性。

第二，与职责同构相对，职责异构源于各个层级政府的权力来源不同。[①] 显然，这一理论依据在海上执法领域并不适用，各级、各类海上执法队伍的职权均来自法律法规的授权或相关职能部门的委托。而且，我们在职责划分和体系构建的过程中，将地方政府的同类别事权适当“归堆”是完

① 邹宗根：《职责旋构：纵向间政府关系的新思考》，《长白学刊》2013年第5期。

全必要的，[①] 各沿海地区在政策目标、外部环境、执法任务等方面的同质性要大于差异性，这些因素都使职责异构缺乏存在的土壤。

第三，在沿海地区间建立适度同构的海上执法职责体系，将带来显而易见的现实功效。职责同构这一治理结构经过长时期运作，已具有深厚的治理基础和社会心理基础，各方主体形成了对应的思维及行为惯性。[②] 它不仅可以实现海上执法资源的快速吸纳和集中调配，以有效应对海上突发事件或重大违法案件；更为重要的是，同构式的职责体系会对跨区域的府际协调产生极大的助推作用，破除邻近地区之间的部门不对等、职责不统一、体制不衔接等海上执法协作中的“堵点”，推动联合执法、案件移送等协调机制的顺畅运转。

需要强调的是，本文主张的职责同构是一种“适度”的而非“完全”的同构，即并不追求各地海上执法队伍的绝对相同，而是在保证机构数量、职责范围等核心内容大体一致的前提下，允许各地在队伍构成、管理体制、资源配备等方面自行调节。例如，广东在省级总队与地市级支队之间增设一级跨行政区划的中间队伍，辽宁兼顾地域性与业务性设置了六支下属队伍。换言之，“适度”中的这个“度”是有限制的，并不排斥地方自主性的发挥。

此外，还应当注意到，即便各沿海省级行政区实现了适度同构，但这也只表明各地海上执法队伍的设置方式基本相同，而并不必然会促进海上综合执法体制的建立与推行。相反，如果所有沿海地区都采用了分散式的海上执法模式，那么，尽管这也属于一种职责同构，但与海上综合执法的目标南辕北辙。因而，本文倡导的横向维度的适度同构是从海上综合执法的角度来说的，即各地都只保留一支海上执法队伍（如图 3 所示），统一行使海洋资源、渔业渔政、海洋环境等多项海上执法职责。只有这样，适度的职责同构

① 朱光磊等：《构建中国特色社会主义政府职责体系推进政府治理现代化（笔谈）》，《探索》2021 年第 1 期。

② 朱光磊等：《构建中国特色社会主义政府职责体系推进政府治理现代化（笔谈）》，《探索》2021 年第 1 期。

才会是一种积极的、正向的改进方案，我国的海上执法职责体系才会进一步优化。

## 五 结语

新中国成立至今，我国的海上执法职责体系在蹒跚中起步，不断成长、壮大、调整，走出了一条独具特色的发展道路。回顾并反思我国海上执法职责体系的变迁历程，不难发现其最大的弊病之一就是往复陷入两个“极端”之中，要么在纵向维度与横向维度均推崇职责同构，要么踏入截然相反的方向，央地间与地区间都大相径庭。事实上，职责同构和职责异构将在中国长期并存，只不过因为所处社会发展阶段的不同，两者之间的具体关系不同。[①] 也就是说，选择何种政府职责体系模式既不能一概而论，更不能片面地强求自上而下的统一图景，而应放在具体的情境或场域中来分析。遵循这一理性逻辑并回到本文的研究主题上，笔者建议将“异同并举”作为优化我国海上执法职责体系的框架性思路，即在维持中央层面与省级层面职责异构的同时，可以考虑在沿海省级行政区之间“适度回归”职责同构，实现横向维度内机构设置与职责配置方式的大致相同，以此充分发挥职责同构和职责异构这两种模式的各自价值。

① 朱光磊、张志红：《“职责同构”批判》，《北京大学学报（哲学社会科学版）》2005 年第 1 期。

# 第五部分
# 涉海翻译与传播

## 国家海洋话语的智媒化对外传播：特征、挑战和路径

周忠良　任东升*

**摘　要：** 国家海洋话语的智媒化对外传播是以域外受众为对象，以大数据为依托，将云计算、数据挖掘、机器人写作、人机交互等现代信息技术应用于国家涉海媒介话语的生产与传播的过程，本质上是一种镶嵌于媒介空间的比特化、智能化、集成化的国家领域性跨文化话语实践，是中国海洋文明、中国海洋治理方案、中国海洋发展道路走向世界的必由之路。研究国家海洋话语的智媒化对外传播，有助于解明中国特色海洋

* 周忠良，中国海洋大学外国语学院博士研究生；任东升，中国海洋大学外国语学院教授、博士生导师，中国海洋大学海洋发展研究院高级研究员。

话语体系的域外传播机制，构建面向智媒化对外传播的中国特色海洋话语对外叙事模式，提升中国的全球海洋治理话语权。本文分析国家海洋话语智媒化对外传播的基本内涵、主要特征及面临的挑战，并提出提升国家海洋话语智媒化对外传播能力的对策，为促进习近平新时代中国特色社会主义思想涉海话语的全球化构建与传播提供参考。

**关键词：** 国家海洋话语　智媒化　对外传播

## 一　引言

随着“泛海洋”时代的到来，海洋话语格局呈现多维变迁趋势。中国特色海洋话语的构建与传播，是建设海洋强国的必经之路，也是争取国际海洋话语权的现实需求。[①] 海洋话语，狭义上指涉及海洋文化、海洋战略、海洋政治和海洋法律的叙事呈现与影响，广义上指涉及海洋科技、海洋商业、海洋军事以及海洋文化、海洋战略、海洋政治和海洋法律的叙事呈现与影响。[②] 国家海洋话语是经由国家生产、被国家认定、为国家所用、具有国家战略重要性的海洋话语。国家海洋话语是国家倡议“21 世纪海上丝绸之路”“蓝色伙伴关系”“海洋命运共同体”等国家海洋治理理念和国家海洋经略战略的重要内容。[③] 国家海洋话语的对外传播是赋能国家海洋大国形象构建、国家海洋文化软实力建设的战略途径，有助于突破中国海洋话语的国际

① 任东升、韩淑芹：《中国特色海洋治理话语的建构与传播》，《中国社会科学报》2022 年 3 月 4 日。

② 张景全、吴昊：《海洋话语与国际秩序转变》，《南洋问题研究》2021 年第 1 期。

③ 高玉霞、任东升：《中国海洋政治话语翻译语料库的构建与研究》，《中国海洋大学学报（社会科学版）》2020 年第 6 期。

认同困局，提升中国的全球海洋治理事权。

智能媒体是以移动互联网、大数据、物联网、云计算、人机交互、虚拟现实等人工智能和现代信息技术为支撑的新型媒体。智媒化是人工智能和现代信息技术应用于媒体的过程与结果。智媒化具有万物皆媒、人机合一、自我进化三个特征。[①] 智媒化对外传播是以智能媒体为平台的对外传播，其内容生产、信息分发、传播载体、受众分析和效果评价等新闻业务流程与传统基于纸媒的对外传播模式大不相同。可以说，随着 Facebook、Twitter、TikTok、今日头条、抖音等算法化新闻分发平台的普遍流行，智媒化已成为一种新型的对外传播叙事模式。

综上不难看出，鉴于国家海洋话语对外传播的战略性和智媒化对外传播的现实重要性，研究国家海洋话语的智媒化对外传播课题具有重要意义，有助于解明中国特色海洋话语体系的域外传播机制，构建面向智媒化对外传播的中国特色海洋话语对外叙事模式，促进习近平新时代中国特色社会主义思想涉海话语的全球化构建与传播，提升中国海洋大国形象。

## 二　国家海洋话语智媒化对外传播的特征

### （一）对外传播主体多元化

在传统传播格局中，媒介话语沿着“生产者→受众”线路“自上而下”“以一对多”单向传播。传播主体是权威的话语生产者和信息提供者。就国家海洋话语对外传播而言，传播主体主要是国家涉海部门外宣机构，如海军、海警、海事、海关等部门的外事外宣机构，代表着国家海洋话语权威。智媒化使媒介话语传播向度发生逆转，呈现复杂性特征。话语的传受双方不再是单向单线的输出与接受的关系，而是双向互动相互影响的关系。*China Daily*、*People's Daily*、TikTok 等智媒化平台在传播国家海洋话语过程中，通

① 彭兰：《智媒化：未来媒体浪潮——新媒体发展趋势报告（2016）》，《国际新闻界》2016年第11期。

过算法推介机制向不同语言背景的海外受众分发个性化话语，受众通过点赞、评论、转发等网络社交手势进行回应与反馈，自动形成用户行为大数据，从而构建受众端的媒介话语权，影响传播平台的下一步传播内容和传播行为，传播平台与受众的传受角色与权力在闭环中轮转。

在传统的对外传播业务体系中，媒介话语生产属于外宣机构内部业务，其信息的采集、存储、组构、翻译、分发作为新闻生产流程的一个部分，基本上由外宣机构内部的专业人员完成，信息加工、知识生产、话语构建、语码编译、新闻分发的权力并未外溢。物联网技术使人与物、物与物之间的“对话”成为可能，为国家海洋话语的对外传播营造出“万物皆媒”的环境。人工智能拥有话语主体的身份。[①] 一方面，无人机、导航仪、机器人、可穿戴涉海专业设备、海洋环境数据库、涉海新闻语料库、自动翻译系统等，皆可成为信息的生产者、采集者、记录者和传递者，发挥媒介化功能，成为参与新闻生产的“非人化”主体。另一方面，人工智能和算法技术催生自动化新闻和人机协同新闻生产模式。在自动化新闻生产模式中，新闻机器人可根据算法智能化存储、分析、加工、翻译信息，自动生产面向域外受众的涉海新闻语篇，是具有高度智能性和独立性的传播主体。在人机协同新闻生产模式中，编辑与机器交互合作，共同策划选题，加工素材，撰写、翻译稿件，分发新闻，与受众交流，研判新闻效果，“人机合一”，成为新闻生产的共同主体。

国内主流门户网站的移动端、搜索引擎、视频平台等智能化内容分发平台一般具有多语种版本或自动化翻译功能，有可能借助自身的受众流量优势或技术优势，成为独立于传统新闻生产系统的国家对外海洋话语传播渠道，扮演对外涉海新闻接受者、推送者和生产者“三者合一”的传播主体角色。

### （二）对外传播过程智能化

对外传播数据生成过程的算法化。社交媒体、互联网、人工智能、大数

① 施旭、别君华：《人工智能的文化转向与全球智能话语体系的构建》，《现代传播（中国传媒大学学报）》2020 年第 5 期。

据、云计算为国家海洋话语的智媒化对外传播构建新的数据生产环境，具体表现为：（1）数字化已成为对外传播的重要路径和基本介质，目前国家海洋话语对外传播所凭借的平台如微博、微信、Facebook 等均为数字化媒体；（2）物联网通过智能化手段联结万物，使无人机、航海设备、海洋环境监测机器人、涉海管理平台等联结一体，成为海洋话语的信息生产者和传递者，为国家海洋话语对外传播提供海量数据；（3）云计算技术在智媒化对外传播平台的广泛应用，提供全天候即时计算环境，可瞬间处理巨量信息，并不受数量、时间和空间限制输送数据；智能手机与具备多语种自动翻译功能的社交媒体终端有机融合，为国家海洋话语的对外传播营造出可移动泛在式的媒介传播环境。受众在媒介空间中所形成的一切数据，包括其信息消费数据、空间位置数据、社交手势数据等构成巨量电子踪迹数据，经智媒化平台内嵌的算法程序化、结构化处理之后，可为国家海洋话语对外传播主体构建受众需求和受众特征分析模型提供基础。

受众分析与匹配的智能化。受众数据是媒介智能化运行的基础。智媒化传播平台收集的受众数据主要包括四类：（1）人口特征数据，如年龄、性别、所在地、职业、经济状况、教育程度等；（2）网络行为数据，如浏览习惯、搜索记录、空间运动轨迹等；（3）网络交互数据，主要是以“社交手势”形式呈现的用户网络社交“在场性”痕迹，如分享、点赞、收藏、评论、取关、屏蔽等；（4）新闻数据，即有关受众新闻消费特征的数据，如体裁、题材、关键词、地点、流行度等。国家海洋话语对外传播主体通过其使用的智媒化平台与域外受众进行交互，收集受众数据，了解受众个性化媒体使用场景，构建受众信息消费行为模式，形成精准化的受众画像，在此基础上定位受众的信息与服务需求，并通过算法推荐系统将对外传播信息与受众需求进行适配，实现对外传播内容推送的个性化、精准化和分众化。

新闻生产过程的自动化。人工智能技术推动机器新闻写作迅速发展，自动化新闻（automated journalism）或机器（人）新闻（machine journalism）以其自动化、海量、全天候的写作模式日益受到重视。新闻机器人通过云平台、大数据、人机交互、图像识别、语音合成等技术，实现新闻写作的智能化，因此被广泛应用到新闻信息的采集、分析、翻译、写作、分发等环节。在国家海洋话语对外传播的场景下，智媒化对外传播平台利用物联网和5G技术通过传感器、无人机、海洋环境管理系统、涉海新闻数据库、涉海管理信息库等信息采集设备自动收集数据，利用媒体大脑中的先置算法对所得数据进行多维深度挖掘以提取新闻要素信息，根据内置新闻写作模型和自动翻译系统自动生成面向域外受众的报道，最后基于受众群体的媒介喜好和服务需求实施差异化、分众化推送。目前国家涉海部门可供新闻机器人使用的数据存量极大，且数据规模随时间推移呈指数级增长，为新闻机器人在国家海洋话语对外传播中发挥战略作用奠定基础。

### （三）对外传播业态全媒体化

全媒体作为一种新型的媒体架构和传播形态，具有全员媒体、全程媒体、全息媒体、全效媒体的融合性特征。① 国家海洋话语的智媒化对外传播，表现出全员化、全程化、全息化、全效化的全媒体化趋势。

“全员化”是指在社会维度上，国家海洋话语的对外传播作为一个开放性的对外文化交流事件，包括域外受众在内的所有潜在“行动者”均可通过现代通信手段进入媒介场域的信息交互过程，新闻生产准入“零门槛”，传播主体不再是从事对外传播事业的专业人员，而是国家海洋话语对外传播行动者网络中的所有成员。因此对外传播过程具有极强的动态性和互动性。

“全程化”一方面是指国家海洋话语的对外传播在时间维度上突破传统媒体传播速度和时间限制，已实现实时、零时差、全天候对外传播，且全程被现代通信技术和信息技术追踪、记录、存储，实现全流程跟踪；另一方面是指国家海洋话语的媒介意义构建是一个生成性过程，对外传播行动者网络的信息生产端、传播端和消费端所有行动者都在传播过程中参与意义的构建与流传，实现全方位参与和全角度意义生成。

① 沈正赋：《“四全媒体”框架下新闻生产与传播机制的重构》，《现代传播（中国传媒大学学报）》2019年第3期。

“全息化”一方面是指在媒介渠道上，国家海洋话语的对外传播具有全面性，可通过报纸、广播、微博、微信等多种媒介全面呈现内容；另一方面是指在内容呈现形式上，打破传统依靠文字、图像、语音、视频等单模态的表现方式，通过 VR、AR、MR、语音识别、可穿戴设备等技术的支持，形成融触觉、听觉、视觉于一体的多模态立体化呈现方式。当下国家海洋话语的对外传播可借助 Facebook、Twitter、TikTok、抖音等智媒化平台，根据对外传播的具体对象和场景，为受众提供多媒体、多模态的媒介体验和服务。

“全效化”是指国家海洋话语的对外传播在媒介功能维度上，已经突破单维性，呈现集成性特征。新闻客户端、微博、微信、视频平台等媒体应用由于技术架构不同，对外传播优势不同，功能各有侧重，效果也不同。新型智媒化平台可突破单一媒体对外传播功能，将各种媒体应用聚合一处，形成融内容生产、信息发布与交互、用户社交、专业化服务于一体的外向型媒体功能集群，具有新闻信息总汇和媒介运营枢纽作用，借由媒介融合塑造的网状传播格局从技术上实现传播的全效化。

## 三　国家海洋话语智媒化对外传播面临的挑战

### （一）对外传播叙事体系尚需调整

智媒化使国家海洋话语的对外传播叙事表现出新的特征。在叙事主体方面，已呈现全员化特征，国家海洋治理部门、外交外事部门、智媒化平台、对外传播受众等各方均参与媒介叙事，扮演着不同角色，国家海洋话语的对外传播行动者网络表现出多元主体协同叙事的趋势。在叙事话语方式方面，传统的单向性、体系性、整体性媒介叙事模式不再适应智媒化对外传播需求，交互化、个性化、分众化、碎片化叙事模式日渐流行。在叙事风格方面，传统的宏大叙事、国家叙事、意识形态化叙事、理论化叙事、宣教式叙事难以获得良好的对外传播效果，而微叙事、个人叙事、生活化叙事、感性化叙事、轻悦化叙事更容易入眼入脑入心，因此增加叙事温度和灵活性，推动叙事风格创新势在必行。在叙事形式方面，基于纸质媒介的信息呈现方式已难以适应智媒化对外传播趋势，对外话语应融合文字、图像、声音、视频等多种模态，以全息化方式呈现，因此有必要进行智能化、多媒体化、多模态化改造。总体而言，推动叙事体系“智媒化”是一项极为紧迫的课题，有必要使国家海洋话语的对外叙事体系适配智媒化传播特点和需求，以提高叙事水平。

### （二）对外传播智媒化技术创新仍需强化

现代通信技术能力就是传播力。智媒化是国家海洋话语对外传播能力现代化的重要标志，而对外传播技术的智媒化升级是国家对外传播能力现代化面临的巨大挑战。为推动国家海洋话语对外传播技术的智媒化升级，有必要构建一套智能化、算法化和自动化的专业性涉海对外传播系统，助力国家涉海对外文化治理现代化。首先，建立大型国家涉海对外新闻语料库，依托语义分析、文本情感分析等技术，研判新闻文本特征、语义分布和情感倾向，为国家海洋话语对外传播选题的精准化策划提供数据基础。其次，构建科学的用户行为特征分析模型，结合国家海洋话语对外传播宗旨、目标、特性，设置科学的参数体系，系统化捕捉传播对象的媒介信息消费行为与过程，为精准化受众画像奠定基础。再次，开发机器人涉海对外新闻写作、自动翻译、内容分发系统，自动收集涉海选题有关数据和素材，生成外宣型涉海新闻语篇，并基于精准化受众画像，以域外受众喜闻乐见的语言、模态、体裁将信息进行个性化、差异化、分众化推送，强化新闻话语的受众黏性，提高国家海洋话语的媒介穿透力、影响力、引导力。总体而言，推动国家海洋话语对外传播的智媒化能力建设，需要加大技术创新力度，将以人工智能为核心的现代信息技术引入对外传播全过程，提升选题策划、信息收集、数据加工、用户定位、新闻写作、信息推送、受众反馈、媒介交互等环节的智能化水平。

### （三）对外传播媒介平台需要价值导正

算法是智媒化传播的重要技术。当下算法推荐主导的信息传播机制已经深度嵌入传媒业务生态链，对媒介话语生产过程和受众信息消费行为产生重大影响。在算法推荐的对外传播场景中，智媒化平台利用云计算和大数据技术，采集用户的人口特征数据、网络行为数据和新闻数据，在此基础上依据既定的受众行为特征指标体系进行精准化“用户画像”，构建受众信息消费行为模型，并以所建模型为基准对受众实施“精准化”“个性化”“分众化”信息投喂。算法本质上是一种智能化的工具或程序，不具备价值观层面的能动性。然而，掌控算法的是具有价值观和主观能动性的智媒化平台及其掌控者。在模型构建过程中，对受众行为特征指标的择取、不同特征指标之间的权重分配、不同算法推荐机制的应用，均与算法控制者的意识形态、价值取向、目标动机密切相关。当下国家海洋话语对外传播所凭借的智媒化平台，大部分属于市场化主体，利用算法技术追求受众黏性，获得最大化用户流量，进而将之变现以实现利润最大化，是其新闻行为的基本驱动力和根本行动逻辑。对市场化的对外传播主体而言，与“国家价值”相比，市场利益更具优先性。国家作为对外传播主体，与市场化的媒体具有不同的利益追求和行动逻辑。国家海洋话语的对外传播是一种国家行为，具有政治性、意识形态性和非市场化特征，承载着国家对外涉海知识生产、文化传播、舆情导正、话语认同构建和文化治理功能。因此，对算法乃至智媒化平台进行价值观镶嵌和政治规训是国家对外导正舆情、传播价值观、构建国家形象、增强文化治理能力的必然手段。如何对算法进行价值驯化、“收编”市场化智媒平台以发挥其服务国家战略目标的潜能，是国家海洋话语对外传播能力建设面临的重要挑战。

### （四）对外传播信息基础设施建设亟待加强

媒介是不同国家之间进行意识形态博弈和话语竞争的重要空间和战略阵地。智媒化平台作为国家海洋话语对外传播的信息基础设施，对维护国家海洋文明形象、推动中国特色海洋话语体系的全球化构建、提升国家海洋治理话语权具有重要作用。目前国家海洋话语的对外传播主要依赖的国外智媒化平台包括 Facebook、Twitter、Google News、TikTok、Instagram 等。依靠外国信息基础设施传播国家话语，有可能使国家的传播主权遭到损害，面临传播主导权被削弱或被剥夺的风险。因为话语和信息的可见性和可供性掌控在国外智媒化平台手中，平台方可利用媒介霸权和技术优势，通过操控算法形成自动化过滤审查机制，屏蔽与本己意识形态相异的媒介话语，放大有利于或与己相同的信息，从而构建出一个偏向性的拟态空间，将特定价值观输送给受众，影响受众的认知。俄乌冲突爆发后，Facebook 将今日俄罗斯、俄罗斯卫星通讯社的移动客户端从其应用商城全部下架。美国将今日俄罗斯定性为“外国政府代理机构”，取缔其在美一切活动。西方媒介共同体对俄罗斯媒介话语的集体封杀，表明在西方掌控的信息基础设施上实施对外传播，存在被“消音”的风险。因此面对不平衡的媒介权力格局，有必要强化对外传播体系的信息基础设施布局，提升对外传播硬实力。

## 四　提升国家海洋话语智媒化对外传播能力的路径

### （一）加强顶层规划，构建适应智媒化对外传播的内容体系

系统规划国家海洋话语对外传播内容体系，构建满足多元受众个性化需求的传播内容。以内容吸引受众，通过丰富的内容供给对外传播本己话语体系，是国家对外话语体系构建的重要策略。有必要在国家层面对海洋话语的对外传播议题和议程进行顶层规划，构建一套结构合理、内容丰富、体系完整的传播内容体系。宏观层面，包括国家海洋战略、海洋政策、海洋文化、海洋开发历史、海洋民俗、涉海法律法规等内容；中观层面，包括涉海职能机构的业务范围、管理条例、规范惯例、服务指南、行业讯息等；微观层面，包括具体的气象、海况、地图、导航、安全、救援等涉海服务信息，以及涉海旅游、教育、休闲等生活化信息。根据内容特点和受众群体，以受众

喜闻乐见的形式，通过智媒化平台，进行个性化、分众化、精准化推送。

推动内容终端智能化建设，提高国家海洋话语对外传播内容的"全息化"呈现水平。良好的媒介消费体验是提升受众黏性的重要条件。VR、AR、MR、语音识别、云计算、可穿戴设备等技术在大众传播领域的广泛应用，构建出一个具有泛在性、沉浸性、临场性、交互性的新闻消费场景，媒介信息以一种融触觉、听觉、视觉于一体的立体化方式呈现于用户的内容终端。因此，国家海洋话语对外传播主体有必要因应新型媒体业态，供给数字化传播内容，扩大内容储备，丰富内容呈现媒介，强化传播内容对电脑、手机、VR、AR、无人机、车载设备、人体可穿戴设备等智能终端的适用性和可供性，通过传播内容的呈现形式与智能化终端的适配，满足不同受众的个性化信息消费需求。

强化内容圈层化供给，构建国家海洋话语对外传播的分众化内容体系。针对不同受众群体提供定制化信息服务，有助于提高媒体的受众黏性。智媒化传播重构了媒介活动空间，使非物质的、无固定场所的数字化虚拟空间逐渐取代物质的、固定的地理空间，社会关系也因此走向虚拟化。换言之，智媒化使媒介话语空间呈现"去物理化"特征，网络空间、虚拟空间、数字空间的重要性日益凸显。新闻受众社群不仅具有传统的地理性、地域性、现实性意涵，更具有虚拟性色彩。物理性的地缘共同体让位于虚拟空间的业缘、趣缘、信缘、知缘等共同体。媒介受众群体呈现显著的虚拟性圈层化特征。因此有必要对受众圈层实施精确画像，并进行分众化、差异化、圈层化传播。为此，国家海洋话语对外传播主体有必要对虚拟化、差异化、个性化的受众进行群体性分析与构建，将受众群体圈层化、分众化，做到内容分发因人而异、因地制宜。

### （二）强化价值导正，构建融人才、技术、平台于一体的价值规制体系

国家海洋话语对外传播行动者网络的行动者包括人类行动者和非人类行动者两大类型。首先，人是关键行动者，价值观、意识形态因素对人的行动起着引领性作用。因此，国家海洋话语的对外传播，需要从人出发，解决对外传播过程各环节中人的底层价值观问题，确保对外传播队伍自身筑牢意识形态阵地，

严守政治规矩，坚定政治立场，保持对外传播工作政治方向的正确性。其次，非人类行动者主要包括国家海洋话语对外传播所用的智能化媒体平台及其使用的现代信息技术，如人工智能、算法、机器人、无人机、物联网技术等。从技术政治角度看，技术并非完全客观中立，技术具有社会性、政治性、意识形态性。在媒介场域，不同意识形态之间的博弈实质上是基于现代信息技术规制的话语流动，被植入价值观的技术通过控制媒介话语的可见性、可供性和流动性，在网络空间构建出一个己所期望的拟态空间，从而为本己价值体系争夺话语权。从这个意义上说，对智媒化技术进行价值规制成为国家之间在媒介场域进行意识形态竞争的底层逻辑。技术规制主要有两种路径。一种是国家层面“自上而下”的规制，即国家采用法律、行政、文化等手段，对智媒化对外传播平台及其技术实施价值观规制，解决政治逻辑与市场逻辑的传播价值伦理冲突，强化非人类行动者的价值观处置能力，凸显其主体伦理责任。另一种是智媒化传播平台及其技术的自我规制，主要表现为媒介平台及其技术的价值自律自纠和自我规范。以市场化智媒平台算法的自我规制为例，算法蕴藏着流量为王、信息操控、市场利益优先等价值倾向，与国家海洋话语对外传播事业所要求的战略使命、文化担当和价值要求不同。对算法的自我规制，即在国家宏观意识形态规制框架内，以国家海洋话语对外传播所涉的行业协会和媒介平台为规制主体，以行业标准和管理规范为准绳，在算法模型设计中植入意识形态因素，增强算法的意识形态意涵，导正智媒化算法的用户流量偏向、市场利益至上、政治立场漂移等不良倾向。

### （三）夯实基础设施，推动智媒化平台孵化和技术创新

孵化国家海洋话语对外传播智媒化平台。形成成熟的媒体系统，培养世界级的媒体，有助于提升我国的海洋话语权，增强国家海洋话语的国际博弈能力。[①] 媒体平台是媒介传播的信息基础设施。智媒化平台掌握着巨量用

① 王琪、季林林：《海洋话语权的功能作用、内容表征与建构路径》，《中国海洋大学学报（社会科学版）》2017 年第 1 期。

户，可利用算法程序操控媒介话语的可见性和可供性。平台的影响力对话语传播的渗透力、辐射力、影响力具有重要作用。有鉴于此，有必要重点培育一批兼具价值引导力、内容吸引力、受众黏附力的智媒化平台，强化国家海洋话语对外传播的物理阵地。面对西方主导的全球智媒化传播硬件环境，我们需要从被动的智媒化平台使用者转变为主动的平台建设者。一是支持国内建设一批具有国际影响力和全球公共服务能力的智媒化涉海对外传播平台，分领域、分类型、分主体支持智媒化平台通过市场化机制走出国门，使国家海洋话语对外传播有可靠的根据地。二是对于国外智媒化平台，探索灵活的中外合作机制，“收编”国外媒体，强化算法技术、数据共享、智能化传播等方面的中外合作，以市场合作、技术合作、信息资源合作等多种方式深度参与国外智媒化平台的涉华海洋媒介话语生产过程，导正其价值倾向，推动国家海洋话语的全球化传播与构建步入正向轨道。三是强化与国际专业涉海媒介平台的工作联动，构建包括国际涉海组织、不同国家政府涉海机构及民间涉海团体在内的海洋话语媒介合作机制，秉持“海洋命运共同体”理念，坚持共享发展原则，推动国际涉海传播平台话语体系规范的对接和跨国涉海信息流动机制的建立，提高国际涉海话语的协同传播和互享互通能力。

建构国家海洋话语对外传播算法模型。对于模型的设计，首先要以算法为技术核心，聚合国家海洋话语相关信息，同时植入国家主流意识形态，确保其价值观导正功能。其次要体现对外传播战略意识，一方面基于国家海洋对外话语体系的构成因素、传播特征、战略需求等形成合适的对外传播内容指标体系；另一方面根据国家海洋话语对外传播具体场景，设置科学合理的参数体系，据以广泛收集受众人口特征数据、新闻消费行为数据、网络社交手势数据，为构建科学的受众行为特征分析模型和形成差异化、分众化信息分发模型提供数据依据。最后，通过技术创新，提高算法智能化交互能力，使之能依据用户反馈，与用户进行实时互动，通过与用户的交互实现算法模型的自我进化，使算法模型具有舆情预判能力，可根据舆情形势变化，适时调整对外传播的叙事风格、呈现模态、主题内容等。

开发国家海洋话语对外传播舆情把关与监测技术。有必要构建人机协同内容把关系统。以算法推荐为特征的智媒化对外传播具有分发内容差异化、呈现方式全效化、传播效果交互化等特点，极大提升了媒介传播的广度、精度、效度。但与此同时，要正视算法推荐技术的局限性，警惕数据泡沫对内容生产的负向诱导作用，甄别虚假舆情，避免对自动化内容生产技术的过度依赖，规避潜在的“技术利维坦”风险。为此，首先要强化内容生产端的把关，开发适用于国家海洋话语对外传播的人机协同新闻生产系统，使内容生产体系不仅包括写作机器人、智能算法、云计算等技术架构，也注入人的表达意图、政治立场、价值导向，在话语源头上进行价值方向控制。其次要强化内容消费端的管理，利用语料库、深度学习、语义分析、情感分析等技术，对国家涉海对外新闻话语进行智能化、大数据分析，通过全方位文本挖掘，精准识别受众的价值立场、情感倾向和认知特征，通过算法程序对上述内容进行编码化、分类化、标签化处理，在此基础上完善国家海洋话语对外传播智媒化平台的自动化舆情研判技术，实现舆情数据可检索、可溯源、可分类，提高舆情精准化、快速化处置能力。

### （四）推进智力培育，建设智媒化对外传播专业人才队伍

树立智媒化思维，提升从业队伍的现代信息技术素养和智能化对外传播战略意识。如前所述，在人工智能、大数据、云计算、物联网等技术加持下，媒介话语生产呈现全程、全息、全要素的智能化趋势。基于人机协作的信息生产、基于深度学习的内容矩阵、基于智能算法的渠道交互、基于数据融通的受众分析成为智媒化对外传播的实践特征。① 这必然要求建立一支懂海洋专业、懂信息技术、懂传媒业务、懂对外文化交流“一专多能”的复合型国家海洋话语对外传播人才队伍，不仅具备体系化的全媒体战略思维，还兼备信息技术思维、大数据思维、跨文化沟通思维、媒介管理思维、业务创新思维等专业实践思维。因此，应创新人才培养理念和机制，转变传统观

① 李华君、涂文佳：《智媒时代中国国家品牌对外传播的实践特征与路径创新》，《电子政务》2019 年第 11 期。

念，破除行业藩篱，强化人工智能、传媒、海洋等行业之间的互联互通，广泛吸纳跨界、跨领域人才。

革新人才建设体系，打造开放式国家海洋话语对外传播人才培养格局。构建融政府部门、社会力量和市场主体于一体的人才组织架构和跨媒体的用人机制。首先，要加大国家涉海部门的对外传播人才培养力度，强化国家海洋话语对外传播“正规军”力量。其次，要采用灵活的人才“收编”机制，通过弹性方式将国家涉海对外传播业务“外包”给社会力量和市场主体，充分发挥社会化、市场化人才的对外传播潜能。最后，重视开发智媒化平台的内容创作者，培育、发掘抖音、快手、Facebook、TikTok、Twitter 等视频媒体、直播媒体的“流量大咖”、意见领袖，利用其流量优势发挥分众化、圈层化传播中的舆情导引作用，增加国家海洋话语的域外吸引力、渗透力和辐射力。

完善国家海洋话语对外传播人才考核与激励制度。国家海洋话语对外传播的智媒化转向需要培养一支与新型媒介业态相适配的复合型人才队伍。有必要建立科学合理、以智媒化营运为关键能力的国家涉海对外传播人才评价考核机制。结合智媒化对外传播的现实场景和业务实践需求，形成合理的专业能力评价指标体系，构建面向智媒化对外传播的人才评价体系，注重考核对外传播队伍的人工智能技术开发与应用能力，智能化传播能力，新型媒体应用能力，数字化传播技术、方法、平台开发能力，发挥考核机制的正向激励作用。

### （五）完善工作机制，提高对外传播现代化水平

智媒化传播与国家对外话语体系构建具有天然的亲缘性。智媒化平台可为国家海洋话语对外传播提供有效的媒介信息资源配置工具。国家在媒介数据收集、储存、挖掘、使用上拥有巨量资源和超强能力，可以转换为国家海洋文明和国家海洋形象构建的话语权力。将国家涉海媒介话语资源转化为国家海洋对外话语能力，需要强化对外传播机制建设。

建设面向域外受众的国家海洋话语生产与传播机制。主要包括受众媒介

消费行为数据库构建机制、受众画像生成机制、媒介内容生产机制、受众反馈感知机制、对外舆情监测机制等。就对外舆情监测机制而言，一方面建立国家海洋话语对外传播智能化预警机制。利用人工智能技术和算法程序开发自动化涉海话语对外传播预警模型，全程全息收集舆情大数据，运用语义分析和情感分析技术进行超量文本挖掘，洞察域外受众的情感特征和政治倾向特征，研判受众思想变化及舆论走向，增强国家海洋话语对外传播的舆情趋势预判能力，变消极应对为积极导正，降低涉海话语域外传播与构建中的意识形态安全风险。另一方面建立舆情处理标准化机制。通过涉海对外传播历时大数据，分析舆情事件的发生语境、逻辑内核、表现方式、周期特征等，形成舆情应对模型。在此基础上，针对不同类型的涉海涉外舆情事件性质，制定相应的规范化处理标准，提升舆情治理规范化水平，使各环节各部门应对舆情有标准或规范可循，增强国家海洋话语涉外舆情治理的可控性和可预测性。

构建国家海洋话语对外传播基础设施建设机制。主要包括国家涉海话语智媒化对外传播数据库建设机制、国家海洋话语翻译标准化机制、国家海洋话语翻译术语库开发机制、算法技术国家化应用机制、国家化涉海话语对外传播平台建设机制等。以对外传播平台建设机制为例，首先，秉持“立足国家、面向全球”原则，推动媒体要素资源体系的国家化整合，改革智媒化传播平台内容生产机制，构建对外传播平台的智能化技术创新体系，提升平台的国家化、智能化水平。其次，构建覆盖外交、海防、海关、海事等重点涉海部门的对外传播平台协同化机制，形成领域齐全、重点各异、目标趋同的国家海洋话语对外传播协同机制，提升对外话语传播的立体性、系统性和全面性。最后，创新对外传播平台的市场化机制，可由国家涉海部门以独立的市场主体身份运营智媒化对外传播平台，也可以与今日头条、一点资讯、Facebook、Twitter 等国内外智媒化平台开展合作，引入市场力量助力对外传播。

完善国家涉海话语对外传播管理机制。主要包括国家涉海翻译管理机制、国家智媒化技术开发与管理机制、国家涉海话语对外传播安全审查机制、国家涉海话语对外传播人才管理机制、国家涉海话语对外传播机制等。

就国家涉海话语对外传播机制建设而言，一方面，构建国家海洋话语对外传播矩阵，形成立体化传播体系。对外传播矩阵作为具有矩阵式架构的媒体组合体，在传播渠道上包括传统媒体矩阵和智能化新媒体矩阵，在组织架构上包含纵向垂直行政层级的宣传主体和横向不同职能跨部门的对外传播主体。对外传播主体矩阵包括国家外交外事部门对外传播矩阵、海防部门对外传播矩阵、政府涉海管理部门对外传播矩阵、国家海洋科研机构对外传播矩阵、国家主流媒体矩阵等。对外传播矩阵的建设有助于优化国家海洋话语对外传播资源配置，提升传播主体之间的协同联动水平，从而实现多元化引流驱动，保证健康的受众流量结构。另一方面，建立国家涉海话语对外传播治理的部门联动机制。国家海洋话语对外传播涉及话语理论体系建设、术语体系构建、理论话语翻译、对外话语传播、网络传播空间建设、对外舆情治理等，牵涉的领域多、部门多，需要优化管理组织架构，强化不同专业领域之间、不同部门之间的合作，提高管理效率。

## 五 结语

加快建设海洋强国是新时代中国特色社会主义题中应有之义。[①] 构建中国特色海洋对外话语体系是建设海洋强国的重要一环。智媒化对国家海洋话语的对外传播具有重大赋能作用，有助于推动国家海洋话语体系的域外意义构建，提升中国在全球海洋治理格局中的话语权和行动能力。有鉴于此，有必要借鉴人工智能、海洋治理、对外传播、话语分析、国际政治等多个学科领域的理论工具，对国家海洋话语的智媒化对外传播进行学科交叉研究，以解明传播过程，揭示传播机制，考察传播效果，归纳传播策略，为推动“21 世纪海上丝绸之路”、构建“海洋命运共同体”提供智力支持。

① 金永明：《海洋强国建设中的外交创新及话语权问题》，《毛泽东邓小平理论研究》2018 年第 2 期。

# 生态语言学视域下海洋治理话语体系重构的路径探究*

张 慧**

**摘 要：** 海洋是人类生存和可持续发展的重要物质基础，然而全球海洋生态问题日益严峻，海洋治理迫在眉睫。话语实践是衡量海洋治理成效的试金石，海洋治理话语体系的重构将有利于构筑海洋命运共同体，提升中国海洋生态话语权。新闻语篇是增信释疑、凝心聚力的桥梁纽带，在塑造公众认知和影响国际舆论方面发挥关键作用。本研究拟从生态语言学视角切入，以中美两国涉海新闻语篇作为考察对象，依托海洋论域下的生态哲学观，尝试构拟涉海新闻语篇的生态批评话语分析框架及阐释其具体应用，旨在为涉海新闻语篇中生态意识形态的探微及生态取向的甄别提供理论根基，为海洋治理话语体系的重构提供可行性路径，优化国际传播实效，从而提升中国海洋生态话语权。

**关键词：** 生态语言学 海洋命运共同体 海洋治理话语体系

---

* 本文系山东省社会科学规划项目“生态语言学视域下海洋话语体系重构与传播优化研究”（项目编号：22DYYJ08）和中国博士后科学基金第72批面上资助项目（项目编号：2022M722989）的阶段性成果。

** 张慧，博士，中国海洋大学外国语学院讲师，主要研究方向为生态语言学、认知语言学、话语分析。

海洋是人类生存和可持续发展的重要物质基础，然而全球海洋生态问题日益严峻，海洋治理迫在眉睫。话语实践是衡量海洋治理成效的试金石，海洋治理话语体系的重构将有利于构筑海洋命运共同体，提升中国海洋生态话语权。在构筑海洋命运共同体的时代背景下，海洋治理话语体系研究显得尤为重要和迫切。[①] 生态语言学作为近年兴起的一种话语研究范式，旨在通过话语分析鼓励有益性话语，改善模糊性话语，抵制破坏性话语，以此助力受众生态环保意识的提升。[②] 可见，从生态语言学的学术进路切入来探讨海洋治理议题，是语言学学者理应承担的社会责任与历史使命，兼具理论意义与现实意义。

新闻语篇是增信释疑、凝心聚力的桥梁纽带，在引导新闻舆论和塑造公众认知方面扮演重要角色。因此，涉海新闻语篇是国内外学者最为关注的话语载体。[③] 本研究借助可视化文献计量工具 Citespace 梳理文献，发现学者们从不同角度研究涉海新闻语篇，其中新闻传播学和话语分析的研究最具代表性。新闻传播类的研究将海洋生物与环境视作报道对象，主要关注海洋新闻话语的信息生产、报道策略、对外传播等，侧重引导媒体舆论环境、塑造国家形象，以及传播媒介信息；在话语分析领域，主要关注涉海新闻语篇中的话语特征与策略以及海洋生态话语的哲学观，以此探究语言在映射海洋现实、反映生态意识形态以及深化海洋治理进程中所起的作用和功能。

上述成果为本研究奠定了理论基础，但已有研究难以满足新形势的需要，原因是亟须构建多学科交叉理论框架，从生态语言学的研究范式切入，全方位探究涉海新闻语篇，以此探索海洋生态话语体系的重构路径。现有的研究主要呈现以下特征：（1）生态话语分析理论框架亟须改进，研究视野比较狭隘。既有研究分别从各自的学科对涉海新闻语篇进行研究，仅解决了

① 周忠良、任东升：《基于语料库的中国特色海洋话语译传研究：框架、内容与原则》，《中国海洋大学学报（社会科学版）》2022 年第 4 期。

② 黄国文：《生态语言学的兴起和发展》，《中国外语》2016 年第 1 期。

③ C. Dayrell, "Discourses around Climate Change in Brazilian Newspapers: 2003-2013," *Discourse and Communication*, 2 (2019): 149-171.

部分议题，而未能将相关学科的理论进行融合，搭建海洋生态话语分析新框架。（2）实证研究的支撑和积累不够充分，仅限于初步研究而未能形成体系。既有研究侧重定性分析，实证量化分析几近阙如，未能通过大规模语料库观测海洋生态话语，致使研究结论的说服力不强。（3）生态话语分析范式多聚焦语言特征的描写，较少涉及认知和社会文化因素的探索。生态话语分析多停留在话语特征描写层面，而对于生态取向的甄别、话语背后隐藏的生态意识形态的探微，以及不同国家间生态理念差异的深层次动因论述明显不足。

生态话语分析（Ecological Discourse Analysis，EDA）隶属生态语言学的研究范畴，是生态语言学研究的主要路径之一。近年来，生态话语分析主要有两大转向，一是批评转向，[①] 二是和谐转向。[②] 其中，赵蕊华、黄国文基于中国的基本国情、历史背景和传统文化，尝试建构和谐生态话语分析框架，更好地指导中国的本土研究；[③] 何伟、张瑞杰结合系统功能语言学中的经验意义系统、人际意义系统和语篇意义系统，建构生态话语分析模式，为探索话语的生态意义提供了理论框架。[④] 然而，目前还尚未发现针对某一生态议题而搭建的生态批评话语分析框架。

有鉴于此，本研究以中美两国主流媒体涉海新闻语篇为考察对象，结合系统功能语言学和认知语言学的学术进路，尝试构拟较为系统的、操作性更强的涉海新闻语篇的生态批评话语分析框架，以期进一步深化和拓展生态话语分析的深度和广度。同时，借助考察涉海新闻语篇折射的生态价值取向与生态理念，并从跨学科的角度洞悉中美两国生态理念差异背后的理据，进而提出重构海洋治理话语体系和优化国际传播实效的可行性路径。

① A. Carvalho, "Representing the Politics of the Greenhouse Effect: Discursive Strategies in the British Media," *Critical Discourse Studies*, 2 (2005): 1-29.

② 黄国文：《从生态批评话语分析到和谐话语分析》，《中国外语》2018 年第 4 期。

③ 赵蕊华、黄国文：《和谐话语分析框架及其应用》，《外语教学与研究》2021 年第 1 期。

④ 何伟、张瑞杰：《生态话语分析模式构建》，《中国外语》2017 年第 5 期。

## 一 生态话语分析范式嬗变

一般而言，话语分析范式的两大转向主要表现为批评转向与和谐转向。批评转向包括批评话语分析（Critical Discourse Analysis，CDA）和生态批评话语分析（Eco-critical Discourse Analysis，ECDA）；和谐转向则包括积极话语分析（Positive Discourse Analysis，PDA）与和谐话语分析（Harmonious Discourse Analysis，HDA）。从研究焦点来看，批评话语分析和积极话语分析主要探讨的是人与社会之间的关系；而生态批评话语分析与和谐话语分析的研究焦点为人与自然之间的关系。

鉴于生态语言学兴起的时间不长，这个学科尚未形成完全成熟的独立体系，对一些概念和术语还未达成共识。因此，生态话语分析会借鉴其他流派或者学科的研究框架和研究路径等开展相关研究，其中批评话语分析是其主要借鉴的研究范式。Fill 和 Mühlhäusler 指出，生态批评话语分析以批判现实中的生态问题为基点，是生态话语分析的主流路径之一。[①] 近年来，黄国文专门针对中国语境开创了本土研究范式，即生态语言学视角下的和谐话语分析。这一研究范式为生态话语分析提供了新的立脚点，旨在探究人与其他生命体和语言与生态系统之间的多样繁杂关系如何融合并存。下文将尝试厘清这些话语分析范式之间的联系与区别。

### （一）生态话语分析与批评话语分析

生态话语分析旨在通过分析话语的语言特征，揭示语言体现的生态意识，并以分析者秉持的生态哲学观作为参照来评价话语，从而提出不同应对方式。批评话语分析需借助语篇中语言形式的剖析来廓清话语背后蕴含的语言、权力关系、社会结构与意识形态之间的联系。[②]

① A. Fill，P. Mühlhäusler，*The Ecolinguistics Reader：Language，Ecology and Environment*，London：Continuum，2001，p. 5.

② N. Fairclough，*Language and Power*，London and New York：Longman，1989，p. 20.

张琳、黄国文试图从四个方面厘清生态话语分析与批评话语分析之间的区别：第一，研究导向。生态话语分析是以“他者为导向”[①]（other-directed），他者一般指不发声的生态系统；而批评话语分析是以“自我为导向”（self-directed），通过语言分析让读者意识到社会中存在的权利不平等现象，并争取公正、平等的个人与社会权利。第二，评价手段。前者分析的对象较多元，既涵盖有益性话语，又有模糊性话语，同时还兼顾破坏性话语，分析者依据不同话语类型可采用鼓励、改进或抵制的方式；而后者分析的对象大都是消极话语，分析者常采用批评和揭露的方式。第三，受益群体。前者不仅关照人类的生存，还注重人与自然万物及环境间的和谐共生；后者是为弱势群体中的个人争取在社会中应享有的权利和平等地位。第四，哲学依据。前者秉持的生态哲学是对人与自然关系的哲学思考；而后者依据的哲学体系是对人类社会中的压迫和不平等现象的反抗。[②]

### （二）生态批评话语分析与和谐话语分析

生态批评话语分析与和谐话语分析属于生态话语分析的两大学术进路。和谐话语分析是由黄国文结合中国语言生态的实际情况提出的一种新的研究范式，以生态和谐的视角讨论语言对环境（生态系统）的影响。中国语境下的和谐话语分析研究范式融合了中国的政治、经济与历史文化等因素，凸显自然生态系统与语言系统的和谐，以及话语在特定文化语境中的和谐。[③]黄国文指出：“生态不单单是指生命有机体与其生存环境之间的关系以及它们之间的相互关系和相互作用所形成的结构和功能的关系，更是被用来表示和谐，强调人与人、人与其他物种、人与自然、语言与自然之间的和谐。”[④]

生态批评话语分析和和谐话语分析分别采用不同的视角来看待生态问

① C. Stewart, “Championing the Rights of Others and Challenging Evil: The Ego Function in the Rhetoric of ‘Other-directed’ Social Movements,” *The Southern Communication Journal*, 2 (1999): 91-105.

② 张琳、黄国文：《语言自然生态研究：源起与发展》，《外语教学》2019年第1期。

③ 黄国文、赵蕊华：《生态话语分析的缘起、目标、原则与方法》，《现代外语》2017年第5期。

④ 黄国文：《外语教学与研究的生态化取向》，《中国外语》2016年第5期。

题。生态批评话语分析者排斥人类中心主义，认为世间万物都应该是平等的，旨在借助话语分析来揭露现存的生态问题，批判造成这些生态问题的事件、行为和意识。和谐话语分析者则认为人与非人类生命体并不是完全平等的，而是存在“差等”的关系。[①] 由于基因差别以及在系统中生态位的差异，所以他们有各自的身份和职能，相互之间是合作、和谐、协同、共生的关系。

## （三）生态批评话语分析与批评话语分析

生态批评话语分析与批评话语分析是最容易混淆的一对研究范式，它们之间的区别主要体现在如下四个方面：第一，生态批评话语分析首要关注的是生态问题，探究自然、社会和文化之间的互动关联；而批评话语分析则侧重社会和政治问题的探讨。第二，生态批评话语分析强调生态问题的讨论需要采用多学科融合的方法，即从不同学科中汲取理论和方法；而批评话语分析则强调社会问题的分析应该在多学科研究语境中进行。第三，生态批评话语分析是以环境为导向对话语进行分析，同时以人与自然互动和现存的社会生态系统为分析框架；而批评话语分析则是依托社会互动和社会结构来分析和解释话语结构。第四，生态批评话语分析聚焦于话语结构是如何制定、承认、使其合法化、再生产以及挑战环境议题的框架；而批评话语分析则聚焦于话语结构及其制定、承认、使其合法化和再生产权力关系的方式。[②]

生态批评话语分析在语言层面对非生态因素展开生态批评，旨在廓清语言在调适生态系统的进程中所发挥的作用。相较于“锐角”式的批评话语分析，“钝角”式的生态批评话语分析将生态元素囊括在内。它们之间最大的区别就在于批评话语分析的研究对象只集中在人类社会上，而生态批评话语分析则扩展至包括人类社会在内的整个生态系统。简言之，生态批评话语

① 黄国文、赵蕊华：《什么是生态语言学》，上海外语教育出版社，2019，第 69 页。

② M. Doring, “Media Reports about Natural Disasters: An Ecolinguistic Perspective,” in A. Fill, H. Penz (eds.), *The Routledge Handbook of Ecolinguistics*, New York and London: Routledge, 2018, p. 293.

分析更加注重话语对整个生态系统的破坏性，而不单单局限于给人类社会带来的破坏性后果。相较于批评话语分析关注人类社会中的不平等关系，生态批评话语分析虽然同样批判等级差别和权力分配不均，但更加聚焦生态系统中人类与其他生命体之间的关系。总而言之，生态批评话语分析者采用批判的视角鼓励与生态和谐共生的话语，抵制不利于生态和谐发展的话语。生态批评话语分析沿着批评话语分析的学术进路，对生态话语展开批判性评估，最终折射出生态意识形态而非政治意识形态。由此可见，生态批评话语分析从某种程度上可以被看作是批评话语分析的延伸和拓展。

## 二　海洋论域下的生态哲学观诠索

生态哲学观（ecosophy）是生态批评话语分析中的核心概念，直接影响话语分析者所采用的研究视角、研究方法，以及对研究结果的阐释。Stibbe认为生态哲学观是指审视包括人类在内的生命体、无生命体与自然环境之间相互关系的理念，[①] 并且表示话语分析者可以针对不同的生态论域确立自己的生态哲学观来服务于生态话语分析。因此，话语分析者需广泛涉猎有关人与自然关系的生态哲学或伦理思想，并且结合实际情况和具体问题将这些思想进行整合与创新，确立适合于特定语境的科学、统一的生态哲学观，以此作为衡量话语生态性的标尺。

作为“生态人”，每一个个体都有责任与义务保护生态系统，维系生态平衡。“生态人”应遵循生态良知、生态归属感、生态自觉性、生态责任感和生态共适的理念。此外，由于历史、地理、社会、政治、科技、工业等因素的影响，地球上不同地区人们的生活质量迥异，所以一刀切的环境标准并不公平，是对现实差距与人类平等福祉的漠视。[②] 鉴于此，海洋论域下生态哲学观的确立需考虑诸如生态良知、生态归属感、生态自觉性、生态责任感

① A. Stibbe, *Ecolinguistics: Language, Ecology and the Stories We Live by*, London: Routledge, 2015, p. 11.

② 黄国文：《生态语言学的兴起和发展》，《中国外语》2016 年第 1 期。

和生态共适等内部因素以及历史、政治和社会文化等外部因素的影响。唯有将多种因素互通融合，方能形成普遍适用的生态哲学观。

生态环境是人类赖以生存的基础条件，也是可持续发展能否实现的前提要素。海洋形势日益严峻，必须严厉制止任何破坏生态平衡的行为，任何政策的制定都要为生态环保让路，做到“生态优先”，即生态先于一切、重于一切、高于一切和大于一切。人类应追求绿色发展，践行“蓝色星球”的生态理念，以实际行动来保护海洋环境。与此同时，人因自然而生，即人与自然是和谐共生的关系，人类的发展活动必须在尊重自然、顺应自然和保护自然的前提下才能够得以实施，这是人类需遵循的客观规律。“和谐共生”生态理念要求人类理顺与自然休戚与共的和谐关系，切莫因一己私利而忽视对生态系统的保护。人类还需秉持“海洋命运共同体”的生态理念，自然是人类的生命之源，人类与其他物种共存于地球。在面对海洋危机时，世界各国皆是“地球村”中的一员，兴衰相伴、安危与共，因此需守望相助。此外，“可持续发展”生态理念可以有效保障生物多样性，其作为科学发展观的基本要求，着重强调可持续性的发展才是真正的绿色发展，切实为子孙后代的幸福谋福利。

生态批评话语分析关注话语的生态属性，需要具有普适性的生态哲学观的指导。据此，本研究基于海洋论域确立了一个自洽统一的、有利于生态平衡发展的生态价值观标准，即秉持“生态优先、绿色发展、和谐共生、海洋命运共同体和可持续发展”原则的生态哲学观。这一生态哲学观的最终确立针对涉海议题具有较强的适用性，有助于判定涉海新闻语篇中蕴含的生态属性，以此有效甄别有益性话语、模糊性话语和破坏性话语。在构建海洋命运共同体的时代背景下，各国都应该以海洋论域下的生态哲学观作为行为准则，不管是发达国家，还是发展中国家，都不应该存在特例。世界各国人民需要一起携手、加强合作，对海洋资源取之有度、用之有道，为构建和谐的海洋生态环境和全球海洋治理贡献力量。

## 三　涉海新闻语篇的生态批评话语分析框架构拟及其应用

语言能够通过影响人们的思维方式进而塑造或改变其行为方式，可见语言在宣传保护生态系统以及抵制破坏性生态行为方面扮演着关键角色。媒体可看作是用来传播意识形态的一个渠道，而语言作为其传播载体，是受众得以观测媒体态度或立场的重要抓手。因此，从生态批评话语分析的进路出发，通过考察涉海新闻语篇中的语言特征，可以挖掘新闻语篇所折射出的生态取向及其背后所隐含的生态理念。下文将尝试构拟涉海新闻语篇的生态批评话语分析框架以及应用该分析框架进行语言实例解析。

### （一）分析框架构拟

涉海新闻语篇在发挥传递媒介信息等社会功能的前提下，潜移默化地影响着受众的生活方式与价值观。语言不但能够展现客观世界，而且也能够构建客观世界，对客观世界进行有效识解。一方面，语言映射世界，描述世界已经发生、正在发生和将要发生的事件。由此，涉海新闻语篇中生态话语的研究能够揭示业已存在的生态问题和未来将要面临的生态威胁。另一方面，语言按照特定的方向投射或改变世界。换言之，语言构筑的新闻语篇能够反作用于人的意识和行为，进而影响甚至塑造人们对生态问题的认知并引导其行为。也就是说，生态的语言能够引导有益性行为，而非生态的语言则可能诱发破坏性行为。

媒体对重要事件的报道与其所处社会的评价体系、意识形态、信仰和价值观密切相关。① 意识形态是关于世界过去、现在、将来如何以及应该如何的信仰体系，为社会某一群体的成员所共有。倘若某一种生态哲学观被大众广泛认可，并且可以将其升华为一种集体意识时，那么这种意识就自然而然地成为意识形态在生态领域的具体体现，即生态理念。生态批评话语分析研究范式恰好能够为廓清涉海新闻语篇中的生态理念提供批判视角与理论根

---

① R. Fowler, *Language in the News*, London and New York: Routledge, 1991, p. 120.

基。生态批评话语分析在语言层面针对非生态因素展开批判，旨在廓清语言在调适生态系统的进程中所发挥的潜在功能。生态批评话语分析的主要目的是揭露语言中的非生态因素及不利于生态和谐的生态理念，敦促人们对生态问题作出反思和修正，从而提升生态意识，助力生态系统的可持续发展。生态批评话语分析中的“批评”主要具有以下三种含义：其一，生态批评话语分析是对涉海新闻语篇中隐含生态意义的揭示；其二，生态批评实践是对人类乃至整个生态系统进行的自省；其三，生态批评实践具有生态变革的性质。

生态批评话语分析将遵循“描写—阐述—释解”三维研究路径针对涉海新闻语篇展开剖析。其中，描写是指分析涉海新闻语篇中的语言特征，阐述指的是对新闻语篇产生过程的探析，而释解则指对抽象的社会文化因素进行的理据性探索。三个维度之间具有内在自洽的逻辑关联，环环相扣，这种点面联动式的分析有利于涉海新闻语篇的全息解读。生态评估是整个生态批评话语分析中的关键一环，通过考察某些语言特征，可以有效评估生态取向。从功能维度来看，可着重剖析语言的及物性、人际意义和主位系统等；从认知维度来看，可分析隐喻与转喻、概念整合、突显、聚焦、视角和详略度等。具体而言，通过对及物性、情态、语气、评价系统、主位、衔接与连贯等进行功能阐释，可以有效评估涉海新闻语篇内蕴的生态取向。此外，人们基于对世界的不同感知体验，相应地产生了不同的识解方式，即突显、聚焦、视角和详略度。[①] 因此，借助对隐喻与转喻、概念整合以及四种认知识解方式进行认知解析，可以有效挖掘话语产出者的某种意图，进而透视涉海新闻语篇所蕴含的生态建构意义。

针对涉海新闻语篇展开生态批评话语分析时，需要在充分考察历史文化语境、新闻背景和互文性的基础上，了解具体的语言发生场景，厘清语言构建这些因素的脉络。一方面，话语产出者在产出涉海新闻语篇时，输出了某种生态理念；另一方面，话语分析者通过对涉海新闻语篇的解析，尝试挖掘

---

① R. Langacker, *Essentials of Cognitive Grammar*, Oxford: University Press, 2013, p. 55.

话语背后所蕴含的生态理念以及评估潜在的生态取向。本研究的最终目标是对涉海新闻语篇展开深入的生态批评话语分析，实现对涉海新闻语篇所传递的生态信息的自主判断。也就是说，话语分析者将涉海新闻语篇折射出的生态理念与海洋论域下的生态哲学观进行比对，判定二者是否兼容，从而甄别出涉海新闻语篇中的生态价值取向，契合的就是有益性生态取向，中立的则是模糊性生态取向，违背的就是破坏性生态取向。

基于此，笔者搭建了涉海新闻语篇的生态批评话语分析框架（见图 1）。这一分析框架是在前人研究基础上的进一步探索，不但对相关理论研究进行了补充，更重要的是，它将为涉海新闻语篇中生态理念的探微和生态取向的甄别提供理论根基，同时为海洋治理话语体系的重构提供可行性路径，优化国际传播实效，从而提升中国海洋生态话语权。

## （二）分析框架的应用

涉海新闻语篇的生态批评话语分析框架旨在厘清话语背后折射的生态取向，借此宣传有益性话语，改善模糊性话语和抵制破坏性话语。下文将分别择取中美两国涉海新闻语篇中的具体语言实例展开剖析，以期阐释涉海新闻语篇的生态批评话语分析框架的适用性。

### 1. 有益性生态取向的判定

有益性生态取向的判定依赖于涉海新闻语篇中蕴含的生态理念，其若与海洋论域下的生态哲学观相兼容，即可判定为有益性话语。换言之，涉海新闻语篇中的语言资源呈现有益性生态取向，即表示话语分析者挖掘出的生态理念与“生态优先、绿色发展、和谐共生、海洋命运共同体和可持续发展”的生态哲学观相一致。例如：

[1] All seas being interconnected, neither North America nor Europe can escape the fate if Japan discharges the contaminated water into the ocean. The world should stop Japan from carrying out this disastrous plan. (*China Daily*, 2022-05-20)

[2] According to the United Nations Convention on the Law of the Sea, to

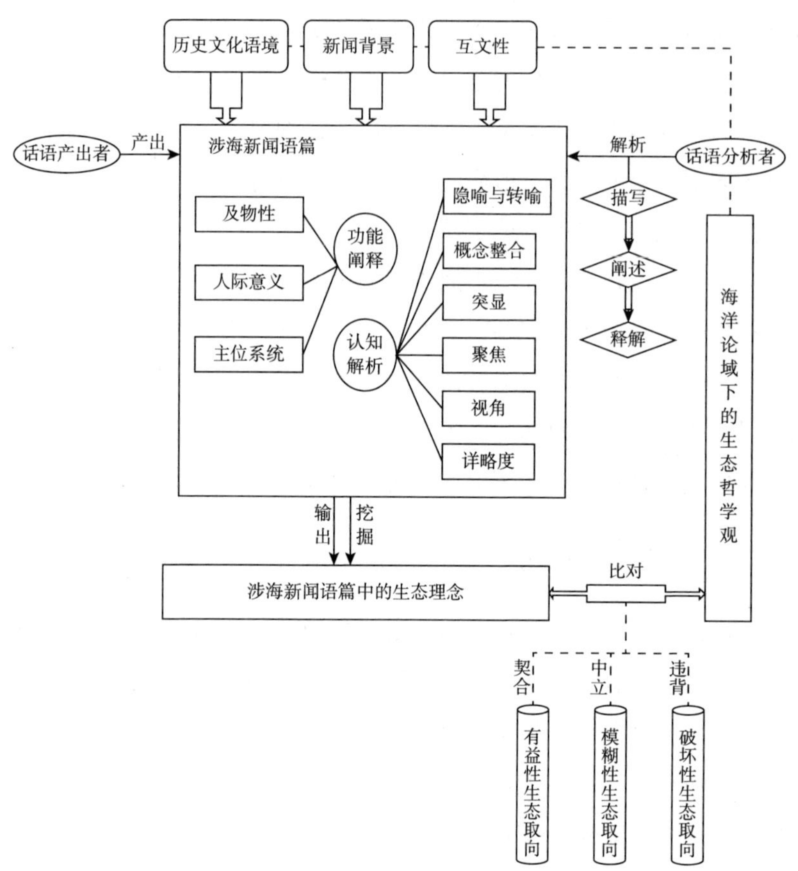


**图 1　涉海新闻语篇的生态批评话语分析框架**

which Japan is a party, every nation is obliged to protect the sea and the ocean. If Tokyo presses ahead with its irresponsible act, the affected countries have every right to claim compensation for their losses through legal means. (*China Daily*, 2022-07-24)

例［1］运用评价系统中态度资源的子类判断资源（disastrous）和鉴赏资源（interconnected）构建有益性生态话语，展示出海洋治理的决心，传达出海洋命运共同体的生态理念，强调全球海洋是相互连接的，倘若日本将污染的水排放到海洋中，北美洲和欧洲也都无法逃脱，任何一个国家都不能置身事外，世界应该阻止日本实施这一灾难性计划。核废水的任意排放对海洋生态环境造成不可逆的影响是显而易见的，有识之士已经意识到致命危害并担忧潜在的危险。例［2］运用评价系统中态度资源的子类鉴赏资源（obliged）和道德隐喻（irresponsible）来呈现有益性生态取向，依据《联合国海洋法公约》，每个国家都有义务保护海洋环境。如果日本继续实施其不负责任的行为，受影响国家完全有权通过法律手段要求赔偿其损失。上述例子表明涉海新闻语篇强调核废水的任意排放正在威胁着大自然及人类的生存，人类需立即采用行动应对海洋危机。由此可知，新闻语篇传递出“生态优先、海洋命运共同体”的生态理念，其与海洋论域下的生态哲学观相兼容，故可以看作有益性话语，值得鼓励和推广。

2. 模糊性生态取向的判定

模糊性生态取向的判定依赖于涉海新闻语篇中蕴含的生态理念，其若与海洋论域下的生态哲学观既有相一致的部分，又有相背离的部分，即可判定为模糊性话语。换言之，涉海新闻语篇中的语言资源呈现模糊性生态取向，即表示话语分析者挖掘出的生态理念与“生态优先、绿色发展、和谐共生、海洋命运共同体和可持续发展”的生态哲学观既相容又违背。例如：

［3］Species that do prosper can cause enormous environmental and economic damage, especially if they supplant native species upon which coastal communities depend for livelihoods. The study concluded that such disruptions will become more frequent as the use of plastics and other synthetics proliferates. Nor does it take an event as rare as a giant tsunami to launch the next invasion fleet. “All it takes is something to push this into the ocean for the next invasion of species to happen.”（*The New York Times*, 2017-09-28）

例［3］运用评价系统中态度资源的子类判断资源（enormous）和鉴赏资源（frequent/rare）来折射模糊性生态取向，展示出繁荣的物种将会对海洋环境和经济造成巨大破坏，特别是它们即将取代沿海社区赖以生存的本土物种。随着塑料和其他合成材料的大量使用，这种破坏将变得更加频繁，不需要像大海啸这样罕见的事件来启动下一次物种入侵。我们现在做的就是把它排放入海洋，让下一次物种入侵发生。上例表明虽然人们已经意识到物种入侵可能会对原有海洋环境造成危害，但是仍然主张将塑料和其他合成材料排放到海洋中，而未采取有力措施。新闻语篇折射出的“知行不一”生态理念与海洋论域下的生态哲学观既相容又违背。因此，受众需要对这一类模糊性话语加以辨析，以便增强生态环保意识。

3. 破坏性生态取向的判定

破坏性生态取向的判定依赖于涉海新闻语篇中蕴含的生态理念，其若与海洋论域下的生态哲学观相违背，即可判定为破坏性话语。换言之，涉海新闻语篇中的语言资源呈现破坏性生态取向，即表示话语分析者挖掘出的生态理念与“生态优先、绿色发展、和谐共生、海洋命运共同体和可持续发展”的生态哲学观相背离。例如：

［4］Responding to Japan's decision, the U.S. State Department said in a statement, "In this unique and challenging situation, Japan has weighed the options and effects, has been transparent about its decision, and appears to have adopted an approach in accordance with globally accepted nuclear safety standards."（*The New York Times*, 2021-04-12）

［5］The International Atomic Energy Agency welcomed Japan's announcement and said it would offer technical support. It called the plan to release the water into the sea in line with international practice. "Today's decision by the government of Japan is a milestone that will help pave the way for continued progress in the decommissioning of the Fukushima Daiichi nuclear power plant," the agency said in a statement. The decommissioning process is expected to take decades.（*The New York Times*, 2021-04-21）

例［4］运用评价系统中态度资源的子类判断资源（transparent / accepted）来呈现破坏性生态取向，指出美国国务院针对日本核废水的排放方案在一份声明中表示，“在这种独特而具有挑战性的情况下，日本权衡了各种选择和影响，对其决定保持透明，似乎已根据全球公认的核安全标准采取了一种做法”。例［5］运用评价系统中态度资源的子类情感资源（welcomed）和旅程隐喻（milestone）来呈现破坏性生态取向，暗示国际原子能机构对日本的宣布表示欢迎，并表示将提供技术支持，呼吁将核废水排放到海洋中的计划符合国际惯例，并在一份声明中表示：“日本政府今天的决定是一个里程碑，将有助于为福岛第一核电站退役工作继续取得进展铺平道路。”由此可知，相关部门在未对事态展开充分调查的情况下作出判定，是极其不负责任的行为，他们并没有站在“海洋命运共同体”的战略高度看待全球海洋治理，新闻语篇所传递出的理念与海洋论域下的生态哲学观完全背离。受众一定要甄别出这些破坏性生态取向的论断，对其加以批判和抵制，保护赖以生存的生态环境。

## 四　海洋治理话语体系的重构路径探微

本研究依托构拟的生态批评话语分析框架对涉海新闻语篇展开剖析，分别甄别出有益性、模糊性和破坏性生态价值取向，以及探察涉海新闻语篇背后所蕴含的生态理念。本研究可以初步达成三个目标：其一，献计献策。借助新闻语篇中话语特征及话语策略的考察，甄别话语的生态取向以及挖掘其生态理念，进而探讨海洋治理生态实践案例的叙事模式与传播效果，为构建新时代中国海洋治理话语体系提供启示和参考。其二，助推语言的生态化。海洋治理生态话语研究旨在唤醒人类保护海洋环境的生态意识，倡导生态优先、和谐共生的生态理念，希冀用语言构筑海洋命运共同体，以达到逐渐地影响人们的所思所行，从而营造人与自然和谐共生的环保友好型海洋生态，推进海洋治理话语体系的良性建构。其三，助力批判思维的培养。本研究有利于增强受众对涉海新闻语篇的批判阅读能力，提升自身对破坏生态和谐话语的鉴别与反操控能力，潜在地提高受众的生态意识，使其能够对沿海新闻语篇传递的内容加以批判，有意识地甄别有益性话语、模糊性话语和破坏性话语。

西方发达国家因其综合国力处于世界领先地位，且拥有强大的媒体传播力和舆论影响力，长期操控国际舆论走向，进而影响受众的价值判断。与西方话语的强势输出和霸权相比，我国的叙事体系建构和话语影响力还处于相对弱势的局面。若想在西方构筑的舆论主导体系中突出重围，改变“失语”境地，唯有构建自己的叙事话语体系，加强国际传播，不断增强话语权。因此，我们需要主动宣介新时代中国特色海洋治理理念，主动讲好中国致力于海洋治理的生态故事，增强中国海洋话语权。

海洋治理生态实践是中国海洋治理话语体系建构的“源头活水”，以磅礴之势建立新时代中国海洋治理话语，绽放新时代传播智慧。多样化的传播方式、高密度的传播频率直接关系到传播范围、影响范围和效果。借助生态语言学的研究范式对涉海新闻语篇进行实例剖析，我们可以有针对性地改进叙事方式，进一步完善海洋治理话语体系，运用喜闻乐见的形式讲述和传播中国海洋治理实践的生态故事。概言之，中国需要以独立的传播主体的身份，优化国际传播的议程设置，突破“他塑”带来的种种负面影响，同时增强“自塑”的力度，致力于打造多层次、全方位、立体化的中国特色海洋治理话语体系。

首先，精准剖析话语特征及话语机理，择取适宜话语策略，丰富话语表征方式。从话语微观层面入手，本研究依托生态批评话语分析框架，遵循海洋论域下的生态哲学观，对中美两国涉海新闻语篇展开对比剖析，分别甄别出有益性、模糊性和破坏性生态价值取向，以及生态理念各异；总结新闻媒体对于海洋治理生态实践报道的优点和不足，进而凝练对策与建议，为国家海洋智库和媒体机构提供建设性意见，以期重构海洋治理话语体系以及优化国际传播实效，为“讲好中国海洋治理生态故事，传播好中国声音”作出应有贡献。譬如，媒体机构应适时择取和宣传那些与海洋论域下的生态哲学观相契合的有益性话语，改善那些与海洋论域下的生态哲学观既相容又违背的模糊性话语，摒弃那些与海洋论域下的生态哲学观相违背的破坏性话语。

其次，精心构建中国海洋治理话语体系，提升中国特色海洋生态核心价值的感召力。赓续生态文化基因，厚植文化自信，弘扬儒家思想、道家思想，践行“天人合一”；倡导“生态优先”“海洋命运共同体”“海上丝绸之路”“海洋强国”“蓝色海洋”等具有中国特色的海洋治理理念；创新和丰富生态观、发展观、伦理观、义利观等核心价值的绿色表达，擘画生态文明宏伟图景，建构中国特色海洋治理话语体系，并在公共外交平台广为传播，展现中国积极参与全球海洋治理，坚持和谐共生、可持续发展道路的决心与毅力。

再次，宏大叙事与平民叙事相辅相成，共筑海洋治理话语体系。宏大叙事注重传递全球海洋命运共同体的生态理念，而平民叙事则聚焦具体海洋治理生态实践的叙事与传播。宏大叙事与平民叙事相结合，既能在宏大叙事层面上彰显出中国生态文明建设、蓝色海洋中国的深刻内涵及战略意义，又能在平民叙事中传递出中国人民敬畏自然、求真向善，保卫蓝色海洋，追求海洋生态环保的美好生活愿景。同时，辅助具体、生动有细节的方式与内容呈现，可将宏大的主题拆解为短小精悍的人文故事，以人带事、以事观国，触发价值认同和情感共鸣，充分展现中国致力于海洋生态治理的国家形象。从国际受众的反馈来看，平民叙事因其自身平实的叙事形式，以“润物细无声”的方式传递海洋治理生态环保理念，更能深入人心，从而获得较好的国际传播效果。

最后，讲好中国海洋治理生态故事，提升海洋生态话语权。一方面，需要运用国际化语言讲述中国海洋治理生态故事。遵循国际传播规律，用国际流行语言、话语、逻辑和国外受众习惯的方式讲述海洋治理生态故事，让受众听得懂、听了信。另一方面，需要研究受众特点，根据受众对象讲好中国海洋治理生态故事。东西方文化在思维方式层面存在较大差异，东方人重综合、归纳、含蓄；西方人重分析、细节和平衡。[①] 因此，讲故事需实事求是，站在受众的立场，通过鲜活的故事见人见物见思想，展示中国海洋治理故事的生态意蕴，宣传中国海洋生态话语契合全球人类精神文明和生态文明需求的治理理念，提升中国海洋生态话语权。

① 季羡林：《季羡林谈东西方文化》，浙江人民出版社，2016，第143页。

## 五 结语

本研究意图构拟可资借鉴的涉海新闻语篇的生态批评话语分析框架，以此引导人们从批判的视角审视涉海新闻语篇，揭示破坏性动因，引发人们对自身与生态之间关系的再思考，从而提升人们的生态意识，最终实现人与自然的和谐共处。与此同时，该分析框架有助于厘清涉海新闻报道折射出的生态取向及其背后隐含的生态理念，为海洋治理话语体系的重构提供可行性路径，优化国际传播实效，从而提升中国海洋生态话语权。

# 第六部分
# 海洋空间规划与综合管理

## 我国海岸带生态修复的政策发展、现状问题及建议措施*

余　静** 等

**摘　要：** 海岸带生态修复是提升海岸带生态系统服务功能、改善海洋生态环境的重要手段。本文梳理了我国海岸带生态修复相关的政策发展和演进过程，对我国海岸带生态修复的历程和关键发展阶段进行了识别和概括，分析了海岸带生态修复取得的成功经验和存在的不足，并提出下一步发展建议，为海岸

* 本文原载于《中国渔业经济》2020 年第 5 期。本文的写作得到了孙慧莹、于小芹两位博士研究生（中国海洋大学海洋与大气学院）的帮助，特此鸣谢。

** 余静，中国海洋大学海洋与大气学院副教授，中国海洋大学海洋发展研究院研究员，研究方向为海洋空间规划、海洋综合管理。

带生态修复工作提供重要支撑。

**关键词：** 生态修复　海岸带生态修复　蓝色海湾

## 引　言

海岸带是指海陆相互作用的地带，资源丰富，环境条件优越，与人类的生存和发展密切相关。海岸带生态系统具有提供生境、防灾减灾、景观文化等多重生态、经济和社会功能。[①] 我国拥有丰富的海岸线资源，大陆海岸线1.8万公里，岛屿海岸线1.4万公里。2017年，沿海11个省份以约占陆地13.5%的国土面积承载了全国43%的人口和57%的国内生产总值，[②] 海岸带地区的人口大量聚集和经济迅速发展导致环境压力持续增大，工业与城镇扩张、港口码头建设、围海养殖等开发利用活动逐渐占据了自然岸线资源，致使海岸带生态环境逐渐恶化，生境破坏、湿地面积锐减、物种多样性降低、自然岸线萎缩等生态安全问题频发。[③]

生态修复（ecological restoration）是指协助受损和退化的自然生态系统进行恢复、重建和改善的过程。[④] 与森林、草地、河流、矿区的生态修复相比，海岸带生态修复起步较晚。国外学者在部分海岸带地区进行了生态修复

① Edward B. Barbier et al., "The Value of Estuarine and Coastal Ecosystem Services," *Ecological Monographs*, 81 (2), (2011): 169-193.

② 管松、刘大海、邢文秀：《论我国海岸带立法的核心内容》，《中国环境管理》2019年第6期。

③ 刘大海、管松、邢文秀：《基于陆海统筹的海岸带综合管理：从规划到立法》，《中国土地》2019年第2期。

④ 孟伟庆、李洪远：《再议 Ecological Restoration 一词的中文翻译与内涵》，《生态学杂志》2016年第10期。

理论研究、技术论证、综合管理等系统性工作。[①] 国内海岸带生态修复的研究主要集中在利用数学建模的方式，模拟海岸侵蚀、退养还滩整治修复后的水动力条件变化，[②] 以及分析总结海域海岛海岸带整治项目的经验，开展修复工程效果评价等方面，[③] 对海岸带生态修复的政策演进特点、修复措施、效果和问题分析还缺乏进一步深入的研究和探讨。本文重点分析了我国海岸带生态修复政策的演进过程，总结了我国海岸带生态修复取得的成绩及存在的不足，并提出有针对性的建议。

## 一　我国海岸带生态修复政策发展过程

随着海洋生态文明建设的持续推进和建设海洋强国的必然要求，我国加强了对海洋生态环境保护和修复工作力度，出台了包括《国家海洋局关于进一步加强海洋生态保护与建设工作的若干意见》《国家海洋局关于开展海域海岛海岸带整治修复保护工作的若干意见》《中共中央国务院关于加快推进生态文明建设的意见》等文件，对海岸带生态修复提出了具体修复原则、修复目标，明确了主要修复措施。党的十九大报告指出，我国要“坚持陆海统筹，加快建设海洋强国”，“实施重要生态系统保护和修复重大工程，优化生态安全屏障体系，构建生态廊道和生物多样性保护网络，提升生态系统质量和稳定性”。本文在全面梳理海岸带生态修复相关政策文件的基础上，从分析政策

---

① Elisa Bayraktarov et al., “The Cost and Feasibility of Marine Coastal Restoration,” *Ecological Applications*, 26 (4) (2016): 1055－1074; Kim Jones, and Emile Hanna, “Design and Implementation of an Ecological Engineering Approach to Coastal Restoration at Loyola Beach, Kleberg County, Texas,” *Ecological Engineering*, 22 (4-5) (2004): 249-261.

② 林桂兰、许江、于东生等:《广西茅尾海河口湾资源环境演变趋势和综合整治初探》,《海洋开发与管理》2012 年第 1 期。

③ Zezheng Liu, Baoshan Cui, and Qiang He, “Shifting Paradigms in Coastal Restoration: Six Decades' Lessons from China,” *Science of the Total Environment*, 566 (2016): 205-214; 张志卫、刘志军、刘建辉:《我国海洋生态保护修复的关键问题和攻坚方向》,《海洋开发与管理》2018 年第 10 期; 李英花、何斌源:《广西海域海岛海岸带整治修复工程管理研究》,《环境科学与管理》2017 年第 9 期。

演进过程、政策发展特征和海岸带生态修复项目情况等三个方面进行阐述。

## （一）政策演进过程分析

1. 污染治理初期阶段（1982—2009年）

随着人类社会发展和海洋生态环境的逐步恶化，人们在开发利用海洋的同时逐渐认识到保护海洋环境的重要性，意识到海洋资源的有限性，需要对海洋生态环境加以关注和保护。我国在 1982 年通过了《海洋环境保护法》，其中明确指出“对具有重要经济、社会价值的已遭到破坏的海洋生态，应当进行整治和恢复”，第一次从法律层面为保护和改善海洋环境提供了重要遵循。在海洋污染日趋严重的情况下，国家和地方为了治理海洋污染、净化和保护生态环境，在污染治理、协调海洋经济与生态环境方面做了大量工作。具有代表性的是国家开展的渤海环境治理工程，原环境保护部、国家发展和改革委员会相继出台了《渤海碧海行动计划》《渤海环境保护总体规划 2008—2020 年》等，主要目标是减少陆源污染物的排放，在生态保护修复方面，通过底泥疏浚工程等形式开展受损生态系统修复。从中可以看出，在初期阶段，对于生态修复的含义认识尚未完全清晰，修复的手段单一，关注的重点是污染治理工作，有针对性的生态修复工程实践较少，没有形成一定的规模效应。

2. 海域海岛海岸带环境整治阶段（2009—2015年）

2009 年原国家海洋局出台了《关于进一步加强海洋生态保护与建设工作的若干意见》，指出要积极开展海洋生态修复和建设工程。2010 年原国家海洋局出台了《关于开展海域海岛海岸带整治修复保护工作的若干意见》，要求加强对海域、海岸带整治修复和保护工作，提升海域和海岸带的环境和生态价值。2012 年原国家海洋局公布的《全国海洋功能区划（2011—2020 年）》也明确指出要开展海域海岸带整治修复。“重点对因开发利用造成的自然景观受损严重、生态功能退化、防灾能力减弱，以及利用效率低下的海域海岸带进行整治修复。”目标是到 2020 年，完成整治和修复海岸线长度不少于 2000 公里。这个时期，国家开展的海域和海岸带地区的综合整治工作，充分调动了地方政府进行环境整治的积极性，在中央财政资金的引导下，着手对破坏严重、退化的海岸带生态系统进行整治和修复。

3. 海岸带生态修复综合提升阶段（2015年至今）

在国家和地方的协同推进下，地方政府逐渐将海岸带生态修复工作纳入地方生态治理、环境保护等重要民生工程中，取得了较好的经济和社会效果。2015 年，原国家海洋局印发了《国家海洋局海洋生态文明建设实施方案（2015—2020 年）》，提出实施包括“蓝色海湾”“南红北柳”等工程在内的 20 项重大工程项目，开始综合布局海岸带生态修复重点区域。2017 年国家海洋局出台了《海岸线保护与利用管理办法》，这是我国首个关于海岸线的专门性纲领性文件①，《海岸线保护与利用管理办法》明确了编制海岸线整治修复规划，建立海岸线整治修复项目库，制定海岸线整治修复技术标准，重点安排沙滩修复养护、近岸构筑物清理与清淤疏浚整治、滨海湿地植被种植与恢复、海岸生态廊道建设等工程。2018 年财政部印发了《海岛及海域保护资金管理办法》，支持海洋环境保护、入海污染物治理、修复整治、能力建设等项目，对滨海湿地、海岸带、海域、海岛进行修复整治，提升海岛海域岸线的生态功能。为了贯彻山水林田湖草系统治理理念，2018 年中共中央、国务院在出台的《中共中央国务院关于建立更加有效的区域协调发展新机制的意见》中，着眼于生态修复的整体性、系统性，提出编制实施海岸带保护与利用综合规划，严格围填海管控，促进海岸地区陆海一体化生态保护和整治修复，对海岸带生态修复提出了更为具体的目标和要求。

不同阶段海岸带生态修复相关法律、政策文件和修复要求见表 1。

**表 1　海岸带生态修复方面主要法律、政策及修复要求**

| 时间 | 法律、政策文件 | 发文单位 | 修复要求 |
|---|---|---|---|
| 1982 年 | 《海洋环境保护法》 | 全国人民代表大会常务委员会 | 对具有重要经济、社会价值的已遭到破坏的海洋生态，应当进行整治和恢复 |

① 王琪、韩宇、陈培雄：《海岸带整治修复评价标准探索》，《海洋开发与管理》2017 年第 3 期。

续表

| 时间 | 法律、政策文件 | 发文单位 | 修复要求 |
|---|---|---|---|
| 2009 年 | 《关于进一步加强海洋生态保护与建设工作的若干意见》 | 原国家海洋局 | 积极开展海洋生态修复和建设工程。进行海岸生态防护和生态廊道建设 |
| 2010 年 | 《关于开展海域海岛海岸带整治修复保护工作的若干意见》 | 原国家海洋局 | 加强对海域海岸带整治修复和保护工作，提升海域和海岸带的环境和生态价值 |
| 2012 年 | 《全国海洋功能区划（2011—2020 年）》 | 原国家海洋局 | 开展海域海岸带整治修复。重点对由于开发利用造成的自然景观受损严重、生态功能退化、防灾能力减弱，以及利用效率低下的海域海岸带进行整治修复。至 2020 年，完成整治和修复海岸线长度不少于 2000 公里 |
| 2015 年 | 《国家海洋局海洋生态文明建设实施方案（2015—2020 年）》 | 原国家海洋局 | 着重利用污染防治、生态修复等多种手段改善 16 个污染严重的重点海湾和 50 个沿海城市毗邻重点小海湾的生态环境质量。提出了包括“蓝色海湾”在内的重大工程项目，旨在通过多种整治修复方式，有针对性地整治海湾、岸滩、湿地、海岛等受损生态系统，有效恢复其生态功能 |
| 2017 年 | 《海岸线保护与利用管理办法》 | 原国家海洋局 | 保护海岸线，实施整治修复，抑制海洋环境恶化、保护海洋生态环境、拓展蓝色经济空间，推动海洋生态文明。到 2020 年，全国自然岸线保有率不低于 35%（不包括海岛岸线） |
| 2018 年 | 《海岛及海域保护资金管理办法》 | 财政部 | 对滨海湿地、海岸带、海域、海岛等进行修复整治，提升海岛海域岸线的生态功能 |
| 2018 年 | 《中共中央国务院关于建立更加有效的区域协调发展新机制的意见》 | 中共中央国务院 | 编制实施海岸带保护与利用综合规划，严格围填海管控，促进海岸地区陆海一体化生态保护和整治修复 |
| 2019 年 | 《自然资源部办公厅关于推进渤海生态修复工作的通知》 | 自然资源部办公厅 | 提出要高度重视渤海生态修复工作，提高项目实施的科学性，简化项目用海审批手续，坚决防止违法问题发生和加强项目组织实施和监督管理 |

## （二）政策演进特征分析

通过对海岸带生态修复的相关法律、政策文件的梳理，可以发现政策演进呈现如下几个特征。

1. 战略高度方面，从部门职能上升到国家战略

海岸带生态保护和修复工作早期主要是由原国家海洋局负责，在修复过程中，涉及污染治理、湿地保护等相关的工作还需与环保、林业等部门协作。随着绿色发展理念的持续深入推进，海岸带生态修复逐渐成为加强海洋生态文明建设的重要手段，特别是在海洋功能区划、海洋生态红线划定、海洋自然保护区等海洋管理的措施中，都需要同步部署推进海岸带生态修复工作，做到海岸带生态修复与规划相结合、与地方经济发展相结合，这极大地提高了生态修复的工作成效。国家从战略部署的角度对海岸带生态修复工作指明了发展方向，在机构设置上成立了自然资源部，将国土资源部的职责以及国家发改委、住建部、水利部、农业部、国家林业局、国家海洋局、国家测绘地理信息局等部门的部分职责合并，解决了职能交叉、多部门需要相互协调和协作的状况。

2. 治理理念方面，从局部治理向区域综合治理转变

早期的海岸带生态修复工作机制主要是沿海各省份结合当地经济发展需要和环境整治目标要求，申请中央财政资金或安排专项资金开展海岸带生态修复。近几年，随着长江经济带发展、黄河流域生态保护、渤海综合治理攻坚战等流域或区域发展保护战略的提出，海岸带生态修复工作更加注重系统性和协同性。在区域发展理念的推动下，确定重点区域的保护及修复目标，进行山水林田湖草系统修复，解决以往治理过程中上下游不协调、陆海不统筹的问题。

## （三）项目实施情况分析

从 2010 年起，国家开始利用中央分成海域使用金支持各地方政府进行海域、海岛和海岸带整治修复工作，2012 年设立海岛保护专项资金，支持

实施海岛生态修复示范与领海基点保护试点项目，2014 年中央分成海域使用金、海岛保护专项资金合并为中央海岛和海域保护资金，继续支持进行海域、海岛和海岸带整治修复。据统计，2010~2015 年，财政部和原国家海洋局先后以中央分成海域使用金、海岛保护专项资金、中央海岛和海域保护资金等渠道，总计安排约 80 亿元支持沿海各地实施 300 多个海域、海岛和海岸带整治修复和保护项目（见图 1）。从项目和资金统计数量来看，山东、浙江、福建、广东、辽宁等省份修复项目较多，中央财政资金的投入较大，合计约 52 亿元，约占总投入的 65%。

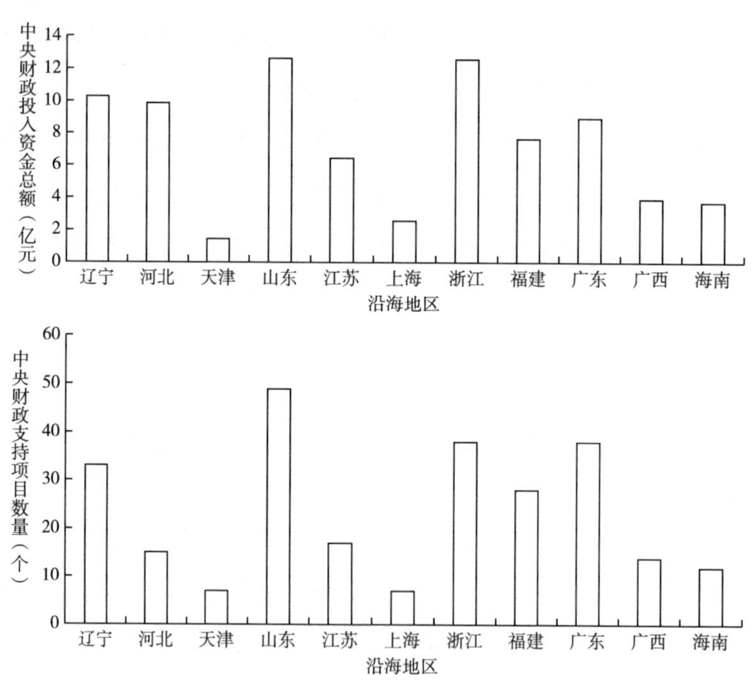


**图 1　2010~2015 年中央财政资金支持沿海省份进行海域海岛海岸带整治修复数量和资金分布**

从 2016 年起，我国在全国范围内实施更大规模的“蓝色海湾”“南红北柳”和“生态岛礁”等生态修复工程。“蓝色海湾”整治项目是海岸带生态修复工作的重点工程，其主要内容如表 2 所示。截至目前，中央财政累计安排海岛和海域保护资金 68.9 亿元，在 25 个城市实施“蓝色海湾”整治行动项目，主要开展海域海岸带环境综合整治、海岛整治修复、典型生态系统保护修复和生态保护修复能力建设。具体城市如表 3 所示。

**表 2 “蓝色海湾”整治项目主要内容**

| 序号 | 项目方向 | 修复内容 | 修复目标 |
| --- | --- | --- | --- |
| 1 | 海岸带生态修复 | 对受损自然岸线进行整治与修复，采取护岸加固、海堤生态化建设 | 提升岸线稳定性和自然灾害防护能力 |
| 2 | 滨海湿地生态修复 | 退围还海、退养还滩，因地制宜种植红树林、碱蓬草、柽柳等植被，疏通潮沟 | 恢复滨海湿地生态系统，增加纳潮量，遏制滨海湿地退化的趋势，提高滨海湿地功能 |
| 3 | 海岛海域生态修复 | 实施自然生态系统保育保全，珍稀濒危和特有物种及生境保护、权益岛礁保护等 | 提升海岛生态功能 |

**表 3 “蓝色海湾”整治项目支持城市**

| 省份 | 第一批蓝色海湾综合整治工程城市 | 第二批蓝色海湾综合整治工程城市 |
| --- | --- | --- |
| 辽宁 | 盘锦、大连、锦州 | 丹东 |
| 河北 | 秦皇岛 | |
| 山东 | 青岛、日照、威海、烟台 | 青岛、日照、威海 |
| 江苏 | | 连云港 |
| 浙江 | 温州、宁波、舟山 | 台州、温州 |
| 福建 | 厦门、平潭 | 莆田 |
| 广东 | 汕头、汕尾 | |
| 广西 | 防城港 | 北海 |
| 海南 | 陵水、乐东 | 海口 |
| 合计 | 18 | 10 |

分析目前我国开展的海岸带生态修复工作，它主要呈现以下几个特点。

1. 坚持综合施策

针对近岸水质污染严重、典型物种生境受损等生态环境问题，2010 年以来，中央财政资金持续支持进行海岸带生态修复。项目主要修复内容为海岸带环境整治，生境恢复、景观文化建设等，项目周期基本为2~3年。环境整治方面，重点开展清理海洋垃圾、清理废弃养殖场和拆除废弃构筑物；生境恢复方面，重点开展沙滩修复，种植红树林、碱蓬草，恢复自然植被；景观文化建设上，重点开展修建公园、廊道、木栈道等景观类亲海设施建设。

2. 开展海岸带生态系统基础研究

针对珊瑚礁、红树林、海草床等典型生态系统退化问题，重点开展基础研究，分析生态系统演替规律和内在机理，识别突出的生态环境问题及其原因。在修复技术上，通过实施种植、移植等技术手段进行修复，对移植成活率、影响修复效果因素等进行了较为深入的分析。[①] 结合海洋动力学条件变化过程，分析沙滩修复、海岸侵蚀防护的技术手段，避免由于自然因素影响，修复措施失效对生态系统产生二次污染。

3. 强化海岸带管理体系建设

首先是加大围填海项目管理。新中国成立后我国共经历三次围填海高潮，进行了围海晒盐、围海养殖、临海工业和城镇建设等规模活动，出现了盲目围填海和非法围填海的现象，造成滨海自然湿地资源锐减。根据2017年国家海洋督察的结果，大规模围填海等海洋开发利用活动导致海岸线生态系统结构和功能破坏，典型海岸线景观及公众亲海空间大幅缩减。[②] 为此，自然资源部专门出台规定从严围填海管理，并发布《围填海项目生态保护修复方案编制技术指南（试行）》，指导围填海项目的生态修复工作。同时创造性地开展制度建设。围绕污染严重的海湾的保护与管理，开展“湾长

---

① 张震、禚鹏基、霍素霞：《基于陆海统筹的海岸线保护与利用管理》，《海洋开发与管理》2019年第4期；Ignasi Montero-Serra et al.，“Harvesting Effects，Recovery Mechanisms，and Management Strategies for a Long-lived and Structural Precious Coral，” *PloS One*，10，2（2015）：e0117250；Van Oppen，J. H. Madeleine et al.，“Shifting Paradigms in Restoration of the World's Coral Reefs，” *Global Change Biology*，23，9（2017）：3437－3448；J. Frederieke Kroon，Britta Schaffelke，Rebecca Bartley，“Informing Policy to Protect Coastal Coral Reefs：Insight from a Global Review of Reducing Agricultural Pollution to Coastal Ecosystems，” *Marine Pollution Bulletin*，85，1（2014）：33-41.

② 于凌云、林绅辉、焦学尧等：《粤港澳大湾区红树林湿地面临的生态问题与保护对策》，《北京大学学报（自然科学版）》2019年第4期。

制”试点工作，加强海湾污染防治、生态整治修复和执法监管。

## 二　目前我国海岸带生态修复存在的问题

通过回顾我国海岸带生态修复政策发展历程及项目进展情况，不难发现目前我国在海岸带生态修复领域还存在几个方面的问题。

### （一）海岸带生态理念贯彻不够深入

一是体现在项目实施前期规划中。从沿海各省份已经实施的修复工程项目看，考虑社会、经济因素进行的人工修复手段多，以景观建设为主，而自然恢复手段不足。同时，已经建成的景观栈道等，对与自然资源的适应性协调发展的考虑不足。比如有的海岸带修复项目，为了突出市民亲海性，直接在礁石上搭建人工木栈道，破坏了海岸带的完整性。二是体现在项目实施过程中。比如生境恢复过程方面，有的在没有查明生态系统退化机制的前提下就盲目进行整治修复，或者对现有的修复物种没有进行前期试验的情况下，就用于大面积的种植，导致修复效果较差。比如，早期我国的海岸带生境修复将引入外来物种作为丰富当地植被的手段之一，造成乡土植物多样性降低，打破了当地的生态平衡。三是体现在项目实施后的评价上。根据现有的绩效评价体系，大都是把清退的养殖面积、清理的岸线长度、建成的景观广场面积等作为评价指标，鲜有从生态系统的服务能力提升或承载力提升方面提出评价效果和指标，对生态系统本身结构和功能的提高进行综合评价的体系明显欠缺。

### （二）缺乏系统思维方法进行陆海一体化综合施策

生态修复绝不仅局限于植被修复和环境治理，应是以生态系统结构和功能恢复为目标的系统和综合修复。我国拥有长达 1.8 万公里的大陆海岸线，以“海岸带生态系统”的视角统筹规划谋划海岸带生态修复工作的整体性不足。从沿海省份层面看，很少有地区能够对管辖的海岸带和海域进行

“一张图”管控修复，现有的修复方式还是根据当地经济社会发展需要对个别岸段进行申报，缺乏系统性和整体性的统筹规划。同时，在不同地区进行的修复工程中，所采取的环境整治、景观建设等手段大同小异，横向借鉴其他省份的修复手段居多，很多照搬陆域做法，采取种植单一物种树木、进行海域清淤等简单修复方式，导致修复结果“千岸一面”。这些修复不仅没有对海岸带生态系统起到积极作用，有的甚至对生态系统造成了新的压力。总体来看，各地的修复工程因地制宜考虑当地生态系统演进特征、科学选取参照系统创新性地设计生态修复路径的较少。

### （三）修复效果监测及评价不够充分

目前我国实行的海岸带生态修复项目中，对于生态效益的评估还大多以定性描述为主，没有具体量化指标，从而难以进行生态系统修复后的价值评估。生态效益评估方面，主要集中在海岸带整治修复效果的绩效考核评价上，具体包括产出、效益和满意度等指标，除了项目目标要求的将整治岸线长度、拆除违建面积、建设公众亲海平台等工程指标作为考核指标外，对于当地生态环境的恢复和改善没有定量考核指标，更多的是定性的描述，如“岸线稳定性提升、岩礁生态系统得以修复、典型岛屿生境得以保育恢复”，这也使得工程效果中生态效益恢复效果的信服力大大减弱。缺乏生态修复项目长效管理机制。项目管理往往随着项目工期的结束而终止，这种以“资金执行程度”为施工时间表的管理方式很难支撑保障海岸带生态修复项目中长期的评估工作。

## 三　优化海岸带生态修复管理的路径和建议措施

海岸带生态修复是维护海洋生态安全的重要手段，是建设海洋强国的重要生态保障。针对当前我国海岸带生态修复面临的问题，建议从加强海岸带生态修复管理角度着手，优化管理体系，主要做好以下几个方面的工作。

### （一）发挥“一盘棋”思想，做到系统修复

从立项开始就应充分发挥“一盘棋”思想，做好修复目标的确定、过程管理、绩效评估、结果反馈等重点环节。比如在修复目标的确定环节，首先进行生态本底调查与分析，识别关键的生态胁迫因子，阐明生态系统退化演变路径，从影响生态环境的关键点着手进行修复，合理确定符合当地实际的修复目标，最大程度发挥修复资金效果。在过程管理环节，结合国家和当地功能区划、保护区设置、海岸线利用类型、海洋生态保护红线等规划，在多规合一的空间规划体系下，针对不同岸线的破坏程度制订具体实施方案，进行全过程监管。在绩效评估环节，利用大数据、云计算等先进技术手段，加强对修复海岸带的监测，进行短期、长期和远期的监测评估，科学地综合评价生态修复效果。在结果反馈环节，注重典型经验、教训的传播与积累，通过相互学习借鉴和观摩，将具有典型示范作用的海岸带生态修复工程经验进行推广，实现系统化区域化修复。

### （二）创新生态修复技术手段，做到科学修复

加大对滨海湿地修复、海岸防护等修复技术的研究，利用多种修复手段相结合的方式，将改善生境措施、防灾减灾措施、环境治理措施等不同修复措施相结合，创造性开展植被修复、开发沙滩养护新技术等，促进科学修复。对生态演替过程进行深入研究，研究生态系统退化机制，有针对性地对处于不同退化阶段的生态系统进行科学修复。借鉴国外先进生态化的技术手段，更多地采用与生态系统相称的生态修复工程措施，在修复材料选取、生境植被种植等方面考虑经济成本的同时，更多地关注对生态环境的影响。

### （三）引导社会积极参与，做到协同修复

改变目前以政府投资为主的资金投入形式，创新实现生态产品价值的方式方法，鼓励社会资本投入海岸带生态修复。引导更多的专业人员参与整个项目过程，设置专家咨询委员会，建立由技术专家、环境专家、经济专家等

组成的咨询顾问团队，对特定项目进行“把脉问诊”，及时制止违背科学的工程措施。重视利益相关者的参与，在生态修复的全过程加强与利益相关者的沟通，避免制定的政策存在“先天漏洞”。加强舆论宣传，引导社区居民参与，设立“环境监督员”，成立环保志愿组织，动员全社会力量共同自觉维护自然环境。

# 中国海洋生态补偿政策体系的变迁逻辑与改进路径*

万骁乐　等**

**摘　要：** 海洋生态补偿政策已成为中国保护海洋生态及促进生态文明建设的重要工具。然而政策体系结构分散、实施低效、陆海衔接失调等问题目前仍困扰着中国海洋生态补偿政策的持续发展。在未来海洋经济高质量发展的背景下，评估中国海洋生态补偿政策体系的建设现状，深入探讨海洋生态补偿政策的完善方案十分必要。针对中国海洋生态补偿政策体系的变迁逻辑问题，本研究系统梳理了“八五”至“十三五”规划时期生态补偿政策及其他相关政策文件的演进历程，基于不同时期政策的关注重点将演进历程分为三个阶段并归纳了政策的变迁逻辑：环境培育期，海洋生态保护政策的陆续出台有效应对了日益加剧的海洋生态环境问题，为海洋生态补偿培育了政策环境；概念完善期，政策对补偿主体、标准、条件等要素的明确规定进一步完善了海洋生态补偿的概念；持续成长期，在持续推进法律体系完善与综合管理能力提升的基础上对补偿机制进行多元化改革，促进了海洋生态补偿政策的持续发展。最后，本研究分析了中国海洋生态补偿政策

* 本文原载于《中国人口·资源与环境》2021 年第 12 期，收入本书时做了修订。

** 万骁乐，中国海洋大学管理学院副教授、硕士生导师，中国海洋大学发展研究院研究员。该文是万骁乐与邱鲁连、袁斌和张坤珵三位作者共同合作完成。

当前阶段的现实改进需求，从体系重构、机制完善、多元统筹三个维度提出改进路径：一是优化生态补偿体系顶层政策设计，加强中央对海洋生态补偿机制的系统研究，促进地方政府间的配合与衔接；二是健全生态补偿激励及监督机制，推动海洋生态补偿机制多元化、市场化进程，建立规范化司法程序保障社会组织依法行使监督权；三是陆海统筹多元生态体系协调发展，基于海岸带建立陆海生态补偿协同机制，构建陆海生态补偿完整空间与技术链条。

**关键词：** 海洋生态补偿政策　社会网络分析　共现分析

党的十九大报告中提出，“坚持陆海统筹，加快建设海洋强国”战略。同时强调，要建立市场化、多元化生态补偿机制。目前，海洋经济已经成为中国国民经济的重要支撑点和增长点。随着中国海洋事业的发展壮大，海洋生态环境保护也成为社会重要话题。增强海洋可持续发展能力，提高海洋经济效率，使“蓝色”经济“绿色”发展，成为中国海洋经济发展的重要目标之一。[①] 生态补偿作为一种解决生态保护与经济发展之间矛盾的有效手段，其主要作用机制是通过改善受损地区的生态条件或建立具有同等生态系统功能或质量的新生境，从而对经济发展或经济建设造成的现有生态系统功能或质量的下降或损害进行补偿，进而达到维持生态系统稳定的最终目的。[②] 目前，中国海洋生态系统总体处于基本稳定的状态，但近岸海域生态

① W. Ren, J. Ji, L. Chen et al., “Evaluation of China's Marine Economic Efficiency under Environmental Constraints—An Empirical Analysis of China's Eleven Coastal Regions,” *Journal of Cleaner Production*, 2018, 184: 806-814.

② F. Herzog, S. Dreier, G. Hofer et al., “Effect of Ecological Compensation Areas on Floristic and Breeding Bird Diversity in Swiss Agricultural Landscapes,” *Agriculture, Ecosystems & Environment*, 2005, 108 (3): 189-204.

问题依然十分突出，[①] 而导致海洋生态损害的根本原因是人类超过海洋生态阈值的过度开发。[②] 针对海洋生态损害突出问题，中国出台了一系列海洋生态保护政策，其中海洋生态损害赔偿政策是海洋生态补偿政策的早期形态。随着补偿概念的不断完善，海洋生态损害赔偿政策演进为海洋生态补偿政策。海洋生态补偿政策通过将经济和非经济手段融合起来，对不同利益相关者之间的关系进行协调，进而恢复并提升海洋生态系统的稳定性，是平衡利益相关者关系、推动海洋经济发展绿色转型、保护海洋生态环境和实现生态文明建设的重要工具，也是调节海洋经济发展与海洋生态保护之间关系的重要杠杆。

## 一　文献综述

随着中国海洋生态保护实践的深入推进，海洋生态补偿的相关问题逐渐成为一个研究热点，学者对海洋生态补偿的研究主要体现在海洋生态补偿的法律制度、机制和标准三个方面。

海洋生态补偿法律制度方面，戈华清从构建海洋生态补偿制度的必要性、理论依据、现实需求和现实困境等方面进行了实证分析，并考察了通过法律构建相应制度的必然性。[③] Liu 等对“海洋生态损害”概念、损害赔偿主体、损害赔偿范围、损害赔偿限额、损害评估标准的界定等法律问题进行了探讨，为解决海洋生态损害赔偿问题提供了相关建议和思考。[④] 刘慧等从政策建设、法律制度、管理体制、多方监督等方面提出了完善中国海洋油气

① 易爱军：《我国海洋生态安全问题探讨》，《环境保护》2018 年第 11 期。

② 胡求光、沈伟腾、陈琦：《中国海洋生态损害的制度根源及治理对策分析》，《农业经济问题》2019 年第 7 期。

③ 戈华清：《构建我国海洋生态补偿法律机制的实然性分析》，《生态经济》2010 年第 4 期。

④ D. Liu, L. Zhu., “Assessing China's Legislation on Compensation for Marine Ecological Damage: A Case Study of the Bohai Oil Spill,” *Marine Policy*, 2014, 50: 18-26.

资源开发生态补偿机制的具体建议。①

在海洋生态补偿机制方面，贾欣等对补偿主体、对象、方式、手段、标准等要素进行了研究，并围绕着这些要素提出海洋生态补偿的流程。② 黄庆波等针对中国海洋油气资源开发，设计了生态补偿机制。③ Zhao 等分析了海洋生态补偿机制中存在的主要问题，并从海岸生态系统损失评估和生态补偿模式两个方面提出了实施海洋生态补偿政策的建议。④ Cao 等总结了国内外海洋生态补偿机制的发展现状，从财政、税收、政府管理、法律和市场等方面提出了完善中国海洋生态补偿机制的可行途径。⑤ Ai 等借鉴生态补偿机制在其他领域应用的成功案例，研究了海洋生态补偿机制的基本思路和重点，最终提出具有流动性、复杂性和普遍性的海洋生态补偿方案。⑥ Qu 等基于中国海洋生态补偿机制的现有研究，认为中国应在海洋生态环境管理的基础上建立生态补偿机制。⑦ Cao 等从博弈论的角度，通过建立海洋生态补偿主体与客体的博弈模型，研究了海洋生态补偿的利益平衡机制。⑧ Yu 等回顾了 1979~2017 年中国滨海湿地生态补偿项目和研究进展，探讨了滨海湿地

---

① 刘慧、高新伟、孙瑞雪：《海洋油气资源开发生态补偿的困境与对策研究》，《生态经济》2015 年第 11 期。

② 贾欣、王淼：《海洋生态补偿机制的构建》，《中国渔业经济》2010 年第 1 期。

③ 黄庆波、戴庆玲、李焱：《中国海洋油气开发的生态补偿机制探讨》，《中国人口·资源与环境》2013 年第 S2 期。

④ H. Z. Zhao., A. J. Ma, X. G. Liang et al., "Status Quo, Problems and Countermeasures Concerning Ecological Compensation Due to Coastal Engineering Construction Project," *Procedia Environmental Sciences*, 2012, (13): 1748-1753.

⑤ H. J. Cao, X. W. Gong, *Discussion of Marine Ecological Compensation Development in China*, Durnten-Zurich: Trans Tech Publications Ltd., 2013, pp. 980-987.

⑥ X. Ai, L. N. Zheng, J. N. Xiao et al., *Ecological Compensation Mechanism of Liaoning Seas*, Durnten-Zurich: Trans Tech Publications Ltd., 2014, pp. 471-475.

⑦ Q. Qu, S. Tsai, M. Tang et al., "Marine Ccological Environment Management Based on Ecological Compensation Mechanisms," *Sustainability*, 2016, (8): (126712).

⑧ Q. Cao, H. J. Cao, H. C. Yan, *Study on the Balance Mechanism of Interests in Marine Ecological Compensation*, Bristol: Iop Publishing Ltd., 2017, pp. 6-10.

生态补偿机制的应用及其局限性。[①] Jiang 等结合中国海洋生态系统现状和政策法律背景，提出了推进生态补偿机制多元化和市场化的务实策略。[②]

除此之外，还有一些学者关注海洋生态补偿标准的制定，例如：苗丽娟等在借鉴国内外生态补偿与环境成本核算研究成果的基础上，构建了确定海洋生态补偿标准的成本核算体系。[③] Rao 等考虑了生态补偿的空间差异，为制定海洋生态补偿标准提供了一个实用框架。[④] 于志鹏等以填海造地活动为例，建立了生态损害补偿标准估算模型，计算了该活动对厦门海洋珍稀物种国家级自然保护区不同区域的生态损害补偿标准。[⑤] 李京梅等从海洋生态损害补偿相关概念界定出发，系统梳理了国内外在生态损害补偿标准核算方面的理论研究成果及实践经验，探讨了当前中国海洋生态损害补偿标准确定中存在的主要问题。[⑥] 安然则立足于中国国情，借鉴国内外相关生态补偿标准研究，继而对建立海洋生态补偿标准计算法与成本核算体系进行了积极探索与研究，并为中国海洋生态补偿标准的建立提出了建设性意见。[⑦]

目前，中国海洋生态补偿政策质量显著提升，但伴随着近年来地方性补偿政策的陆续出台与实践，政策从顶层设计到具体落实面临新的问题。从政策视角，海洋生态补偿当前主要面临政策体系结构分散、实施低效及陆海衔接失调三类问题。第一，造成政策体系结构分散的原因主要是但各省市出台

① S. Yu, B. Cui, C. Xie et al., "Ecological Offsetting in China's Coastal Wetlands: Existing Challenges and Strategies for Future Improvement," *Chinese Geographical Science*, 2019, 29 (2): 202-213.

② Y. Jiang, J. Zhang, K. Chen et al., "Moving towards a Systematic Marine Eco-compensation Mechanism in China: Policy, Practice and Strategy," *Ocean & Coastal Management*, 2019, (169): 10-19.

③ 苗丽娟、于永海、索安宁等：《确定海洋生态补偿标准的成本核算体系研究》，《海洋开发与管理》2013 年第 11 期，第 68~71 页。

④ H. Rao, C. Lin, H. Kong et al., "Ecological Damage Compensation for Coastal Sea Area Uses," *Ecological Indicators*, 2014, (38): 149-158.

⑤ 于志鹏、余静：《海洋保护区生态补偿标准的初步探讨——以厦门海洋珍稀物种国家级自然保护区为例》，《海洋环境科学》2017 年第 2 期。

⑥ 李京梅、苏红岩：《海洋生态损害补偿标准的关键问题探讨》，《海洋开发与管理》2018 年第 9 期。

⑦ 安然：《海洋生态补偿标准核算体系研究》，《合作经济与科技》2018 年第 7 期。

的地方性补偿政策仍在补偿机制与标准方面存在较明显差异，缺少整体规划与内部协调。第二，政策实施低效的原因主要是多元主体主动参与补偿的激励机制和针对补偿具体落实的监督机制尚未完善，阻碍了政策作用的有效发挥。第三，陆海衔接失调则主要表现为现有的海洋生态补偿政策面临陆海空间区划方式不统一，以及陆海生态环境监测与评价方法难以有效衔接等问题。综上，结构分散的海洋生态补偿政策体系如何有效整合并发挥协同效应，进而解决政策实施低效、陆海衔接失调问题尚有待进一步研究和梳理。

然而，关于海洋生态补偿政策的现有研究成果主要集中于对海洋生态补偿的制度完善与机制构建等总结建议式的定性研究，未对海洋生态补偿政策体系的演变进行研究，缺乏对中国海洋生态补偿政策演变进程的系统思考。本研究在现有研究基础上，对长时间跨度下的海洋生态补偿政策变迁过程进行梳理，对中国“八五”计划时期以来海洋生态补偿政策的关键词进行量化处理，深入探讨了海洋生态补偿政策在不同时期的动态特征，在此基础上，参考背景事件与具体政策，对政策关键词动态进行可视化分析，分析归纳推动政策进程的内在逻辑，旨在把握中国海洋生态补偿政策的发展脉络，识别在长期生态补偿政策实践过程中体系结构分散、实施低效及陆海衔接失调等问题与风险，进而探究新发展理念下的海洋生态补偿政策改进路径，使其在陆海统筹战略背景下从持续成长期向高质量发展期顺利过渡。

## 二　数据和方法

### （一）数据采集、预处理

本研究所采纳的数据主要来源于1990～2020年中央和地方出台的海洋生态补偿政策文件，并进行预处理。数据检索来源主要包括：①发布海洋政策的政府部门官方网站，如国务院、自然资源部、国家发改委、财政部、各沿海省市海洋局；②海洋生态补偿相关网站上的政策数据库，如北极星环保网、中国水网、中国海岛网等；③中国知网法律法规、政策文件数据库。此外，检索的关键词既包含了“海洋生态损害赔偿”“生态保护补偿”等直接性关联词，也囊括了“海域有偿使用”“转移支付”“蓝色海湾”等间接性关联词，以确保生态补偿政策数据的完整性。通过系统筛选与梳理，得到中央、省、市三级海洋生态补偿政策相关文本共计56份，包括法律条文、政策规划、通知意见等多种文本形式。选取相应的关键词，删除常用关键词，例如“海洋”“保护”“国家”“中国”“部门”等，最后确定词频。

### （二）研究方法

本研究主要运用社会网络方法对政策热点的动态演化过程进行可视化分析，基于网络节点及其关联数据，对定量指标进行计算，挖掘网络的整体特征及节点之间的相互关系，以及节点在整体网络中的重要程度。[①] 本研究对海洋生态补偿政策演变过程的研究通过以下两个步骤进行：一是政策关键词的提取。关键词能够对政策的主要内容进行概括，本研究利用Python中文分词系统加载的Jieba分词算法自动提取关键词，同时根据政策文本的长度确定关键词数目（3~5个）进行精读并提炼归纳，最终形成海洋生态补偿政策热点。二是对政策热点的共现分析。“共现”的含义为特定组关键词共同出现在一篇政策文本中，政策关键词即为共现网络的节点，关键词之间的共现次数即为连边的权重。[②] 因此，共现网络图可以通过节点形状的大小与所处的位置展现出政策热点间的重要程度与关联程度。另外，Gephi作为社会网络可视化工具的主要优势，一方面在于可以根据设定需求自动剔除权重较低的关键词，有效减少了关键词冗余，另一方面在于其模块化功能可以自动提炼出关键词社区并进行归类，进而为不同时期海洋生态补偿政策热点的分类提供参考。[③] 具体数据处理步骤如下。

---

① 〔美〕马汀·奇达夫、蔡文彬：《社会网络与组织》，王凤彬、朱超威等译，中国人民大学出版社，2007，第5~6页。

② 袁潮清、朱玉欣：《基于动态热点的中国光伏产业政策演化研究》，《科技管理研究》2020年第14期。

③ 刘勇、杜一：《网络数据可视化与分析利器：Gephi中文教程》，电子工业出版社，2017。

首先，将海洋生态补偿相关政策按中国“八五”计划到“十三五”规划，每10年作为一个时期，划分为环境培育期、概念完善期、持续成长期三个发展阶段，分别设为$T_s$（$s=1, 2, 3$）。对于$T_s$时期，将通过Python分词与共现算法处理后的政策关键词数据导入Gephi工具，获得共现网络的节点$i_{T_s}$、$j_{T_s}$（$i \neq j$）与双向连边$L_{T_s}^{ij}$，$i_{T_s}$、$j_{T_s}$表示$T_s$时期海洋生态补偿政策的关键词节点，如“环境保护”与“罚款”等，其权重表示该关键词在$T_s$时期中出现的频次总和，权重越大，关键词节点的半径越大；$L_{T_s}^{ij}$表示节点$i_{T_s}$和$j_{T_s}$（$i \neq j$）间的连边，连边的权重表示所连接的关键词对在政策文本中各个段落同时出现的频次，反映关键词对的关联程度，权重越大，关联度越大，连边的形状越短宽。

然后，通过Gephi工具加载的过滤功能，将$T_s$时期无意义的节点与连边剔除，得到一个含有N个节点的加权网络。为了将所有节点归类，先将每一个关键词节点当作一个社区模块，社区模块是指在$T_s$时期内，同一类别的海洋生态补偿政策关键词节点构成的组合，特定节点归入该组合的模块化收益要高于归入其他组合时获得的模块化收益。针对每个节点$i_{T_s}$及其邻居节点$j_{T_s}$（$i \neq j$），评估将$i_{T_s}$从其社区$I_{T_s}$中取出并将其放置到$j_{T_s}$所在的社区$J_{T_s}$中发生的模块化收益变动$\Delta Q_{Ts}^{iJ}$，若$\Delta Q_{Ts}^{iJ} > 0$，则将节点$i_{T_s}$归入$J_{T_s}$社区。反之，则留在原社区。对所有节点重复和顺序地应用该算法，直到不存在$\Delta Q_{Ts}^{iJ} > 0$的情况。另外，实证表明关键词节点出现的先后顺序对于社区模块的归类没有显著影响。其中，当点$i_{T_s}$移入社区$J_{T_s}$时，模块化收益$\Delta Q$的数学表达式为：

$$\Delta Q_{Ts}^{iJ} = \left[\frac{\sum in + 2k_{i,in}}{2m} - \left(\frac{\sum tot + k_i}{2m}\right)^2\right] - \left[\frac{\sum in}{2m} - \left(\frac{\sum tot}{2m}\right)^2 - \left(\frac{k_i}{2m}\right)^2\right] \quad (1)$$

其中：$\Delta Q_{Ts}^{iJ}$是节点$i_{T_s}$归入$J_{T_s}$社区的模块化收益，$\sum in$是社区$J_{T_s}$内部所有海洋生态补偿政策关键词节点相互连边的权重之和，即为社区$J_{T_s}$内部所有政策关键词的共现频次之和；$\sum tot$ 是社区 $J_{T_s}$ 所含节点与网络图中所有节点连边的权重之和，即社区 $J_{T_s}$ 内部政策关键词与该时期所有政策关键词的共现频次之和；$k_i$ 是节点 $i_{T_s}$ 所有连边的权重之和，即特定关键词 $i_{T_s}$ 与整体网络中其他关键词共现的频次之和；$k_{i,\ in}$ 是节点 $i_{T_s}$ 与社区 $J_{T_s}$ 内部节点连边的权重之和，即特定关键词与要归入的新社区内部关键词的共现频次之和；$m$ 是整体网络所有连边的权重总和，即所有关键词相互之间共现的频次总和。

算法会执行到网络图中所有节点的社区不再发生变化，即 $T_s$ 时期所有海洋生态补偿相关政策的关键词均已按照模块化收益最大的方式进行了一次归类。之后将构成的社区模块重新视作新的节点，任意两个新节点（第一次归类后得到的社区）连边的权重为这两个社区中所有节点对的连边权重之和，再按第一次归类的算法重复操作，直到社区不再发生变化。在第二次归类后，再次运用算法进行迭代运算并重新归类，直到没有更多变化并达到最大模块化值。① 最终得到 $T_s$ 时期海洋生态补偿相关政策的热点词模块化分类。

## 三 中国海洋生态补偿政策的发展进程划分与演进逻辑

### （一）中国海洋生态补偿政策发展进程划分

本研究通过对不同时期海洋生态补偿政策关键词进行比较分析，并结合中国海洋发展重大背景事件，将政策变迁历程分为环境培育期（1990~1999年）、概念完善期（2000~2009 年）以及持续成长期（2010~2019 年）为三个阶段，表 1 展示了中国海洋生态补偿政策演变过程的总体发展特点。

① R. W. Dunford, T. C. Ginn, W. H. Desvousges, "The Use of Habitat Equivalency Analysis in Natural Resource Damage Assessments," *Ecological Economics*, 2004, 48 (1): 49-70.

**表 1　中国海洋生态补偿政策演变过程概述**

| 期间 | 发展特点 |
|---|---|
| 海洋生态补偿政策环境培育期（1990~1999 年） | （1）聚焦海洋资源勘探开发 |
| | （2）采取单一的污染赔偿形式处理海洋生态损害行为 |
| 海洋生态补偿政策概念完善期（2000~2009 年） | （1）探索海域有偿使用制度 |
| | （2）尝试将经济与科学技术相结合的形式进行海洋生态保护 |
| 海洋生态补偿政策持续成长期（2010~2019 年） | （1）建立试点进行海洋生态补偿机制试运行 |
| | （2）海洋环境实时监测与多元化污染治理 |

在此基础上，本研究通过三类图表展现海洋生态补偿政策的动态演进过程：一是反映各阶段政策关注重点的代表性政策年表；二是以模块化结果为依据的政策热点分类网络图，其中节点标签的大小展示了政策热点的重要程度，同时图中也标注了具体的分类结果，如“1-海上污染事故类”代表的是与海上污染事故责任主体对受损生态进行补偿相关的政策关键词社区；三是不同年份下海洋生态补偿政策关键词的动态迁移表。

1. 海洋生态补偿政策环境培育期（1990~1999年）

20 世纪 90 年代初，中国围绕“权益、资源、环境和减灾”四个方面，以开发海洋资源、发展海洋经济为基本指导思想开展海洋工作。① 由于“重经济轻环境”的海洋发展战略失衡，加之此时中国尚未提出生态补偿的概念，也没有海洋生态补偿的针对性政策，涉及海洋生态保护的相关政策基本是以应对海洋环境污染现象而颁布的“应急式”政策为主。海洋生态补偿在大多数情况下是以损害赔偿的形式与森林、草原生态补偿等一同在环境保护的法律范畴中出现。虽然早期海洋生态保护相关政策对生态补偿尚未给予充分重视，但其对生态损害赔偿机制的初步探索为下一阶段海洋生态补偿政策概念的完善与发展提供了法律与制度环境基础。因此该阶段可以总结为中国海洋生态补偿政策环境培育期，代表性政策如表 2 所示，所有涉及海洋生态保护及损害赔偿的政策热点可以概括为三类（见图 1），政策关键词的动

① 彭克慧：《邓小平时代中国的海洋战略》，《江汉论坛》2015 年第 10 期。

态变化过程如表 3 所示。

**表 2　环境培育期代表性政策统计**

| 时间 | 政策 |
|---|---|
| 1990 年 | 《防治海岸工程建设项目污染损害海洋环境管理条例》 |
| 1992 年 | 《关于征收海洋废弃物倾倒费和海洋石油勘探开发超标排污费的通知》 |
| 1993 年 | 《国家海域使用管理暂行规定》 |
| 1995 年 | 《海洋自然保护区管理办法》 |
| 1997 年 | 《关于加强生态保护工作的意见》 |
| 1999 年 | 《中华人民共和国海洋环境保护法》修订 |

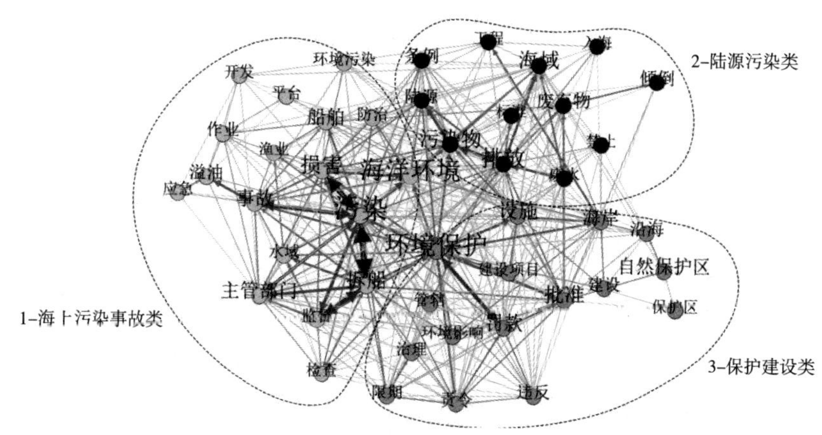


**图 1　环境培育期政策热点分类**

**表 3　环境培育期政策热点动态迁移**

| 时间 | 政策热点（词频） |
|---|---|
| 1990 年 | 溢油（33）、排放（35）、陆源（19）、事故（16）、罚款（10） |
| 1991 年 | 工程（37）、海岸（34）、建设项目（32） |
| 1992 年 | 收费（17）、倾倒（14）、石油勘探（9）、开发（9）、排污费（8） |
| 1993 年 | 海域（143）、行政（30）、使用权（22）、缴纳（13）、租金（8） |
| 1994 年 | 石油（29）、调整（21）、国家税务局（14）、税收（8） |
| 1995 年 | 自然保护区（45）、保护区（17）、沿海（11）、科学研究（7） |

续表

| 时间 | 政策热点（词频） |
|---|---|
| 1996 年 | 自然保护区（222）、规划（44）、自然资源（18）、生态系统（18） |
| 1997 年 | 石油问题（13）、企业（10）、承包商（8） |
| 1998 年 | 石油（15）、征收（6）、税收政策（3）、所得税（3） |
| 1999 年 | 环境保护（57）、船舶（49）、倾倒（38）、渔业（19） |

在海洋生态补偿政策环境培育期，政策关键词可分为海上污染事故类、陆源污染类和保护建设类，这一时期的海洋生态问题可视为中国前期大力推进海洋资源开发与经济发展而忽视海洋生态保护问题的集中爆发。

由图 1 和表 3 可发现，石油污染是贯穿本时期中国海洋生态保护工作的主要问题。其中，溢油事故是最严重的人为海洋生态灾害之一，造成了巨大的生态环境破坏和经济损失等灾难性后果。① 从当时的国际环境来看，随着国际航运市场开始好转，海运需求大幅增加，带来了运输船舶吨位的快速增长；从中国的水运口岸情况来看，中国沿海主要港口万吨级码头泊位数量也实现了快速增长。② 在这两种力量的双重推动下，中国海域内航行的运输船舶数量显著增加，进而提高了船舶溢油事故的发生概率，而船舶溢油事故给事发海域造成严重生态环境损害的同时通常会给责任主体带来巨额的赔偿支出，事故责任主体有限的经济能力往往不足以支付全部的赔偿金，因此建立一种具有保险意义的风险共担机制来应对船舶溢油问题成为新的海洋生态保护思路，这种思路在一定程度上促进了海洋生态补偿概念的产生。

此外，陆源污染物排放问题也是这一阶段海洋生态补偿政策的关注热点。虽然 1990 年出台了《防治陆源污染物污染损害海洋环境管理条例》，入海废水处理率大幅提升，但 1991 年沿海地区工业废水未处理直接入海的

① P. Zhang，R. Sun，L. Ge et al.，“Compensation for the Damages Arising from Oil Spill Incidents：Legislation Infrastructure and Characteristics of the Chinese Regime，” *Estuarine*，*Coastal and Shelf Science*，2014，140：76-82.

② 国家海洋局编《中国海洋统计年鉴 2000》，海洋出版社，2000。

排放量为 56079 万吨，到 1996 年攀升至 63005 万吨，[①] 表明该阶段工业生产增速要超过陆源污染物排放入海的治理速度，单凭现有的罚金制度已经不足以起到制衡作用，而且由处罚制度得来的资金也不足以补偿海洋生态的损失，因此产生了构建海洋生态补偿机制进而补充现有损害赔偿机制并拓宽补偿资金来源的现实需求。

以上两类政策均注重海洋生态损害的事后处理，第三类政策则采用事前预防的思路对前两类政策进行补充，即建立海洋自然保护区以主动维护海洋生态系统的稳定，并划定功能分区海域，为生态损害赔偿追责工作明确空间界定。这一时期中国海洋自然保护区数量在 10 年内增加了 49 个，总面积从 90700 公顷增至 1267477 公顷，[②] 增长近 13 倍。这表明中国海洋生态保护的工作重心显现出从事后处理向事前预防转移的趋势，不过此时在政策和制度方面尚未将海洋自然保护区与海洋生态补偿紧密联系起来，也并未充分考虑到海洋自然保护区的建成在一定程度上会造成当地渔民及用海企业的经济损失。随着海洋自然保护区规模的不断扩大，海洋生态的保护成本不断增加，需要对实施海洋生态保护行为的主体进行补偿来增强其对海洋生态保护的积极性，这就为在海洋自然保护区构建生态补偿机制提供了现实需求与环境基础。

2. 海洋生态补偿政策概念完善期（2000~2009年）

21 世纪初，“十五”计划提出了“实施海洋开发”战略，其核心任务是发展海洋经济。由此，中国海洋经济进入了一个长期保持两位数增长的快速发展的时期。[③] 2003 年，在科学发展观的指导下，中央提出资源开发应与环境保护和治理并行。随后，国务院印发《全国海洋经济发展规划纲要》，明确提出要保障海洋经济的可持续发展，并对主要海洋产业和海洋经济区域进行战略布局，全面推进海洋生态环境保护工作。该阶段以海域有偿使用制

① 国家海洋局编《中国海洋统计年鉴 1997》，海洋出版社，1997。

② 国家海洋局编《中国海洋统计年鉴 1999》，海洋出版社，1999。

③ C. Sun, X. Li, W. Zou et al., “Chinese Marine Economy Development: Dynamic Evolution and Spatial Difference,” *Chinese Geographical Science*, 2018, 28 (1): 111-126.

度为切入点对海洋生态补偿机制进行了初步探索，尝试将政府调控与市场机制相结合，增加海洋生态保护的投入，提高海域资源的利用效率。海洋生态补偿的概念在这一时期逐渐完善清晰，海洋生态补偿代表性政策如表 4 所示，政策关键词可概括为三类（见图 2），政策关键词动态变化过程如表 5 所示。

**表 4　概念完善期代表性政策统计**

| 时间 | 政策 |
|---|---|
| 2002 年 | 《中华人民共和国海域使用管理法》 |
| 2003 年 | 《海洋工程排污费征收标准实施办法》 |
| 2005 年 | 《关于重新核定废弃物海洋倾倒费收费标准的通知》 |
| 2006 年 | 《关于进一步规范海洋自然保护区内开发活动管理的若干意见》 |
| 2007 年 | 《财政部、国家海洋局关于加强海域使用金征收管理的通知》 |
| 2009 年 | 《2009 年海域和海岛管理工作要点》 |

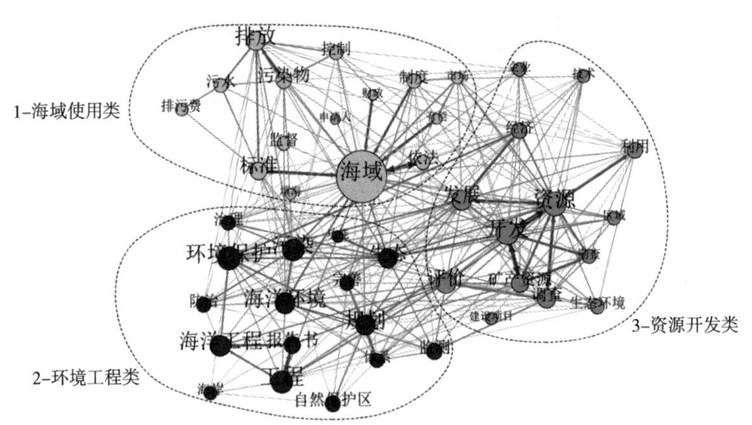


**图 2　概念完善期政策热点分类**

**表 5　概念完善期政策热点动态迁移**

| 时间 | 政策热点（词频） |
|---|---|
| 2000 年 | 生态（85）、治理（39）、经济（38）、排放量（38） |
| 2001 年 | 海域（28）、使用（17）、使用权（6）、有偿（3） |

续表

| 时间 | 政策热点（词频） |
| --- | --- |
| 2002 年 | 污水（36）、排污费（31）、排放（14）、收费（12） |
| 2003 年 | 海域（132）、使用权（38）、审批（20）、区划（18）、缴纳（11） |
| 2004 年 | 使用权（38）、审批（20）、区划（18）、缴纳（11） |
| 2005 年 | 废弃物（10）、倾倒（9）、收费（7）、财政部门（4） |
| 2006 年 | 环境影响（63）、报告书（43）、污染（25）、责令（16） |
| 2007 年 | 海域（91）、使用（75）、征收（22）、缴纳（12） |
| 2008 年 | 经济（46）、资源（38）、开发（36）、规划（28） |
| 2009 年 | 海域（41）、海岛（16）、发展（12）、区域（7） |

由图 2 可以看出，海域使用类政策从法律上规定海域使用权的归属问题，为其他两类政策提供了明确的用海权利与生态保护责任归属，而环境工程类政策与资源开发类政策相辅相成，对开发主体在海洋开发过程中承担生态补偿的责任进行了更加详细的规定。

从政策热点的动态迁移来看，本时期中国海洋生态保护工作主要以海域有偿使用为核心展开。海域有偿使用的概念在 20 世纪 90 年代就已提出，但由于种种现实原因一直未能取得显著进展，直到 2000 年，中国为解决海洋资源无序无规的抢夺式开发问题重新推动海域有偿使用管理的立法工作。海域有偿使用制度的作用机制是明确海域使用权归国家所有，个人或单位若对海域资源进行开发利用，需要向国家缴纳海域使用金，其主要用途是作为海洋生态问题治理的支出。因此，海域有偿使用制度在一定程度上已经具备了生态补偿机制的基本要素，即主体、对象、方式等，使海洋生态补偿的概念逐渐清晰化。

除了海域有偿使用这一核心政策，本时期的海洋生态补偿政策还重点关注海洋工程及海洋资源开发两方面问题。2001 年中国海洋工程建筑业实现增加值 109. 2 亿元，并呈现逐年递增的趋势，到 2009 年增加值攀升至 672. 3 亿元,[①] 表明中国海洋工程建筑业规模在这一时期显著扩大，这一方面体现了“实施海洋开发”的战略落实，另一方面也从侧面反映出海洋工程建设

① 国家海洋局编《中国海洋统计年鉴 2010》，海洋出版社，2011。

对海洋生态的影响愈发增大。于是中国专门为海洋工程建设的生态环境问题立法，实行海洋工程环境影响评价制度，海洋工程开发主体必须按照环境影响评价审批流程进行生态补偿以后才可获得开发建设权利，因此，海洋环境影响评价为海洋生态补偿工作的启动提供了先行条件。此外，中国海洋生态补偿资源开发类政策强调开发主体在进行海洋资源开发之前需要对开发过程中造成的生态损害进行调查与评价，并按照相关规定对开发海域的生态环境承担维护与修复的责任。

3. 海洋生态补偿政策持续成长期（2010~2019年）

自2010年开始，中国的海洋经济增长率持续下降，[①] 其原因一方面是海洋生态保护受到了充分重视，中国主动减缓经济增速以提升海洋生态效益，另一方面是人类活动的过度开发导致海洋资源枯竭、海洋生态系统退化和海洋经济动能不足，直接影响和限制了海洋经济增长的质量。[②] 因此，中国迫切需要转变海洋经济的发展方式，推动其高质量发展，[③] 而海洋生态补偿政策工具的使用能够有效促进经济与环境的协同发展。2010年，《生态补偿条例》被国务院列入立法计划，原国家海洋局在全国开展海洋生态补偿试点。[④] 同年，山东省出台《山东省海洋生态损害赔偿费和损失补偿费管理暂行办法》，将海洋生态补偿正式提升到地方性环境保护政策的层次。之后，党的十八大提出“建设海洋强国”战略，海洋生态补偿机制建设正式被确认为中国

① K. Yin, Y. Xu, X. Li et al., “Sectoral Relationship Analysis on China's Marine-land Economy Based on a Novel Grey Periodic Relational Model,” *Journal of Cleaner Production*, 2018, (197): 815-826.

② R. Ma, B. Hou, W. Zhang, “Could Marine Industry Promote the Coordinated Development of Coastal Provinces in China?” *Sustainability*, 2019, 11 (4): 1053; W. Ren, J. Ji, L. Chen et al., “Evaluation of China's Marine Economic Efficiency under Environmental Constraints—An Empirical Analysis of China's Eleven Coastal Regions,” *Journal of Cleaner Production*, 2018, (184): 806-814.

③ L. Ding, Y. Yang, L. Wang et al., “Cross Efficiency Assessment of China's Marine Economy under Environmental Governance,” *Ocean & Coastal Management*, 2020, (193): 105245; Q. Di, S. Dong, “Symbiotic State of Chinese Land-marine Economy,” *Chinese Eographical Science*, 2017, 27 (2): 176-187.

④ 吴舜泽、洪亚雄：《“十二五”环保规划布局》，《环境经济》2012年第4期。

生态文明体系的重要发展目标，沿海各省市随之出台了与本地区情况相适应的海洋生态补偿政策。这一阶段可以总结为海洋生态补偿政策的持续成长期，海洋生态补偿在中国海洋生态保护工作中的重要地位被正式确立，政策的科学性也随着生态补偿实践而逐渐提升。本时期中国海洋生态补偿代表性政策如表6所示，政策热点可以归纳为三类（见图3），其动态演变过程如表7所示。

**表6　持续成长期代表性政策统计**

| 时间 | 政策 |
|---|---|
| 2010年 | 《山东省海洋生态损害赔偿费和损失补偿费管理暂行办法》 |
| 2012年 | 《船舶油污损害赔偿基金征收使用管理办法》 |
| 2013年 | 《中华人民共和国海洋环境保护法》第一次修正 |
| 2013年 | 《浙江省海洋生态损害赔偿和损失补偿管理暂行办法（草案）》 |
| 2014年 | 《海洋生态损害国家损失索赔办法》 |
| 2016年 | 《国务院办公厅关于健全生态保护补偿机制的意见》 |
| 2016年 | 《山东省海洋生态补偿管理办法》 |
| 2016年 | 《中华人民共和国海洋环境保护法》第二次修正 |
| 2017年 | 《中华人民共和国海洋环境保护法》第三次修正 |
| 2017年 | 江苏省连云港市《关于加强海洋生物资源损失补偿管理工作的意见》 |
| 2018年 | 《防治海洋工程建设项目污染损害海洋环境管理条例》第三次修订 |
| 2019年 | 《珠海市生态环境损害赔偿制度改革实施方案》 |

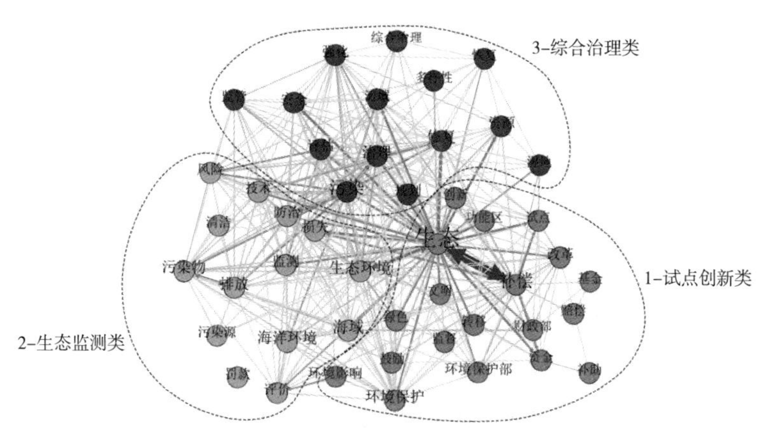


**图3　持续成长期政策热点分类**

**表 7　持续成长期政策热点动态迁移**

| 时间 | 政策热点（词频） |
|---|---|
| 2010 年 | 补偿费（26）、赔偿费（20）、非税（8） |
| 2011 年 | 生态（5）、补偿（4）、修复（4） |
| 2012 年 | 油污（69）、船舶（68）、基金（55）、补偿（16）、索赔（12） |
| 2013 年 | 补偿（18）、渔业（17）、补偿费（8） |
| 2014 年 | 索赔（42）、损害（39）、损失（15） |
| 2015 年 | 环境（48）、信息化（37）、防治（34）、排放（24） |
| 2016 年 | 补偿（71）、机制（22）、试点（18）、改革（16）、补助（10） |
| 2017 年 | 补偿（67）、海洋生物（35）、渔业（16）、用海（13）、修复（8） |
| 2018 年 | 海洋工程（55）、环境影响（54）、报告书（38）、环境保护（31）、评价（16） |
| 2019 年 | 海域（91）、使用（75）、征收（22）、财政（12）、招标（6） |

分析本时期的三类政策热点可知，海洋生态补偿的制度基础已经逐渐成型，为了在此基础上继续推进海洋生态补偿工作在全国范围内的顺利展开，需要预先对海洋生态补偿机制的科学性和适用性进行实践验证，并根据验证过程中出现的新问题对补偿机制进行不断完善和改进。同前两个阶段一样，本阶段的三类政策也存在逻辑联系：生态监测类政策是为海洋生态补偿的前期工作提供生态环境受损程度的评价基础；综合治理类政策更专注于探索多元化补偿机制以适应差异化的海洋生态补偿现实需求；试点创新类政策既是另外两类政策的方向引领，又依托于这两类政策的实施为其提供现实支撑。

由本时期政策热点的动态迁移可以发现，“补偿”的概念已经在海洋生态保护政策中被频繁提及，这说明本时期中国对于生态补偿在海洋生态环境保护工作中的重视程度显著提升。此外，海洋生态补偿试点建设是这一时期海洋工作的重点内容，原国家海洋局自 2011 年开始，将威海市、连云港市、深圳市作为全国海洋生态补偿试点推进海洋生态补偿的试点工作。其中，威海市主要从强化污染源排放入海的监督与管控两个方面开展海洋生态补偿工作；连云港市对海洋生态补偿采用项目管理的思路，根据海洋生态保护的实际需求，将用海项目分为单宗单独和多宗联合两个类别，然后编制《海洋生态补偿项目实施方案》并组织开展补偿工作。同时，出台政策明确补偿标准，而且颇具创新性地设置了有一定弹性的补偿标准，用海项目若对海洋保护区和生态红线区的生态环境造成损失，监管机构可以提高补偿标准；深圳市则以大鹏新区作为海洋生态补偿重要创新试点，创造出以政府为引领（指导）、由企业提供资金支持（补偿）、由第三方专业团队实施（执行）、社会公众参与（监督）的海洋生态补偿新思路。三个试点城市在实施海洋生态补偿过程中均展现出生态补偿制度的优势，但同时也出现了阻碍海洋生态补偿工作开展的问题，例如用海企业缺乏足够意愿主动实施海洋生态补偿，公众及社会组织在补偿的监管方面难以发挥有效作用，导致一些补偿工作难以开展或进度缓慢。

除了建立海洋生态补偿试点，海洋生态监测与生态环境综合治理也是本时期政策的关注重点。自 2011 年开始，原国家海洋局组织各级海洋行政主管部门对中国管辖海域海洋环境开展监测工作，获得的大量监测数据为海洋生态环境的监测评价提供了充足的信息基础，有助于因地制宜开展海洋生态补偿工作。随后，中国开始尝试将智能超算系统运用到海洋生态演变预测当中，“深蓝大脑”超级计算机每秒运算速度可达千万亿次级别，为海洋生态补偿工作的开展提供了强大动力支持，因此中国对海洋生态环境的监测与预报能力显著提升。此外，中国积极投入力量深入开展海洋生态环境综合治理，主要目的在于探索建立政府与社会资本合作、个人捐助、国际援助等多元化海洋生态治理与修复机制，推进治理修复工作开展。过去由政府单方面主导的海洋生态补偿机制在实践检验后存在低效甚至失效的风险，因此中国开始尝试探索多元化的海洋生态补偿机制，建立政府与海洋生态补偿多元主体的协商机制，既可以多方位监督地方政府的海洋生态环境治理行为，又可以激励多元主体积极参与补偿进而与政府形成协同效应。

### （二）海洋生态补偿政策演进逻辑

海洋生态补偿相关政策的演变逻辑中包含背景事件、政策热点、政策理念三个维度的关键变量，背景事件为海洋生态补偿相关政策演变阶段的划分提供了时间节点，对于相应时期政策热点的产生具有引导意义，而政策热点的变化则反映出政策理念导向的更新与优化。随着中国海洋事业的发展，海洋问题也出现阶段性的变化，进而推动下一阶段的政策演进。

1. 海洋生态补偿政策环境培育期

“八五”至“九五”时期，中国处于 20~21 世纪之交，海洋问题形势严峻，主要表现为海洋资源开发与生态保护之间的矛盾，因此，可以从自然环境、社会经济环境、体制或制度环境、政治文化环境与国际环境五个维度对此时中国海洋生态补偿的政策环境展开讨论。

自然环境方面，除了自然灾害带来的海洋生态影响，人为的陆源污染排放和海上污染事故成为这一时期最为棘手的海洋生态问题；社会经济环境方面，海洋经济发展与生态环境之间的矛盾越发凸显，海洋生态保护亟待加强；体制或制度环境方面，中国制定了海域使用证制度和有偿使用制度，这两项制度已初具生态补偿内涵，对于生态环境保护、海域资源的合理开发利用以及可持续发展具有积极意义；政治文化环境方面，1991 年中国召开首次全国海洋工作会议，提出了以发展海洋经济为中心的思想，此时中国的海洋事业已从初级资源勘探阶段演进为资源开发利用阶段，开发力度的增强对于生态环境造成的影响也随之加剧；国际环境方面，联合国环境与发展会议通过的《21 世纪议程》成为保护全球环境与促进经济可持续发展的行动纲领，中国随即响应并批准通过了《中国 21 世纪议程》，将海洋问题作为重要领域进行探讨，海洋生态保护越来越成为中国海洋事业相对于经济发展关注的另一个焦点问题。

这一时期海洋生态补偿相关政策出现的主要问题在于国家对海域的所有权与用海者对海域的使用权之间权属关系不清晰、责任不明确，用海者对海洋资源大规模且缺乏统一规划的开发给原始海洋生态造成了恶劣影响，而对被严重损害的海域生态的保护却缺少专门有力的法律来对用海者应负的责任进行明确规定和事后追责，因此这一时期中国的海洋生态环境遭受了较为严重的损害，却出现了无人为生态损害负责的现象。针对这一问题，中国提出了可持续发展的战略思想，并出台相应法律结合罚款制度来遏制海洋生态损害行为，以期能够缓解海洋生态压力。然而长期以来用海者对于海洋资源的过度开发导致海洋生态环境受到的损害由于惯性已无法在短时间内得到恢复，又由于监管力度不足，政府与涉海企业之间在海洋生态保护方面的关系一度失衡，产生了企业损害海洋生态后支付罚款，政府再利用罚款收入与财政收入修护受损海域生态的补偿机制。这种机制的缺陷一方面在于企业缴纳的罚金数额往往不足以补偿其对海洋生态造成的损害，政府需要额外支付海洋生态修复的成本；另一方面，政府无法独立完成对受损海域生态的修复工作，往往需要委托第三方专业组织进行规划与实施，对于第三方的监管又产生了新的问题。因此，政府认识到单方面的“损害—修复”模式对于海洋生态保护无法起到根本性作用，影响海洋生态保护工作实际开展的原因归根到底还是中国海域权属问题的矛盾，只有明确国家与用海者对于海洋的权利，才能落实海洋生态保护与损害的责任归属。

2. 海洋生态补偿政策概念完善期

“十五”至“十一五”时期，中国对于海洋生态保护的认识已经有了较为深刻的转变，重新修订的《海洋环境保护法》于2000年4月1日起施行，本次修订将国家海洋局对海洋生态环境保护的职能正式提升到法律层级，标志着中国海洋生态环境保护工作已经进入了一个新的历史时期。

针对上一时期出现的海域确权问题，中国颁布了《海域使用管理法》，这标志着中国将海域有偿使用正式纳入依法管理轨道之中。[①] 通过推进海域使用权配置市场化来实现政府调控与市场机制相结合，将国家的海域所有权与用海者的海域使用权进行明确划分，国家以有偿的形式将海域使用权转移给用海者，在海域使用权属确定之后，用海者需要为其在使用海域进行生产或开发过程中对海洋生态造成的损害承担责任。这种方法的优势一方面在于海域使用金的征收有利于缓解国家海洋生态保护的负担，另一方面由于法律规定用海者缴纳海域使用金之后并不免除其保护海域生态的责任与义务，并且实行环境影响评价制度，用海者在使用海域过程中需要提交环境影响评价报告书，因此加强了对海域用海者生态保护的警示作用，使其在生产与开发

① 中国海洋年鉴编纂委员会编《中国海洋年鉴2011》，海洋出版社，2011。

过程中兼顾海域生态的保护。这部法律扭转了中国通过罚款手段对用海者进行惩治后利用罚款收入修复受损海域生态的局面，将海域使用金制度纳入海洋生态环境保护中来，利用海域使用金进行转移支付，对受损的海洋生态环境进行治理与修复，并且对转移支付的主体、对象、方式、标准等进行了初步的探讨与规定，海洋生态补偿的含义在海域有偿使用中得以完善。

本时期通过立法解决了海洋生态补偿政策环境培育期海域权属确定问题，但中国海洋生态环境保护相关法律体系不健全、综合管理和规范管理能力不足等一直以来都是阻碍中国海洋生态保护工作深入开展的问题。为此，中国在 2008 年颁布了《海洋标准化管理办法》，对海洋管理体制、工作任务和标准制修订原则进行明确规定，随即国务院批准并印发了《国家海洋事业发展规划纲要》，对海洋事业的综合管理和公共服务活动进行了全局规划与远景展望，这表明中国正努力通过促进地方政府相关政策的出台来提升海洋生态环境的综合管理能力与规范水平，海洋生态补偿的概念也在各类海洋生态保护政策中得以逐渐完善。

3. 海洋生态补偿政策持续成长期

“十二五”时期，中国对推动海洋经济发展作出了重大战略部署，为了刺激沿海地区经济增长，加快了沿海地区工业化与城镇化进程，同时不断扩大对海洋资源的开发范围并增加开发强度。然而，沿海地区的快速发展带来的不仅是经济效益，还有海洋生态环境不断恶化的隐患，因此中国在“十二五”规划中也明确提出在推动经济增长的同时也要加强对海洋生态的体系化保护和海洋生态损害的综合治理。在“建设海洋强国”战略背景下，中国将生态补偿机制正式确立为建设中国生态文明体系的重要发展目标，并且随着各级政府对海洋生态补偿的认知已经得到初步深化，为了对海洋生态补偿机制在中国不同海域的适用性进行深入研究，中国在威海、连云港、深圳三市（分别代表北、东、南三大海域）建立海洋生态补偿试点进行实践验证并取得显著成果，进一步验证了实施海洋生态补偿制度的必要性。党的十八大报告指出，“保护生态环境必须依靠制度”，针对海洋生态补偿概念完善期法规体系尚不健全等问题，中国对多部涉及海洋生态保护的法律进行了修改与细化，增加了多项海洋生态损害赔偿条款。同时将海洋功能区划制度、海洋工程环境影响评价制度、海域有偿使用制度等多项海洋生态保护制度并举，共同保障中国海洋生态保护工作的顺利开展。

为了完善海洋治理体系，提升海洋治理能力现代化水平，这一时期中国海洋体制机制也发生了变化，主要体现为原国家海洋局的重组与撤销。2013年重组国家海洋局之后，设立了高层次议事协调机构国家海洋委员会，负责制定国家海洋发展战略，统筹协调海洋重大事项，而国家海洋局则承担国家海洋委员会的具体工作。此时国家海洋局作为国土资源部管理的国家局，其对海洋的综合管理、生态环境保护的职责明显加强，此次国家海洋局重组有助于提升中国对海洋事务的统筹协调、综合管理能力。2018年中国为了深化党和国家机构改革，将原国家海洋局等多个部门与国家局的职责整合到自然资源部，因此自然资源部能够统一行使所有国土空间用途管制与生态保护修复职责，避免多部门管理重叠、权力交叉的现象。海洋体制机制的重大变革不仅体现了中国提升海洋综合治理能力的决心，也表现出这一时期中国对海洋生态保护工作的重视程度仍在不断增强。

在现阶段海洋治理体系的不断完善过程中，中国的海洋生态补偿制度也在持续成长。一方面，海洋生态损害的修复责任已经逐渐形成从政府转移落实到用海者的趋势。用海者需要在用海之初提供海洋生态环境影响报告书，并在造成海洋生态损害之后通过委托具有专业资质的第三方团队进行生态损害评估以及制订修复方案，在经过多方评审通过之后，用海者需要参与到海洋生态的修复工作过程当中。因此，用海者造成海域生态损害的成本负担加重、责任义务加强，在利用海域进行生产开发的过程中，对生态环境保护会给予更多重视。另一方面，海洋生态补偿机制开始朝多元化方向创新演进。现阶段较为单一的补偿制度无法提供更为强大的海洋生态保护推动力，海洋生态补偿的主体、方式、标准等都需要在特定的环境当中不断调整以产生适应性，因此中国鼓励沿海省市结合自身海域特征，制定具有区域特征的海洋生态补偿制度，推动海洋生态补偿机制多元化发展。

## （三）海洋生态补偿政策当前阶段改进需求

“十四五”时期，中国海洋经济建设目标是实现高质量发展。海洋生态补偿政策作为调节海洋经济发展与生态保护关系的重要工具，其政策体系分散难以形成合力并且实施低效的问题在当前阶段亟待解决。同时，陆海统筹战略也为海洋生态补偿政策带来新的机遇与挑战，陆海生态补偿机制如何协调并实现空间与技术上的有效衔接，也成为有待研究的重要课题。由此，海洋生态补偿政策在体系重构、机制完善、多元统筹三个维度上产生了现实的改进需求。

1. 海洋生态补偿政策体系重构维度改进需求

当前，中国沿海省市均已陆续出台各自的海洋生态补偿政策，但尚未从国家层面制定海洋生态补偿的专门性法律，仅在《海洋环境保护法》等综合性法律当中在宏观框架上对海洋生态补偿进行了原则性规定，可操作性不强。事实上，可操作性强的海洋生态补偿立法主要发生在地方层面，各沿海省市根据本地区现实情况对海洋生态补偿的标准、资金来源和监管等方面进行规定，这种方式虽然具有灵活性高、适用性强的优点，但同时也具有权威性低、约束力弱的弊端。同时，虽然从宏观角度看地方性立法的确促进了海洋生态补偿机制的多元化发展，但微观上各地方政府出台的补偿政策均以自身条件和特征出发，补偿标准与机制差异明显，因此适用范围较窄，导致了海洋生态补偿政策体系结构分散的问题。结构分散的政策体系内部缺乏有效衔接，不仅难以形成政策合力，甚至可能产生冲突，进而大幅削减政策整体的实施效率。因此，如何在加强中央对地方政策指导与引领的同时促进地方政策的衔接与协同，需要从政策体系重构的维度进行思考与解决。

2. 海洋生态补偿政策机制完善维度改进需求

海洋生态补偿的行动主体主要包括政府、用海企业、公众与社会组织等。其中，政府是目前中国海洋生态补偿的主导者，负责制定补偿政策并对补偿过程进行监督；用海企业一方面通过缴纳生态补偿金进行间接补偿或者实施生态修复进行直接补偿，另一方面，也可因为主动保护海洋生态而获得生态补偿额度奖励；公众和社会组织等社会力量可以为政策的改进与完善建言献策，并在补偿工作落实过程中进行社会监督。研究表明，通过促进用海企业与公众等多元主体积极参与生态补偿实践，可以对政府治理进行有益补充，避免“政府失灵”。同时，建立市场化的补偿机制则可以对多元主体间的利益博弈关系进行有效制衡，通过市场融资渠道获得补偿资金，缓解政府的财政压力。但事实上，目前用海企业和社会公众在海洋生态补偿实践中参与积极性较低，如何建立多元化、市场化补偿机制并完善现有的补偿监督机制，有效激励多元主体主动参与生态补偿，进而提升政策实施效率仍有待进一步研究解决。

3. 海洋生态补偿政策多元统筹维度改进需求

一方面，长期以来，中国生态补偿政策的底层逻辑是陆海分治，海洋与陆地生态补偿被分割成两个相对独立的政策生态。但造成海洋生态损害的污染源有相当一部分来自陆地，通过河流排放入海，而由于河流流域广、分支多等特点往往难以追踪真正的责任主体。另一方面，不同于陆地以行政区为单元进行生态保护，海洋以功能区为管理单元，即使找到真正的责任主体也会因为空间区划不统一而出现无法采用相同的补偿机制与标准落实补偿的问题。不考虑陆域的海洋生态补偿政策缺乏生态系统整体观，对生态补偿的责任落实产生了阻碍作用。于是，海洋与陆地生态补偿有必要形成合理有效的政策衔接，进而形成陆海双元生态补偿机制。同时，在陆海统筹的战略背景下，海洋和陆地生态补偿政策的有机衔接与协调联动能够为海洋生态保护相关政策提供参考与借鉴，从宏观角度也可以为中国陆海生态环境协同治理带来有益思考。因此，中国海洋生态补偿政策如何在陆域与海域多元化生态体系中协调发展，形成陆海生态补偿协同机制已成为本时期有待研究解决的又一项改进需求。

## 四　海洋生态补偿政策改进路径

基于对中国海洋生态补偿政策体系变迁历程的系统梳理与分析，本研究针对中国海洋生态补偿政策当前体系结构分散、实施低效、陆海衔接失调等主要问题，对海洋生态补偿政策进行整理、归纳与改进，提出政策体系重构、机制完善和多元统筹的改进路径。其中，体系重构主要基于中央与地方、地方与地方政策运行机制间关系的梳理并明确提出顶层政策设计补充，机制完善主要是建立多元化、市场化的补偿机制以及规范化的监督机制，多元统筹则立足“流域—流域”“流域—海域”“海域—海域”建立完整的生态补偿空间与技术链条，推动海洋生态补偿政策从山顶到海洋的全过程有效衔接发展。政策改进路径如图 4 所示。

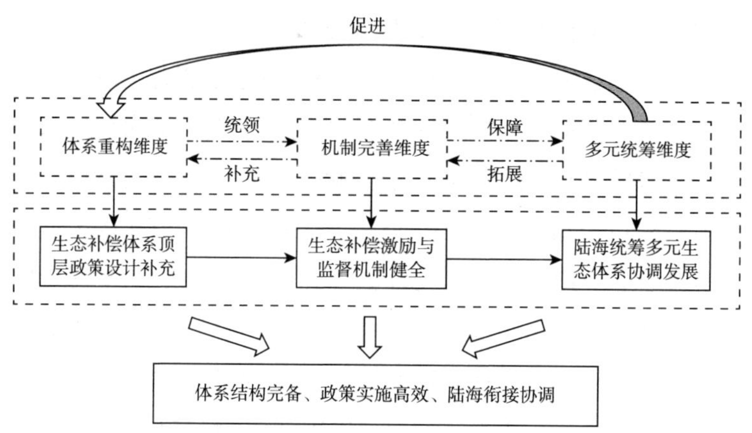


**图 4　海洋生态补偿政策三维度改进路径**

## （一）体系重构维度：生态补偿体系顶层政策设计补充

加强中央对海洋生态补偿机制的系统研究，为地方政策提供体系化实践指导。目前，对于海洋生态补偿机制，地方政府在具体实践中总结经验并对补偿机制进行改进和完善，而中央政府则更侧重于提供宏观方向的指引与财政资金的支持，对具体的补偿机制缺乏系统研究，因此地方政府对补偿机制的研究进展超过了中央政府，导致地方补偿政策多样但中央缺少对政策全局的把控。长此以往，容易形成地方政策各立门户，中央失去对地方政策的引导统领地位，从而变成补偿资金的主要来源渠道。为此，一是要加强国家级别的海洋生态补偿立法，对地方性政策法规进行系统整合与有效衔接。中国海洋生态补偿地方性立法目前已经有了相对丰富的实践，为各地方海洋生态补偿提供了良好的制度保障，中央政府应针对地方性立法研究出台统领性法律政策文件。二是要借助海洋生态补偿试点的实践经验，由中央政府根据不同试点地区反馈的实际情况，建立系统化补偿机制，既要保障其能够适应不同区域生态的差异性，也要保证补偿机制的系统性与整体性，为地方性补偿政策的制定与实施提供现实指导。三是在进行海洋生态补偿制度的探讨研究的同时，要参考森林能源、化石能源关于代际补偿的相关研究，将代际公平的原则加入海洋生态补偿政策体系的重构过程当中，避免地方政府因追求短期经济利益而忽视生态补偿政策的健全与完善。

推动地方政府在海洋生态补偿政策制定方面的配合与衔接，建立系统化会商机制。近年来，沿海省市相继出台了各自的海洋生态补偿法规，为所属海域功能区生态补偿的实施提供立法保障。但跨海域（流域）生态补偿问题一直未得到有效解决，其原因一方面是跨海域（流域）生态损害扩散范围较广、距离较长，难以厘清生态补偿责任主体以及责任比例；另一方面是跨海域（流域）涉及不同的功能区与行政区，对应不同的生态补偿机制与标准，难以在具体补偿实践中达成共识。为此，一是要继续推进海洋生态环境监测技术发展，建立海洋生态环境实时监测平台，将监测数据进行跨区域实时共享，协助落实生态损害源头追溯与责任主体的界定工作。二是要建立由中央生态环境保护主管部门牵头，地方政府相关部门参与的海洋生态补偿系统化会商机制，定期对跨海域（流域）生态补偿的机制、标准等内容进行会商研究，以多方探讨、协同作战的方式解决跨区域生态补偿政策间的差异与冲突问题。

### （二）机制完善维度：生态补偿激励与监督机制健全

推动海洋生态补偿机制多元化、市场化进程，持续推进“政府—市场—社会”三维补偿子系统协调均衡发展。中国海洋生态补偿当前正面临政府主导的单一补偿机制带来的社会多元主体参与主动性较低、补偿资金来源渠道匮乏等一系列局限性问题。如何有效协调政府、市场、社会三者在海洋生态补偿机制中的作用，使其能够产生良性互动仍然是当前迫切需要解决的问题。为此，一是要继续健全政府补偿机制，通过引导跨区域资金补偿和共同修复受损生态等方式建立跨区域的生态补偿机制，为社会多元主体参与海洋生态补偿提供契机，进而消除当前对中央政府财政转移支付这种单一补偿机制的过度依赖。二是要继续完善市场补偿机制，海域使用权和海水排污权交易应继续强化拍卖与期权交易的属性，进而加强市场竞争，提升多元主体参与补偿积极性。与此同时，政府在交易过程中发挥监督的主导作用，社会公众对交易进行补充监督。三是要继续推动建立社会资本参与补偿机制，通过增加海洋生态补偿社会投资产品（如海洋生态补偿彩票等）数量并对产品进行拓展创新，鼓励社会主体参与海洋生态补偿，以达到引入社会资金，缓解政府财政压力的目的。

完善海洋生态补偿监督机制，建立规范化司法程序保障社会组织依法行使监督权。目前，中国海洋生态环境监管工作由生态环境部内设机构海洋生态环境保护司负责，其具有依法行使对海洋生态补偿实施进行监管并对责任主体进行追责的权力。同时，社会组织也具有监督权，在海洋生态受到损害时可以依法提起环境公益诉讼，要求责任主体进行海洋生态补偿。研究表明，如果海洋环境监督管理部门不积极对责任者进行海洋生态补偿追责，其不利影响和后果远远大于社会组织不及时提起环境公益诉讼。为此，一是建立制度以加强海洋生态环境保护司对生态损害责任主体的追责力度和积极性，并建立规范化的追责机制，对追责过程进行合规有效监管，通过加强追责提升责任主体保护海洋生态的自觉意识并拓宽海洋生态补偿的资金渠道。二是要规范社会组织通过环境公益诉讼等司法程序行使监督权的流程，既要保障其对海洋生态补偿进行监督的正当权益，也要明确海洋环境监督管理部门在行使监督权和对责任主体依法追责方面的主体地位。

### （三）多元统筹维度：陆海统筹多元生态体系协调发展

理顺陆海生态补偿管理逻辑，基于海岸带建立陆海生态补偿协同机制。长期陆海分治导致的陆域与海域生态补偿机制的差异存在于补偿主体、标准、范围等多个方面。因此，建立陆海统筹的生态补偿机制首先要对二者原有机制进行理顺与研究，并对陆海生态补偿机制进行有效衔接与整合，进而在陆海统筹新空间观下建立生态补偿协同机制。海岸带是陆海相互作用的地带，同时兼具海陆属性，其动植物等环境要素受陆地与海洋环境双重影响，因而聚焦海岸带陆海生态补偿协同机制的建立，一方面有利于快速找到理顺陆海生态补偿管理机制的有效抓手，另一方面也有利于为更广阔的空间观下陆海生态补偿协同机制的建立提供参考与示范。为此，一是要在国家层面建立海洋与陆地的生态补偿制度，对于海岸带的生态补偿进行“流域—海域”的全面考虑，梳理并构建河海交汇处生态补偿的陆海协同机制。二是要以保护海岸带生态系统整体性为原则，突破传统的行政辖区界限，推动国内沿海省市在海岸带生态补偿方面进行协商与合作，在陆海生态补偿的机制、标准、范围等方面达成共识。

探索跨区域补偿联动机制，构建陆海生态补偿完整空间与技术链条。从更广阔的空间观来看，陆地与海洋是一个系统整体，生态补偿要实现“从山顶到海洋”的跨区域陆海联动，需要从空间与技术两个维度对“流域—流域”“流域—海域”“海域—海域”三段式跨区域生态补偿联动机制进行系统思考。空间方面，河流在多个行政区发生分流与汇集后汇入海洋，而海洋污染又会受洋流的影响进行跨海域扩散。技术方面，陆海环境监测技术和监测标准目前还无法实现有效衔接，生态环境监测数据难以为生态补偿的实施提供及时有效的协助。为此，一是要继续推进“河长制”及“湾（滩）长制”在空间上的有效对接，对不同流域与海域进行细致化、精准化逐级监督与管理，同时建立首长负责的生态补偿会商机制，对河流上下游、河海交汇口、毗邻海域间进行有机衔接，形成陆海生态补偿完整空间链条，实现对跨区域生态补偿的系统化联动管理。二是要建立陆海监测部门协同合作机制，形成陆海衔接的环境监测标准与指标体系，通过大数据平台将动态监测数据同各区域实时共享，快速掌握生态损害发生的时间与地点，进而构建陆海生态补偿完整技术链条，协助海洋生态保护主体形成生态补偿陆海统筹合力。

# 后　记

呈现在读者面前的《海洋治理与中国的行动（2022）》是中国海洋大学人文社会科学重点研究团队——“海洋治理与中国”研究团队有关人员的学术作品的集成。在时间上，作品基本界定在 2019~2022 年；在内容上，涉及全球海洋治理的多个领域和多个方向，包括其理念、制度、变化、管理、话语、空间规划、发展趋势和未来展望等，是一部从多个学科、多个领域共同研究海洋治理的研究成果，特别反映了中国在这些领域的立场和态度，以及实施的行动和效果。其出版对于进一步了解中国在海洋治理上的作为、贡献等有一定的促进作用。

为适应海洋形势发展并结合工作实际，中国海洋大学“海洋治理与中国”研究团队和其他院系于 2021 年 9 月联合主办了“（世纪先风）第一届未来海洋论坛：中国海洋安全的现状与发展前景学术研讨会”，2022 年 6 月联合主办了“（世纪先风）第二届未来海洋论坛：《联合国海洋法公约》的回顾与展望学术研讨会”。“未来海洋论坛”系列会议得到了国内知名学者的指导和帮助，我们受益匪浅。尤其是习近平总书记于 2022 年 4 月 10 日下午考察中国海洋大学三亚海洋研究院对我国建设海洋强国作出的重要指示，进一步深化了建设海洋强国的价值和意义，确立了其为中国特色社会主义现代化建设的重要组成部分，是实现中华民族伟大复兴的重大战略任务的地位，所以，我们将继续在海洋政治与安全、海洋法治和海洋管理，以及海洋话语和海洋空间规划等方面不断耕耘，为加快建设海洋强国添砖加瓦，希望继续得到社会各界的关注和关照。

同时，这些工作的完成，离不开中国海洋大学各级单位及领导和同事的大力支持和贡献，如中国海洋大学党委、宣传部、文科处、国际合作和交流处，以及国际事务与公共管理学院、法学院和海洋发展研究院等，也离不开我们团队内外成员之间的紧密合作和配合。对他们的倾情付出和无私奉献，致以最诚挚的谢意，希望内外单位及专家学者继续支持我们团队的学术研究和交流工作，使我们团队有进一步的成长和成就。

本书的出版得到社会科学文献出版社政法传媒分社王绯、黄金平编辑的大力支持。他们的热情、高效和精益求精的作风和态度，确保了本书的质量和出版的周期。中国海洋大学“海洋治理与中国”研究团队的李大陆秘书长、王晨赟博士研究生等，为本书的编辑和出版也做了较多的工作，作出了较大的贡献。本书的出版得到中国海洋大学一流大学建设专项经费，中国海洋大学海洋发展研究院、国际事务与公共管理学院的资助，在此表示感谢！

总之，本书是集体智慧和合作的产物。其中的不足和疏漏等，由作者个人自己负责，欢迎学界和读者等批评指正。谢谢大家！

中国海洋大学海洋发展研究院

“海洋治理与中国”研究团队首席专家

金永明

2022 年 10 月 1 日于青岛

图书在版编目(CIP)数据

海洋治理与中国的行动.2022 / 金永明主编. -- 北京：社会科学文献出版社，2023.6

ISBN 978-7-5228-1900-6

Ⅰ.①海… Ⅱ.①金… Ⅲ.①海洋学-研究-中国 Ⅳ.①P7

中国国家版本馆CIP数据核字(2023)第095194号

海洋治理与中国的行动(2022)

主　　编 / 金永明
执行主编 / 李大陆

出 版 人 / 王利民
责任编辑 / 黄金平
责任印制 / 王京美

出　　版 / 社会科学文献出版社·政法传媒分社(010)59367126
　　　　　地址：北京市北三环中路甲29号院华龙大厦　邮编：100029
　　　　　网址：www.ssap.com.cn
发　　行 / 社会科学文献出版社(010)59367028
印　　装 / 三河市龙林印务有限公司

规　　格 / 开 本：787mm×1092mm　1/16
　　　　　印 张：19.25　字 数：291千字
版　　次 / 2023年6月第1版　2023年6月第1次印刷
书　　号 / ISBN 978-7-5228-1900-6
定　　价 / 128.00元

读者服务电话：4008918866